工程机械操作技能培训丛书

混凝土泵车操作工 培训教程

主　编　李　波　于国迎
副主编　吕瑞民　郑文贵

机械工业出版社

本书主要教初学者认识、了解混凝土泵车的整体结构，进而学会操作混凝土泵车，并逐步掌握操作的技巧；同时介绍保养维护的基本知识和要求，以及必要的安全操作规程和安全注意事项。认真阅读本书，掌握书中所述的知识和操作方法，可成为一名既会开车又会保养的合格混凝土泵车驾驶员。

本书不仅适用于专业技术培训学校，也可供售后服务人员、维修人员自学参考。

图书在版编目（CIP）数据

混凝土泵车操作工培训教程/李波，于国迎主编 .
—北京：机械工业出版社，2016. 8
（工程机械操作技能培训丛书）
ISBN 978-7-111-54155-4

Ⅰ.①混… Ⅱ.①李… ②于… Ⅲ.①混凝土泵车—操作—技术培训—教材 Ⅳ.①TU646

中国版本图书馆 CIP 数据核字（2016）第 152017 号

机械工业出版社（北京市百万庄大街 22 号 邮政编码 100037）
策划编辑：孙 鹏 责任编辑：孙 鹏
责任校对：刘怡丹 封面设计：马精明
责任印制：乔 宇
北京铭成印刷有限公司印刷
2016 年 8 月第 1 版第 1 次印刷
184mm×260mm · 17. 75 印张 · 434 千字
0001—2500 册
标准书号：ISBN 978-7-111-54155-4
定价：59. 00 元

凡购本书，如有缺页、倒页、脱页，由本社发行部调换
电话服务 网络服务
服务咨询热线：010-88361066 机 工 官 网：www.cmpbook.com
读者购书热线：010-68326294 机 工 官 博：weibo.com/cmp1952
010-88379203 金 书 网：www.golden-book.com
封面无防伪标均为盗版 教育服务网：www.cmpedu.com

前　言

当前混凝土泵车培训方面的教程已有很多，但随着科学技术的快速发展，新技术、新产品的不断涌现，相关的培训教程已不能满足职业技术培训学校及企业混凝土泵车操作培训的需要。为解决这一问题，我们根据近年来在培训中收集到的反馈信息，有针对性地编写了《混凝土泵车操作工培训教程》一书。本书在原有基础理论和技术的基础上，突出了新理论、新技术、新内容和新的操作方法，主要目的是帮助提高混凝土泵车驾驶员的实际操作能力及管理服务人员在混凝土泵车现场分析和解决问题的能力。

本书按混凝土泵车培训的内容分为：混凝土泵车简介、混凝土泵车的构造及工作原理、泵车底盘的结构与原理、上车部分的结构组成与工作原理、泵车的安全与操作、混凝土泵车的保养与维护、混凝土泵车常见故障的诊断与排除。必须掌握哪些理论知识，需要具备哪些技能，同时在完成这些技能时要注意哪些事项，以及有哪些经验技巧可以供参考，是本书的重点内容。通过这些内容的学习，体现本书教、学、用的三大特点，使之达到学以致用的目的。

本书由李波、于国迎任主编，吕瑞民、郑文贵任副主编，周乔、王文静、王芳、张浩、胡敏、张岩、马冰霜、陆清晨、张斌、张翠等参与编写，同时对山东省日照市鑫鑫职业培训学校在编写过程中给予的大力支持表示衷心感谢！

由于编者水平有限，在编写过程中难免出现不足与纰漏之处，恳请广大读者批评指正。

编　者

目　录

第一章
混凝土泵车简介

　　混凝土泵车最早是 1907 年在德国开始研究的，1927 年制造出第一台混凝土泵车，1930 年又制造了立式单缸球阀活塞泵，其后德国人又在 1932 年改进了混凝土泵车。至今混凝土泵车还保留着过去某些设计的基本特点，只是在动力机构和阀门方面有了改进。20 世纪 50 年代，德国施维英公司在 1959 年生产了第一台全液压混凝土泵车，奠定了现代混凝土泵车的技术基础。这个时期美国、日本、意大利、俄罗斯等国，也都生产了不少泵车，使泵车得到了较快的发展与应用。图 1-1 所示为混凝土泵车的发展历程。

　　我国在 20 世纪 50 年代初开始研究前苏联产品，60 年代初，已经能生产固定式混凝土泵。生产中虽有应用，但未能推广。70 年代初，通过组织行业联合设计，参照前联邦德国施维英公司、日本产的混凝土泵车，合作开发了固定式活塞混凝土泵、挤压式混凝土泵，并在实际工程中加以应用。80 年代中期，我国大量引进国外较先进的混凝土泵送设备，国产混凝土泵技术水平有了较大的提高。在 1987 年，建设部再次组织沈阳工程机械厂从德国普茨迈斯特公司引进 BSA1406 型混凝土泵技术，并在此基础上设计了一种 HBT60 型拖式混凝土泵。这种混凝土泵采用 S 阀，混凝土输送量为 $60m^3$，输送压力达 10.6MPa。90 年代我国混凝土泵制造技术得到了新的发展，混凝土泵的生产率为 $15m^3/h$ 至 $125m^3/h$，分配间有 S 阀、闸板阀、蝶阀等多种形式，其性能质量基本能满足国内用户的施工要求，年产总量 3000 台，大约占据国内市场的 90%以上。

　　国产混凝土泵车已经在中国混凝土泵车市场上占主导地位。进入 21 世纪后，中国混凝土泵车行业发展迅速，在混凝土泵车的设计水平、外观造型和整机性能上已达到或超过国外 20 世纪 90 年代水平；在数量规模上，目前中国各类混凝土泵车批量生产销售企业已达 200 家，除了满足国内市场的需要，还有部分出口到国外。2007 年年产销量突破 15 万台，并且以年 30%的速度增长。2008 年 4 月达到月销量 2 万台高峰。

　　目前，国内市场的混凝土泵车的品牌，从国产到进口有几十家。国产品牌混凝土拖式泵主要集中在中联重科、三一重工、徐工机械、力圆集团、湖北建机、四川夹江等企业，它们的产量占全行业的大部分。见图 1-2 所示为中联重科、三一重工、徐工机械生产的混凝土样车。

图 1-1　混凝土泵车发展产品

　　进口品牌混凝土机械的发展是伴随商品混凝土需求而发展起来的。国外一些经济发达的国家，如德国主要生产厂家有普茨迈斯特（PUTZMEISTER）公司、施维英（SCHWING）公司、莱西（REICH）公司等；意大利近几年在混凝土泵车方面发展迅速，主要有西法（CIFA）公司、莫克波（MECOB）公司、赛马（SERMAC）公司美国、瑞典等。

三一泵车

　　在亚洲，日本从 20 世纪 70 年代开始大力发展混凝土泵车，主要生产厂家有石川岛播磨、三菱重工、极东开发等；在韩国则有全进、韩宇和现代、三星等企业。近几年在混凝土泵车方面亚洲整体水平要低于欧洲，目前只有日本极东开发和韩国全进、韩宇等少数几家在国际市场上有一定的影响力。

中联泵车

　　随着科学技术的进步和市场经济的发展，混凝土泵车在经济发展中的地位和作用越来越明显，普及率也越来越高。无论是大型企业还是小型私营企业，混凝土泵车都已经取代了人力浇注，由此带来的混凝土泵车制造业之间的竞争越显激烈，同时也促进了混凝土泵车业以及混凝土泵车技术的迅猛发展。未来全球混凝土泵车正朝着专业化与生产系列化、人性化、环保化、模块化，以及优良的安全

徐工泵车

图 1-2　国产品牌

性、维修性与操作性等方向发展。

中国混凝土泵车市场空间广阔，吸引了全世界的混凝土泵车厂商，世界排名前十位的混凝土泵车品牌，纷纷占领中国市场，合资或独资企业超过 20 家。国内混凝土泵车生产企业只有不断地进行技术创新及探索，适时地将新产品推向市场，接受市场的考验，并不断地进行改进，才能在激烈的市场竞争中立于不败之地。2008 年国际金融危机爆发后，我国加快推动环保清洁能源产业的发展，混凝土泵车发展滞后的态势将发生明显改变，我国的混凝土泵车技术和水平会得到更加快速的发展与提高，国际竞争能力会进一步增强，混凝土泵车行业将呈现出勃勃生机和活力。

第一节　混凝土泵车的用途

☞ 一、混凝土泵车的用途

混凝土泵车是将用于泵送混凝土的泵送机构和用于布料的臂架集成在汽车底盘上的专用车辆。工作时，利用汽车柴油发动机的动力，通过分动箱将动力传给液压泵，然后带动混凝土泵送机构和臂架系统，泵送系统将料斗内的混凝土加压送入管道，管道附在臂架上，臂架可移动，从而将泵送机构泵出的混凝土直接送到浇注点。混凝土泵车适用于城市建设、住宅小区、体育场馆、立交桥、机场等建筑施工时混凝土的输送，图 1-3 所示为混凝土浇注现场。

图 1-3　混凝土浇注现场

☞ 二、混凝土泵车的技术特点

1. 优化设计的布料杆技术

在保证臂架整体长度的前提下，实现初始臂长操作更灵活、布料范围更广。

2. 恒功率闭式泵送系统专利技术

末节臂短，使臂架结构更紧凑、抖动更小。

3. 活塞自动退回技术

在需要换活塞时，只需按动一下按钮，混凝土活塞即可自动退回到水槽，大大节省了维修时间。

4. 超耐磨技术

采用 L 形硬质合金的眼镜板和切割环，使用寿命是普通眼镜板的 2 倍以上。

5. 极限压力控制技术

在系统压力达到最大值后，泵送排量自动归零，不仅可以避免系统温升过快，而且可以有效解决堵管问题。

6. 超微过滤及油水分离技术

采用超微过滤及油水分离技术，不仅可以在线分离进入液压系统的水分，避免液压油的乳化，同时还具有超微过滤功能。

7. 搅拌自动反搅技术

当搅拌叶片遇到较大石块被卡住后，搅拌叶片会自动反转，待拨开石块后，搅拌再自动恢复正转，保证搅拌的连续性及工作可靠性。

8. 润滑脂和润滑油两套集中自动润滑系统

这样不仅润滑更充分，更方便，安全性更高，即使用户忘记加注润滑油，系统还可以使用液压油进行润滑。

9. 全程过滤系统

所有回路全部配有吸油、回油全程过滤系统，系统清洁度更有保证，液压元件及液压油使用寿命更长，液压系统工作可靠性更高。

10. 优越的人机互动界面

电气系统配有液晶显示屏，可动态实时显示和记录设备各种工作参数，如发动机转速、液压油温、泵送排量、泵送工作状态、泵送次数、泵送时间等，并可储存设备工作时的各种历史记录。

第二节　混凝土泵车的分类

混凝土泵车的种类繁多，分类方法也是多种多样，通常可按臂架长度、泵送方式、分配阀类型、臂架折叠方式、支腿形式的不同进行分类。图 1-4 所示为混凝土泵车的类型。

☞ 一、按臂架长度分类

短臂架：臂架垂直高度小于 30m。

常规型：臂架垂直高度大于等于 30m，小于 40m。

长臂架：臂架垂直高度大于等于 40m，小于 50m。

超长臂架：臂架垂直高度大于等于 50m。

其主要规格有 24m、28m、32m、37（36）m、40m、42m、45（44）m、48（47）m、50m、52m、56（55）m、60（58）m、62m、66（65）m。图 1-5 所示为混凝土泵车臂架的样式。

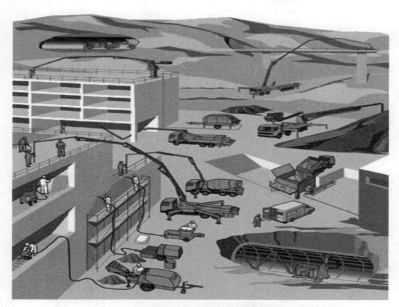

图 1-4　混凝土泵车的类型

图 1-5　混凝土泵车的臂架

☞ 二、按泵送方式分类

主要有活塞式、挤压式，另外还有水压隔膜式和气罐式。目前，以液压活塞式为主流，挤压式仍保留一定份额，主要用于灰浆或砂浆的输送，其他形式均已淘汰。

☞ 三、按分配阀类型分类

按照分配阀形式可以分为S阀、闸板阀等，如图1-6所示。目前，使用最为广泛的是S阀，它具有简单可靠、密封性好、寿命长等特点；在混凝土料较差的地区，闸板阀也占有一定的比例。

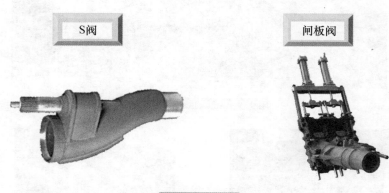

图1-6　分配阀

☞ 四、按臂架折叠方式分类

臂架的折叠方式有多种，按照卷折方式分为R（卷绕式）型、Z（折叠式）型、RZ综合型，如图1-7所示。R型结构紧凑；Z型臂架在打开和折叠时动作迅速。

☞ 五、按支腿形式分类

支腿形式主要根据前支腿的形式分类，有以下类型：前摆伸缩型、X型、XH型（前后支腿伸缩）、后摆伸缩型、SX弧型、V型等，如图1-8所示。

前摆伸缩型：此种支腿一般级数为3~4级，其伸缩结构采用多级伸缩油缸、捆绑油缸、油缸带钢绳、电动机带钢绳（或链条）等方式，后支腿摆动。在国外，德国PUTZMEISTER长臂架泵车使用较多此种形式，它展开占用空间小，能够实现180°单侧支承，要求制造难度稍高。三一重工长臂架泵车也有使用。

X型：该类型支腿前支腿伸缩，后支腿摆动。在国外中、短臂架泵车中，使用较为广泛，它展开占用空间小，能够实现120°~140°左右的单侧支承功能，国内部分厂家也提供此类形式产品，如三一、徐工等。

XH型：该类型支腿前后支腿伸缩。在国外短臂架泵车中有较大的使用量。

后摆伸缩型：该类型前支腿朝车后可以摆动并伸缩，后支腿直接摆动到工作位置。国内

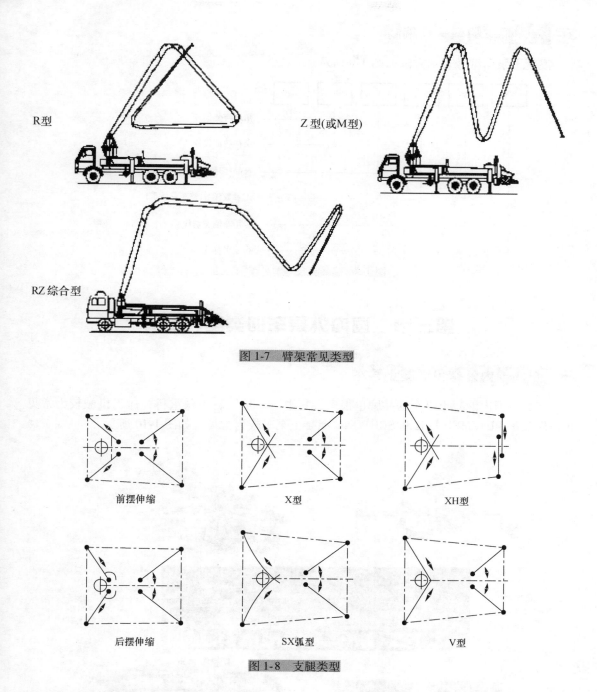

图 1-7　臂架常见类型

图 1-8　支腿类型

外使用最为广泛，属于传统型支腿。

SX 弧型：前支腿沿弧形箱体伸出，后支腿摆动。德国 SCHWING 公司专利技术，其产品系列中大量使用。在节约泵车施工空间和减重两方面都有一定优势。

V 型：国内厂家三一专利结构。前支腿呈 V 型伸缩结构，一般为 2~4 级。

☞ 六、泵车的型号与编制

混凝土泵车型号表示方法如图 1-9 所示。

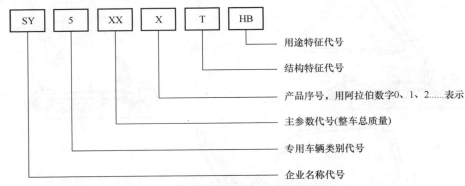

```
SY    5    XX    X    T    HB
```

用途特征代号

结构特征代号

产品序号，用阿拉伯数字0、1、2......表示

主参数代号(整车总质量)

专用车辆类别代号

企业名称代号

图 1-9　混凝土泵车型号表示方法

第三节　国内外泵车的类型、品牌

☞ 一、国内外常见混凝土泵车

如今，国内混凝土泵车的品牌也很多，其中三一重工、中联重科、徐工机械较为常见。而国外泵车 PUTZMEISTER 和 SCHWING 混凝土泵车较为常见，如图 1-10 所示。

图 1-10　混凝土泵车的品牌

（一）三一重工

三一重工是我国第一家独立设计臂架并生产混凝土泵车的企业，也是全国最大的混凝土泵车生产基地，所生产的混凝土泵车被湖南省科学技术委员会认定为高新技术产品。2005年，"混凝土泵送关键技术研究及其应用"获得了国家科学技术进步二等奖；2006年，三一牌混凝土泵车系列获"中国名牌产品"称号。三一重工生产的泵车如图1-11所示。

图1-11　三一重工生产的泵车

据统计，在1999年~2006年，三一重工共生产泵车3500多台，三一系列泵车为公司和社会带来了巨大的经济效益和社会效益。目前，三一泵车产品已取代进口品牌，市场占有率居中国首位，而且打入了国际市场，远销俄罗斯、澳大利亚、阿联酋等国家和地区。

（二）徐工机械

徐工生产的泵车如图1-12所示。

（三）中联重科

中联重科主要从事混凝土输送机械、起重机械、路面机械等装备的研制开发和生产，其前身为长沙建设机械研究院。2001年开始生产混凝土泵车，开始主要从意大利引进臂架进行组装，逐步改为短臂架自制和长臂架进口的生产模式，现主要产品有37m、44m和47m混凝土泵车，如图1-13所示。

（四）德国普茨迈斯特（PUTZMEISTER）

普茨迈斯特是世界著名的建筑机械制造商之一，因其专利技术-C型阀（又称象鼻阀）而著称，所以在中国又叫大象公司。公司成立于1958年，主要从事开发、生产混凝土泵车、

图 1-12　徐工生产的泵车

拖泵等。其混凝土泵车特点：臂架折叠方式多为 M 型；泵送排量大、规格多；主要采用 X 型支腿、前摆式多级伸缩支腿，如图 1-14 所示。

图 1-13　中联重科生产的泵车

图 1-14　德国普茨迈斯特生产的泵车

（五）德国施维英（SCHWING）

施维英公司创建于 1934 年，主要有以下四种产品：混凝土搅拌站、混凝土搅拌车、混凝土泵车和混凝土回收站。1995 年 10 月在中国投资成立了上海施维英机械制造有限公司。其混凝土泵车臂架长度从 16m 至 61m 多种规格，臂架均为 4 节，结构较轻巧。分配阀主要采用裙阀（专利技术）和 S 阀，如图 1-15 所示。

图 1-15　德国施维英生产的泵车

☞ 二、国内品牌举例

（一）三一重工66m混凝土泵车

图 1-16　三一重工 66m 泵车

随着我国经济的高速增长和建筑业的迅速发展，对混凝土浇注的需求量越来越大，长臂架、大排量、智能化是混凝土泵送技术发展的趋势，三一重工股份有限公司开发了具有完全自主知识产权、代表国内最高水平、国际领先水平的66m泵车，如图1-16所示。液泵车采用了全自动高低压切换技术、先进的耐磨材料制造技术、智能臂架系统，混凝土活塞自动退回技术、防倾翻保护系统、智能诊断技术、节能环保技术，使其自动化和智能化达到新的高度。在设计阶段即进行外观造型，使其整体更紧凑、流畅、时尚、动感。技术参数见表1-1。

表 1-1　三一重工 66m 泵车技术参数

型号		SY5600THB-66	支腿	支腿形式	前摆伸缩
整车	重量	62×10^3 kg		跨距（前×后×前后）	12.4m×13.9m×13.1m
	长度	15.8m			
泵送系统	油缸内径×行程	Φ160mm×2200mm	臂架	折叠形式	RZ
	输送缸内径×行程	Φ260mm×2200mm			
	压力	低压 6.5MPa		节数	5
		高压 12MPa			
	排量	低压 200m³/h		垂直高度	65.6m
		高压 110m³/h			

（二）三一重工 56m 混凝土泵车

图 1-17　三一重工 56m 泵车

　　三一重工 SY5500THB-56 混凝土泵车于 2003 年 9 月研制成功。采用 VOLVO FM12 10×4
底盘，配以优化的液压系统、世界上最先进的液压、电气元件，保证了整车的高可靠性；采
用 RZ 型复合式全液压卷折式五节臂架结构，最大垂直布料高度达 55.8m，最大水平距离为
51.8m。它是国内首台臂长超过 50m 的泵车，填补了一项重大的国内空白。它的研制成功，
进一步确保了三一产品在国内同行业中的技术领先地位，并形成与世界名牌抗衡的技术能
力。三一重工 56m 泵车如图 1-17 所示。

　　56m 泵车技术参数见表 1-2。

表 1-2　三一重工 56m 泵车技术参数表

型号		SY5500THB-56	支腿	支腿形式	后摆伸缩
整车	重量	$49.5×10^3$kg		跨距（前×后×前后）	10.7m×10.6m×10.3m
	长度	14.9m			
泵送系统	油缸内径×行程	Φ140mm×2200mm	臂架	折叠形式	RZ
	输送缸内径×行程	Φ230mm×2200mm			
	压力	低压 6.38MPa		节数	5
		高压 11.8MPa			
	排量	低压 120m³/h		垂直高度	55.6m
		高压 67m³/h			

（三）三一重工 48m 混凝土泵车

图 1-18　三一重工 48m 混凝土泵车

三一重工 48m 混凝土泵车于 2003 年 8 月研制成功。采用 RZ 型复合式全液压卷折式五节臂架结构，相对 42m、45m 泵车，施工范围更大、用途更加广泛。液泵车以先进的技术、超长的臂架、独特的折叠方式引领着国内混凝土泵车行业的发展方向。目前已在国内多项重点工程中起着主导作用。三一重工 48m 混凝土泵车如图 1-18 所示。其技术参数见表 1-3。

表 1-3　三一重工 48m 泵车技术参数表

型号		SY5383THB-48	支腿	支腿形式	后摆伸缩
整车	重量	38×10^3 kg		跨距（前×后×前后）	9.8m×9.86m×9.47m
	长度	13.08m			
泵送系统	油缸内径×行程	Φ160mm×2200mm	臂架	折叠形式	RZ
	输送缸内径×行程	Φ260mm×2200mm			
	压力	低压 8.5MPa		节数	5
		高压 12MPa			
	排量	低压 140m³/h		垂直高度	47.8mm
		高压 100m³/h			

（四）三一重工 45m 混凝土泵车

三一重工 45m 混凝土泵车于 2003 年 5 月研制成功。采用 RZ 型复合式全液压卷折式五节臂架结构，相对 42m 泵车，施工范围更大、用途更加广泛。液泵车以先进的技术、超长的臂架、独特的折叠方式引领着国内混凝土泵车行业的发展方向。目前已在国内多项重点工程中起着主导作用。三一重工 45m 泵车技术参数见表 1-4。

表 1-4　三一重工 45m 泵车技术参数表

型号		SY5368THB-45	支腿	支腿形式	后摆伸缩
整车	重量	36×10^3 kg		跨距（前×后×前后）	9.25m×9.25m×9.1m
	长度	13.08m			

（续）

泵送系统	油缸内径×行程	Φ160mm×2200mm	臂架	折叠形式	RZ
	输送缸内径×行程	Φ260mm×2200mm		节数	5
	压力	低压 8.5MPa			
		高压 12MPa			
	排量	低压 140m³/h		垂直高度	44.8m
		高压 100m³/h			

（五）三一重工 37m 混凝土

　　37m 泵车是综合运用运动学分析、动力学分析、有限元分析等现代设计手段进行整体优化的结果。臂架为全液压卷折式四节臂，最大垂直布料高度为 36.6m，最大水平距离为 32.6m。它是目前国内最先进的混凝土输送泵车，是用压差感应控制、节能技术、远程通信及故障诊断、智能臂架、单侧支承、集中线束技术、最新工业造型、新耐磨材料、GPS 等一系列前沿技术装备起来的精品。它在换向冲击、使用寿命、总重量、能耗水平、智能化等主要性能上达到了国际先进水平，如图 1-19 所示。三一重工 37m 泵车技术参数见表 1-5。

图 1-19　三一重工 37m 混凝土泵车

表 1-5　三一重工 37m 泵车技术参数

型号		SY5250THB-37	支腿	支腿形式	X 型
整车	重量	25×10³kg		跨距（前×后×前后）	6.3m×6.7m×7.0m
	长度	11.7m			
泵送系统	油缸内径×行程	Φ140mm×2200mm	臂架	折叠形式	R
	输送缸内径×行程	Φ230mm×2200mm			
	压力	低压 6.38MPa		节数	4
		高压 11.8MPa			
	排量	低压 120m³/h		垂直高度	36.7m
		高压 67m³/h			

（六）中联重科 47m 混凝土泵车

中联重科 ZLJ5420THB125-47 混凝土泵车主要配套件如底盘、臂架、底架支腿总成、电液比例阀、液压泵组及控制阀、无线和有线遥控器、分动箱等均采用进口产品，如图 1-20 所示。中联重科 47m 泵车技术参数见表 1-6。

图 1-20　中联 47m 混凝土泵车

表 1-6　中联重科 47m 泵车技术参数表

型号		ZLJ5420THB125-47	支腿	支腿形式	后摆伸缩
整车	重量	$40.6×10^3\,kg$		跨距（前×后×前后）	$10.2m×9.98m×9.61m$
	长度	11.98m			
泵送系统	油缸内径×行程	$\Phi140mm×2000mm$	臂架	折叠形式	RZ
	输送缸内径×行程	$\Phi220mm×2000mm$		节数	5
	最大压力	13MPa		垂直高度	46.2m
	最大排量	$129m^3/h$			

☞ ### 三、国外产品介绍

（一）PUTZMEISTER 36m 混凝土泵车

PUTZMEISTER 36m 混凝土输送泵车是一款 4 节 Z 型臂架、X 型伸出支腿的泵车，此结构使用时展开占用空间较小。PUTZMEISTER36m 混凝土泵车如图 1-21 所示，其技术参数见表 1-7。

图 1-21　PUTZMEISTER 36m 混凝土泵车

表 1-7　PUTZMEISTER 36m 泵车技术参数表

型号		PUTZMEISTER 36Z	支腿	支腿形式	X 型
整车	重量	24.7×10³kg		跨距(前×后×前后)	6.35m×6.93m×6.8m
	长度	11.9m			
泵送系统	油缸内径×行程	Φ130mm×2100mm	臂架	折叠形式	Z
	输送缸内径×行程	Φ230mm×2100mm			
	压力	低压 7MPa		节数	4
		高压 11-MPa			
	排量	低压 109m³/h		垂直高度	35.55m
		高压 65m³/h			

（二）PUTZMEISTER 52m 混凝土泵车

PUTZMEISTER 52m 混凝土输送泵车采用 Z 型 5 节臂架，在狭窄的区域也能够较方便的展开，它的臂架展开高度在同级别泵车中较低，如图 1-22 所示。其技术参数见表 1-8。

图 1-22　PUTZMEISTER 52m 混凝土泵车

表 1-8　PUTZMEISTER 52m 泵车技术参数表

型号		PUTZMEISTER 52Z	支腿	支腿形式	前摆伸缩
整车	重量	47.13×10³kg		跨距（前×后×前后）	10.9m×10m×10.4m
	长度	14.02m			
泵送系统	油缸内径×行程	Φ140mm×2100mm	臂架	折叠形式	Z
	输送缸内径×行程	Φ230mm×2100mm			
	压力	低压 8.5MPa		节数	5
		高压 13MPa			
	排量	低压 160m³/h		垂直高度	51.70m
		高压 112m³/h			

（三）SCHWING 34m 混凝土泵车

SCHWING34m 混凝土泵车如图 1-23 所示，其技术参数见表 1-9。

图 1-23　SCHWING 34m 混凝土泵车

表 1-9　SCHWING 34m 泵车技术参数表

型号		SCHWINGKVM34X	支腿	支腿形式	X 型
整车	重量	25×10³kg		跨距（前×后×前后）	6.23m×5.69m×7.44m
	长度	10.9m			
泵送系统	油缸内径×行程	Φ130mm×2100mm	臂架	折叠形式	R
	输送缸内径×行程	Φ230mm×2000mm		节数	4
	压力	7MPa		垂直高度	34m
	排量	130m³/h			

（四）SCHWING42m 混凝土泵车

SCHWING42m 混凝土泵车如图 1-24 所示，其技术参数见表 1-10。

表 1-10　SCHWING42m 泵车技术参数表

型号		SCHWING42SX	支腿	支腿形式	X 型
整车	重量	—		跨距（前×后×前后）	8.22m×8.22m×8.84m
	长度	13.4m			
泵送系统	油缸内径×行程	Φ130mm×2100mm	臂架	折叠形式	R
	输送缸内径×行程	Φ230mm×2000mm		节数	4
	压力	7MPa		垂直高度	42m
	排量	130m³/h			

图 1-24　SCHWING 42m 混凝土泵车

第四节　泵车的主要技术参数

（一）泵车的主要技术参数

1. 理论输送方量（m³）

理论输送方量值反映了泵送设备的工作速度和效率。

2. 理论泵送压力（MPa）

理论泵送压力是指混凝土泵送设备的出口压力，也就是当泵送液压系统达到最大压力时所能提供的最大混凝土泵送压力，通过高低压切换，最大出口压力将不同。

3. 输送缸内径（mm）×行程（mm）

输送缸的内径一般为 230mm 或 260mm，它基本能满足吸料性的要求；而行程一般为 2000mm 左右，在满足理论输送方量的时候具有合适的换向频率。

4. 液压系统形式

液压系统形式是指主泵送系统的液压系统形式，分为开式和闭式两种。徐工集团中小方量泵和短臂架泵车采用开式和闭式并存，大方量泵及中长臂架泵车则采用闭式。

5. 分配阀形式

混凝土泵送设备分配阀形式主要有 S 阀、闸板阀和 C 型阀等。S 阀由于具有密封性好、使用方便，寿命长，料斗不容易积料等优点而被广泛采用。

6. 料斗容积（L）

料斗容积一般在 600L 左右，但在放料时一般不宜太满，以免增加搅拌阻力，或使搅拌轴密封及其他密封早期磨损；但料也不能低于搅拌轴，否则就容易吸空，影响泵送效率。

7. 上料高度(mm)

上料高度一般在 1500mm 左右，主要是为了满足混凝土搅拌输送车方便卸料的要求。

8. 垂直布料高度(m)

垂直布料高度为厂家标定的臂架长度，如 37m 泵车的垂直布料高度约为 37m。

9. 水平布料半径(m)

水平布料半径为实际臂架长度，为垂直布料高度减去整车高度。

10. 布料深度(m)

布料深度一般约为实际臂架长度减去第一臂的长度。

11. 回转角度(°)

为满足混凝土泵车全方位的工作需要，一般回转角度在 360° 左右，由回转限位进行控制。

12. 臂节数量

混凝土泵车臂节数量一般有 3、4、5 节，臂节越多，伸展越灵活，但控制时的要求也越高，引起的抖动也可能更大。

13. 臂节长度(mm)

混凝土泵车臂架单节长度主要由臂架形式等要求决定。

14. 展臂角度(°)

混凝土泵车展臂角度是为了满足臂架的动作空间而设计，使其能方便快捷地达到工作位置。

15. 输送管直径(mm)

目前的输送管直径大多为 125mm，在混凝土泵车的 120m³ 左右泵送量时能满足比较理想的混凝土流动速度。

16. 末端软管长度(m)

混凝土泵车末端软管长度一般为 3m。太短则不方便，太长则容易扩大臂架抖动，不利于安全施工。

17. 液压油冷却

液压油冷却普遍采用风冷。风机采用电动机驱动或采用液压驱动。徐工泵车采用了液压驱动和自动控制，比较好地控制了液压系统的温度。

18. 控制方式

控制方式分面控和遥控。为保证在干扰信号较强的地方正常施工，一般都同时采用了面控和遥控两种方式。

19. 支腿跨距(mm)

支腿跨距是为了满足泵车稳定性而要求的，在施工中必须保证支腿完全展开。

20. 底盘型号

由于底盘在保证混凝土泵车的可靠性方面具有很关键的意义，用户一般很关心其底盘生产厂家和型号，同时底盘的品牌也增加了用户的使用品牌价值。

21. 发动机功率(kW)

发动机功率除了满足行驶工况需要外，一般主要是为满足作业工况。

22. 整车外形寸（mm）

对于泵车，整车外形尺寸有时决定了是否具有行驶的通过能力，和能否适应工地作业场地的要求。

（二）HB37A 技术参数

HB37A 的技术参数见表 1-11。

表 1-11　HB37A 技术参数

项　　目	参数与尺寸	项　　目		参数与尺寸
理论输送量（高压/低压）/（m³/h）	90/150	外形尺寸（长×宽×高）/mm		12665×2500×3995
最大布料高度/m	46	燃料种类		柴油
布料可达深度/m	31.37	排放依据标准		国Ⅲ
泵送混凝土压力（高压/低压）/MPa	8/13	（排量/额定功率）/L/kW		14256/287
泵送混凝土骨料最大直径/mm	40	转向形式		方向盘
混凝土输送缸（内径/行程）/mm	260/2200	轴数		4
上料高度/mm	1540	轴距 mm		1850+4605+1310
料斗容积/m³	0.8	钢板弹簧片数（前/前/后）		8/7/9
泵送混凝土坍落度范围/cm	12~23	轮胎规格		295/80R22.5
布料杆回转半径/m	41.8	轮距（前轮/后轮）/mm		2065/1850
布料杆回转角度	370°	轮胎数（不包括备胎）		12
一节臂伸展角度	90°	整车整备质量	总质量/kg	38270
二节臂伸展角度	180°		前轴/kg	13670
三节臂伸展角度	180°		中后轴/kg	24600
四节臂伸展角度	250°	最大总质量	总质量/kg	38400
五节臂伸展角度	250°		前轴/kg	13800
臂速（布料杆从垂直至水平状态90°范围）	一节布料杆（起、落）/s	80~95		中后轴/kg	24600
	二节布料杆（起、落）/s	62~72	驾驶室准乘人数人		2
	三节布料杆（起、落）/s	50~60	接近角/离去角		23.5°/10°
	四节布料杆（起、落）/s	30~35	（前悬/后悬）/mm		1400/3500
	五节布料杆（起、落）/s	15~19	（前伸/后伸）/mm		0/0
	回转（360°）/s	184~204	最高车速/（km/h）		89
支腿跨距	纵向/mm	10195	最小离地间隙/mm		240
	前支腿横向/mm	10320	最大爬坡能力		34%
	后支腿横向/mm	10210	百公里油耗/L		40
支腿相对回转中心距离	左前支腿横向/mm	5095	底盘	型号	CYH51Y
	左后支腿横向/mm	5040		类别	二类
	左前支腿纵向/mm	3274		生产厂家	五十铃汽车公司
换向阀形式	S 阀	发动机	型号	6WF1D
S 摆管每分钟摆动次数（高压/低压）	13/22		生产厂家	五十铃汽车公司

（三）HB46A 技术参数

HB46A 技术参数见表 1-12。

表 1-12　HB46A 技术参数

项　　目	参数与尺寸	项　　目		参数与尺寸
理论输送量(高压/低压)/(m³/h)	90/138	外形尺寸(长×宽×高)/mm		11990×2500×3900
最大布料高度/m	37	燃料种类		柴油
布料可达深度/m	24.2	排放依据标准		国Ⅲ
泵送混凝土压力(高压/低压)/MPa	13/8.7	(排量/功率)/mL/kW		14256/265
泵送能力指数/(MPa·m³/h)	695	转向形式		方向盘
泵送混凝土骨料最大直径/mm	40	轴数		3
混凝土输送缸(内径/行程)/mm	230/2100	轴距/mm		4595+1310
上料高度/mm	1450	钢板弹簧片数(前/前/后)		7/9
料斗容积/m³	0.6	轮胎规格		295/80R22.5
泵送混凝土坍落度范围/cm	12~23	轮距(前轮/后轮)/mm		2065/1850
布料杆回转半径/m	32.6	轮胎数(不包括备胎)		10
布料杆回转角度	370°	整车整备质量	总质量/kg	28270
一节臂伸展角度	90°		前轴/kg	6650
二节臂伸展角度	180°		中后轴/kg	21620
三节臂伸展角度	180°	最大总质量	总质量/kg	28400
四节臂伸展角度	230°		前轴/kg	6780
臂速(布料杆从垂直至水平状态90°范围)	一节布料杆(起、落)/s	76~84		中后轴/kg	21620
	二节布料杆(起、落)/s	100~110	驾驶室准乘人数人		2
	三节布料杆(起、落)/s	66~74	接近角/离去角		23.5°/10°
	四节布料杆(起、落)/s	43~47	(前悬/后悬)/mm		1400/3500
	回转(370°)/s	140~154	(前伸/后伸)/mm		0/1185
支腿跨距	纵向/mm	6860	最高车速/(km/h)		85
	前支腿横向/mm	7280	最小离地间隙/mm		240
	后支腿横向/mm	6600	最大爬坡能力		33%
支腿相对回转中心距离	左前支腿横向/mm	3640	百公里油耗/L		40
	左后支腿横向/mm	3300	底盘	型号	CYZ51Q
	左前支腿纵向/mm	1836		类别	二类
换向阀形式		S 阀		生产厂家	日本五十铃汽车公司
S 摆管每分钟摆动次数(高压/低压)		18/27	发动机	型号	6WF1A
				生产厂家	日本五十铃汽车公司

第五节 混凝土泵车发展趋势

随着混凝土泵车技术的更新，泵车的发展主要表现在以下几个方面：

☞ 一、臂架系统方面

泵车的作业范围受臂架长度的制约，臂架长度越长其作业范围越大，适用范围也越广，但臂架越长，车辆行驶尺寸也越长，泵车在行驶及施工时往往受到限制。但总的来说，随着科技的发展，混凝土泵车朝臂架更长的方向发展。20世纪七八十年代，泵车臂架长度普遍在30m以下，到了90年代，36m、37m泵车成为主流，近几年42m、45m、48m泵车普遍受到客户青睐，增长迅速。目前三一重工生产的泵车臂架的最大长度已达66m，为世界最长臂架。国外泵车臂架长度最长为65m。为了适合在狭窄空间施工作业的需要，国内外厂家普遍采用Z形、M形等多节臂折叠方式和单侧支承技术，使得作业更加灵活，更便于狭窄施工场所作业。

☞ 二、泵送系统方面

为了满足一些大型工程的施工需要，在短时间内浇注大量混凝土时，泵车的泵送排量应不断增大。20世纪90年代，混凝土泵车理论排量一般在90m³/h左右，而现在混凝土泵车理论排量都在100~140m³/h，国外最大理论排量达到200m³/h。泵送系统配置大直径的输送缸（直径为230mm、260mm、280mm），具有吸料性能好，换向次数少的优点，不仅减少了磨损，而且降低了运营成本。分配阀形式主要采用S阀。在易损件耐磨性方面，采用新耐磨材料、新工艺、新技术，较好地解决了易损件磨损快、更换频繁、影响设备正常施工等问题，使其寿命大大提高。

☞ 三、节能技术方面

目前，一般的泵车在任何工作强度下都是同一种耗油模式，因此在某些低耗油的工作状态下，泵车就会出现高油耗的现象，给资源带来了极大的浪费。针对这种情况，通过计算机自动判断负荷情况，并自动设定耗油模式，大大节约了成本。

☞ 四、自动化、智能化方面

自动化、智能化是所有设备追求的目标，对于环境恶劣、劳动强度大的混凝土泵送设备尤其重要。目前混凝土泵车自动化技术已取得了一定成就，比如：三一重工的专利技术全自动高低压切换、泵送排量无级调节、混凝土活塞自动退回、发动机转速闭环控制等，但这些还远远不够。今后混凝土泵车将是电—液高度集成，充分利用数字控制、智能传感等技术的高科技产品，其主要特点如下：

（一）防堵管控制

堵管是混凝土泵送经常遇到的事。若能及早发现并采取正确的措施，一般都能排除，但发现太晚或没有采取正确的措施，管道就可能堵死，引起长时间的施工中断，甚至影响建筑质量。防堵管控制采用压力传感器实时监测管道，当堵塞发生时，管道内压力会出现异常，压力传感器会将这一异常信号传到 PLC，PLC 将立即发出警示，同时自动采取疏通措施：先反泵两三次，然后根据堵塞的情况调整泵送参数后进行正泵疏通。由于计算机自动控制总能在第一时间内采取正确的措施，能杜绝堵管的发生，保障施工顺利进行。

（二）智能臂架

目前泵车臂架只能由操作者直接控制每一节臂架的动作，使臂架运动到理想的工作位置。而智能臂架的每一节臂都装有位置传感器，通过计算机实现闭环控制和运动协调控制。操作时，只需一个开关命令，控制计算机就能按规定程序控制臂架实现初始时的自动展开和用毕后的自动收拢；只需要给出泵车臂架末端出料口位置，就能实现多节臂的协调动作，使臂架自动以最佳形态平稳移动到目标位置，简化了臂架操控过程，提高了控制精度，也提高了施工效率。也可以预先设定臂架末端出口移动路线，使泵车臂架按程序设定的方式连续布料。

（三）防倾翻保护

首先混凝土泵车的支腿展开后能自动进行地面、支腿位置及整机水平等一系列检测，发现有问题将会报警并锁住臂架不能展开。臂架在运行的时候，PLC 仍会时刻监控整车的稳定性，发现四条支腿受力出现不稳定情况时，臂架将会自动停止向危险的方向运动，同时发出警示。最大限度的保障安全。

（四）故障诊断

由于数字控制、智能传感等技术的发展，最终将会出现故障自诊断技术，混凝土泵车将会有一个良好的人机界面。计算机会对整机进行监控，出现问题时，计算机能自动识别，并通过人机界面与操作者进行交流，明确显示故障的部位及故障的类型。比如活塞磨损到一定程度，系统会自动提示更换活塞；或者是转速不对、功率不足等等，系统都能自动向操作者提示。

☞ 五、整机重量方面

由于新材料的应用、计算方法及实验手段更加完善，使得布料臂的设计更加灵活、自重更轻、性能更强。

混凝土泵车的构造及工作原理

第一节 概　述

混凝土泵车是一种将用于泵送混凝土的泵送机构和用于布料的臂架系统集成在汽车底盘上的设备，泵送机构利用底盘发动机的动力，将料斗内的混凝土加压送入管道内，管道附在臂架上，操作人员控制臂架移动，将泵送机构泵出的混凝土直接送到浇注点。其应用现场如图 2-1 所示。

图 2-1　混凝土泵车应用现场

☞　**一、基本构造**

混凝土泵车的种类很多，但是其基本组成部件是相同的，混凝土泵车主要由泵车底盘（发动机、汽车底盘）、泵送机构、泵车上车部分（转塔、臂架系统）、液压系统和电气系统五大部分组成，如图 2-2~图 2-5 所示。

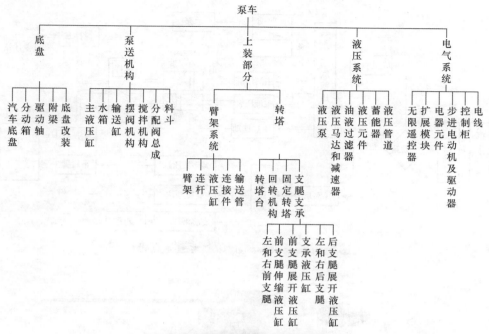

图 2-2　混凝土泵车结构系统图

混凝土泵车	混凝土泵车基本组成部件		
	1. 泵车底盘（发动机、汽车底盘） 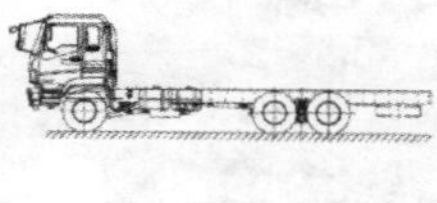  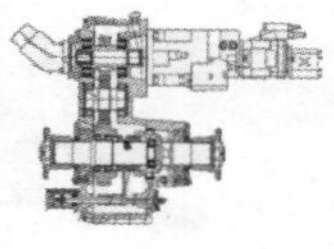		
	2. 泵送机构 		
	3. 泵车上车部分（转塔、臂架系统）		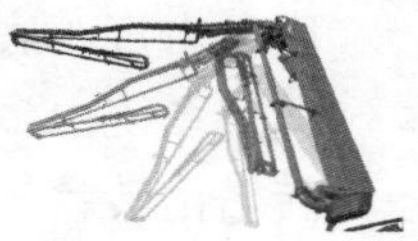
	4. 液压系统 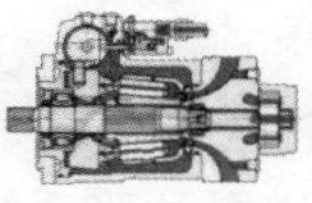  		
	5. 电气系统   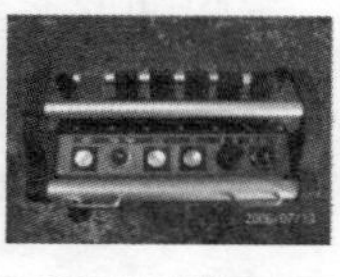		

图 2-3　混凝土泵车构件示意图

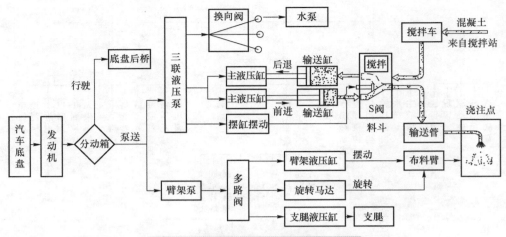

图 2-4　混凝土泵车动力传递系统示意图

图 2-5　混凝土泵车构件位置图

底盘由汽车底盘、分动箱和附梁等部分组成。

臂架系统由多节臂架、连杆、液压缸和连接件等部分组成。

转塔由转台、回转机构、固定转塔(连接架)和支承结构等部分组成。

泵送机构由主液压缸、水箱、输送缸、混凝土活塞、料斗、S 阀总成、摆摇机构、搅拌机构、出料口、配管等部分组成。

液压系统主要分为泵送液压系统和臂架液压系统两大部分。泵送液压系统包括主泵送油路系统、分配阀油路系统、搅拌油路系统及水泵油路系统；臂架液压系统包括臂架油路系统、支腿油路系统和回转油路系统三部分。液压系统主要由液压泵、阀组、蓄能器、液压马达及其他液压元件等部分组成。

电气系统主要由控制柜、遥控器及其他元器件等部分组成。

☞ **二、泵车工作原理**

混凝土泵一般装在汽车底盘的尾部，以便于混凝土搅拌车向泵的料斗卸料，如图 2-6 所示。

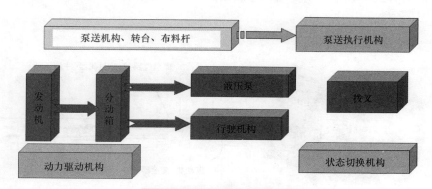

图 2-6　混凝土泵车工作原理

混凝土搅拌车卸料到混凝土泵车料斗后，由其泵送机构压送到输送管，经末端软管 15 排出，如图 2-7 所示。各节臂架的展开和收拢靠各个臂架液压缸来完成。图 2-7 所示臂架中的 1#臂架 7 的仰角可在 2°～90°内摆动，2#臂架 10 和 3#臂架 12 可摆动 180°，四节臂架依次展开，其中 4#臂架 14 的动作最为频繁，它可以摆动 245°左右，其末端的软管在工作时应尽可能靠近浇注部位，同时臂架可以通过回转液压马达及减速器驱动回转大轴承绕固定转塔作 365°旋转。

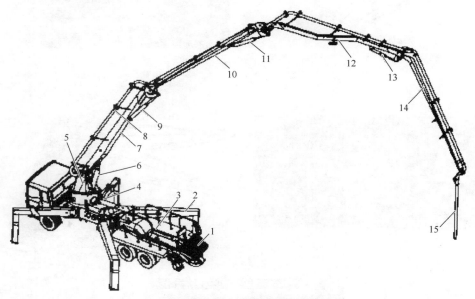

图 2-7　37m 混凝土泵车工作示意图

1—泵送机构　2—支腿　3—配管总成　4—固定转塔　5—转台　6—1#臂架液压缸
7—1#臂架　8—臂架输送管　9—2#臂架液压缸　10—2#臂架　11—3#臂架液压缸
12—3#臂架　13—4#臂架液压缸　14—4#臂架　15—末端软管

☞ 三、主要技术参数

混凝土泵车主要技术参数包括汽车底盘的车身、发动机、底盘等参数，泵送机构参数，臂架参数和润滑方式参数等。主要结构总成如图 2-8 所示。

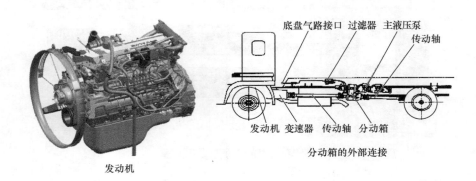

发动机

底盘气路接口　过滤器　主液压泵　传动轴

发动机　变速器　传动轴　分动箱

分动箱的外部连接

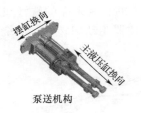

泵送机构

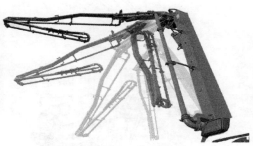

图 2-8　混凝土泵车主要结构总成

表 2-1 为三一重工 SY5270THB 32 型泵车技术参数。

表 2-1　三一重工 SY5270THB 32 型泵车技术参数

型　号		SY5270THB	底盘型号		五十铃 CXZ51Q
			底盘驱动方式		6×4
自重		27×10³kg	驾驶室带空调、卧铺		
最大速度		≥89km/h	轴距	第一轴距	4450mm
外形	全长	10786mm		第一轴距	1450mm
	总宽	2495mm	轮距	前轮	2065mm
	总高	3950mm		后轮	1855mm
发动机	发动机形式	直列六缸四冲程、水冷、增压、中冷	轮胎尺寸		295/80R22.5
	发动机型号	五十铃 6WFI	最小转弯直径		18.4m
	输出功率	287kW/1800r/min	制动距离		9.5m（30km/h）
	最大转矩	1863N·m/1100r/min	臂架	形式	四节卷折全液压
	尾气排放标准	欧洲Ⅱ级		最大离地高度	31.62m
	变速器型号	MAG6W		输送管径	DN125
	排量	14.256L		末端软管长	3m
泵送系统	驱动方式	液压式		第一节臂	长度	7450mm
	液压缸内径×行程	φ140mm×2000mm			转角	92°
	输送缸内径×行程	φ230mm×2000mm		第二节臂	长度	6610mm
	阀门形式	S 阀			转角	18°
	混凝土理论排量	低压 120m³/h		第三节臂	长度	6750mm
		高压 67m³/h			转角	180°
	理论泵送压力	高压 11.8MPa		第四节臂	长度	6810mm
		低压 6.38MPa			转角	245°
	理论泵送次数	高压 13 次/min		转台旋转角	365°
		低压 24 次/min		臂架水平长度	27.62m
	高压泵送 理论水平距离	850m/125A 管		臂架垂直高度	31.62m
	理论垂直高度	200m/125A 管		液压系统压力	32MPa
	料斗容积	0.6m³	润滑方式		润滑中心、液压油自动润滑
	上料高度	1.45m	油箱容积		900L
	系统油压	32MPa	控制		手动/遥控
	坍落度	14~23cm	水泵最大水压		8MPa
	最大骨料尺寸	40mm	水箱容量		600L
	高低压切换	自动切换	液压油冷却方式		风冷
			混凝土管清洗方式		水洗

第二节　泵车的底盘部分

一、泵车底盘概述

混凝土泵车底盘主要用于泵车移动和工作时提供动力。通过传动装置推动分动箱中的拨叉，拨叉带动离合套，可将汽车发动机的动力经分动箱切换。切换到汽车后桥则使泵车行驶，切换到液压泵则进行混凝土的输送和布料。

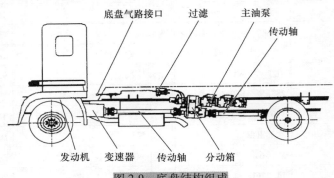

图 2-9　底盘结构组成

如图 2-9 所示的泵车底盘部分由汽车发动机、底盘、分动箱、传动轴等几部分组成。混凝土泵车主要采用奔驰（Benz）、沃尔沃（VOLVO）、五十铃（ISUZU）等底盘。奔驰和沃尔沃底盘外观豪华、驾驶舒适、自动化程度高；五十铃底盘技术成熟，在国内服务较完善。目前混凝土泵车采用的底盘均达到欧Ⅲ或以上标准，能满足大中城市对汽车排放的要求。三一重工除采用以上三种型号的底盘外，为了适应不同国家和地区的道路交通法规要求，还选用了日野、CONDOR、MACK 等底盘。

（一）日本五十铃系列底盘

图 2-10 所示的五十铃底盘技术成熟，在国内服务较完善。三一重工主要选用 CYZ51Q 和 CYH 51Y 系列型号。五十铃底盘的主要特点如下：

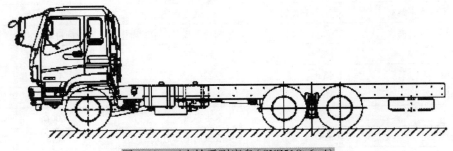

图 2-10　五十铃系列底盘（CYZ51Q-6×4）

发动机：五十铃 6WF1A／6WF1D（欧Ⅲ型环保标准），四冲程，水冷直接喷注式附涡轮增压及中置冷却器柴油发动机，顶置凸轮轴。

离合器：气动辅助液压控制器，附带缓冲弹簧。

转向系统：循环球式带整体动力助力装置。

变速器型号：MJD7S/MAL6U，七前速超速档。

车身大梁：强化重形双槽式梯形大梁。

电气装置：蓄电池 12V-150AH×2，串联。

悬架系统中前悬架系统：半椭圆合金钢片弹簧，带液压双向可伸缩筒式减振器。

后悬架系统：十字轴式，半椭圆合金钢片弹簧。

前桥：倒置爱里奥工字架。

后桥：串联驱动桥，整体式。

制动系统：全气动式，双回路，S-凸轮型，作用于前、后轮为助势及非助势蹄式。

燃油箱容量：400L，附油水分隔器。

驾驶室：3 座位，单排座附带睡床，电动。

（二）德国奔驰系列底盘

图 2-11 所示的奔驰底盘外观豪华，驾驶舒适，自动化程度高，具有巡航驾驶和 CAN 总线控制技术。三一重工主要选用 Actros 3340、Actros 3341、Actros 4140 和 Actros 4141 等型号。奔驰底盘的主要特点如下：

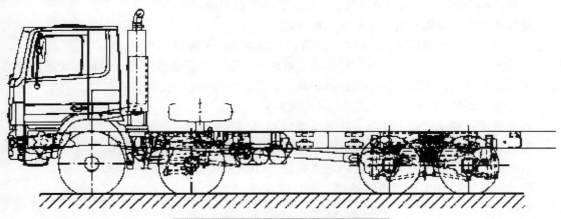

图 2-11　奔驰系列底盘（Actros 4140 8×4）

发动机：奔驰 OM501LA 型 V6 涡轮增压柴油机中冷智能控制柴油发动机，符合欧Ⅲ、欧Ⅳ环保标准，实现了低转速下的高输出功率，可靠性高，燃油经济性佳。

离合器：单片干式离合器，直径 430mm，液压助力。

变速器：型号 G240-16/11.7~0.69，16 档同步变速器，液压手动换档。

车架：U 形纵梁、开放式横梁，E500TM 型高强度钢材。

转向系统：动力转向，可调式转向柱。

制动系统：双回路压缩空气制动系统，配空气干燥器。前后碟式制动器。弹簧力作用的驻车制动系统作用于后桥。制动间隙自动调整。电脑智能感载系统。

智能制动控制系统配制动防抱死控制系统（ABS）及加速防侧滑控制系统（ASR）。

驾驶室：梅塞德斯-奔驰 Actros 标准驾驶室，气垫式驾驶座配一体化安全带，副驾驶座无气垫避振、卧铺、空调、卡式收放机、电动后视系统、巡航控制、电动门窗，多功能转向盘和大屏幕集中显示仪表，真正体现了人机功能的组合。另外还有多种规格的驾驶室可供选择。

(三) 瑞典沃尔沃系列底盘

如图 2-12 所示的沃尔沃底盘外观豪华、驾驶舒适、自动化程度高，三一重工主要选用 VOLVO FM 400-8×4 和 VOLVO FM 400-6×4 等型号。沃尔沃底盘的主要特点如下：

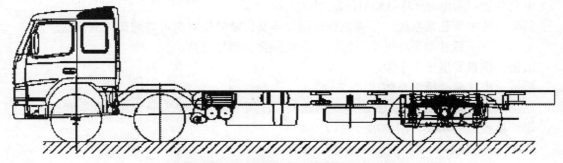

图 2-12　沃尔沃系列底盘 (VOLVO FM 400-8×4)

发动机：D13，符合欧Ⅲ、欧Ⅳ环保标准，直列水冷电子控制柴油喷射发动机。

变速器：VT2009B，9 个前进档，2 个倒档，全同步器带爬行档。

后桥：RT2610HV，双后桥驱动，轮边减速，后桥差速锁。

悬架系统中前悬架系统：抛物线钢板弹簧。

　　　　　　　后悬架系统：T 型多片式弹簧，减振器，平衡杆。

制动系统：压缩空气式，前、后桥独立双回路，驱动桥安装感载阀，钢制储气罐，安装空气干燥罐和制动消声器，制动间隙自动调整装置，Z 形凸轮高性能鼓式制动。

离合器：型号 CD38B-B (干式双片液力辅助)。

转向系统：整体式动力转向，转向角度为 44.5°。

轮胎及车轮、备胎架：轮胎规格为 12.00R20×10 只 (带内胎子午线轮胎)。

电气装置：蓄电池为 12V×2，串联式装置，170A·h，交流发电机为 80A。

燃油箱容量：410L 铝合金燃油箱。

驾驶室：液压可倾翻式驾驶室，卧铺。

标准装置：收音机和 CD 唱机，冷热空调，巡航控制，电动门窗。

☞ 二、发动机结构及工作原理

(一) 内燃机常识

1. 泵车动力装置

泵车动力装置常见的有三种，即汽油发动机、柴油发动机和直流电动机，而柴油机用得最多。虽然动力装置的构造和安装位置各异，但对泵车其他装置的构造影响不大。泵车五十铃发动机如图 2-13 所示。

2. 发动机类型

泵车上使用的内燃机，大多数是往复活塞式内燃机，即燃料燃烧产生的爆发压力通过活塞的往复运动转变为驱动车辆的机械动力。

发动机由于燃料和点火方式的不同，可分为汽油发动机 (简称汽油机) 和柴油发动机 (简称柴油机) 两大类型。汽油机一般是先使汽油和空气在化油器内混合成可燃混合气，再输入发动机气缸并加以压缩，然后用电火花点火使之燃烧发热而做功。所以这种汽油机称为化油器式汽油机。有的汽油机是将汽油直接喷入气缸或进气管内，同空气混合成可燃混合气，再用电火花点燃，这种发动机称为汽油喷射式汽油机。柴油机所使用的燃料是轻柴油，一般是通过喷油泵和喷油器将柴油直接喷入发动机气缸，与在气缸内经过压缩后的空气均匀混合，使之在高温下自燃，这种发动机称为压燃式发动机。

图 2-13　泵车五十铃发动机

内燃机有如下分类：

按照燃料分：汽油机、柴油机、煤气机、天然气机等。

按照着火方式分：点燃式内燃机、压燃式内燃机。

按照工作循环的行程数分：四冲程内燃机、二冲程内燃机。

按照气缸排列方式分：直列式内燃机、V型内燃机、对置式内燃机、横置式内燃机。

按照冷却方式分：水冷式内燃机、风冷式内燃机。

按照活塞运动方式分：往复活塞式内燃机、旋转活塞式内燃机。

按照进气方式分：自然吸气式内燃机、增压式内燃机。

按照气缸数分：单缸内燃机、多缸内燃机。

按照转速分：高速内燃机、中速内燃机、低速内燃机。

按照用途分：工程机械用、汽车用、拖拉机用、船、发电机用等。

3. 发动机的不同结构形式

发动机的不同结构形式如图 2-14 所示。

图 2-14　不同结构形式的发动机

（二）发动机的构造与工作原理

1. 发动机的构造

泵车发动机的基本原理相似，其基本构造大同小异。汽油机通常由两大机构和五大系统组成，即曲柄连杆机构、配气机构、供给系统、润滑系统、冷却系统、点火系统和起动系统等。柴油发动机的结构大体上与汽油机相同，但由于使用的燃料不同，混合气形成和点燃方式不同，因此柴油机由两大机构、四大系统组成，没有化油器、分电器、火花塞，而另设喷油泵和喷油器等，如图 2-15 所示。有的柴油机还增设废气涡轮增压器等。

2. 发动机常用术语

发动机一般有如下常用术语：

（1）上止点　活塞顶离曲轴中心最远处位置。

（2）下止点　活塞顶离曲轴中心最近位置。

（3）活塞行程（S）　上、下止点间的距离，如图 2-16 所示。

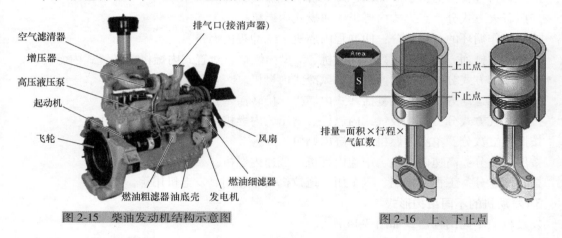

图 2-15　柴油发动机结构示意图　　　　图 2-16　上、下止点

（4）曲柄半径　曲轴与连杆下端的连接中心至曲轴中心的距离 R，称为曲柄半径，如图 2-17 所示。

（5）气缸工作容积　活塞从上止点到下止点所扫过的容积，称为气缸工作容积或气缸排量。气缸工作容积等于气缸总容积减燃烧室容积。

（6）气缸总容积 V　活塞在下止点时，其顶部以上的容积，称为气缸总容积。气缸总容积等于气缸工作容积加燃烧室容积。

（7）燃烧室容积 v　活塞在上止点时，其顶部以上的容积，称为燃烧室容积。燃烧室容积等于气缸总容积减气缸工作容积。

（8）压缩比　压缩前气缸中气体的最大容积与压缩后的最小容积之比，称为压缩比（图 2-18）。换言之，压缩比等于气缸总容积与燃烧室容积之比。

（9）功率　功与完成这些功所用时间的比值称为功率，如图 2-19 所示。

（10）转矩　垂直方向上的力乘以与旋转中心的距离力矩，发动机所输出力矩称为转矩，如图 2-20 所示。

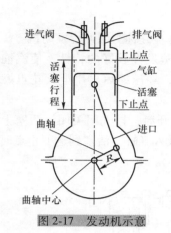

图 2-17　发动机示意

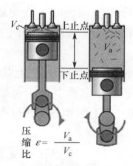

图 2-18　压缩比

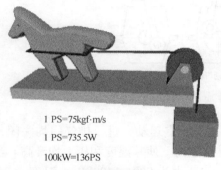

1 PS=75kgf·m/s

1 PS=735.5W

100kW=136PS

图 2-19　功率

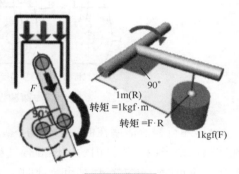

图 2-20　转矩

（11）发动机的性能曲线　发动机外特性曲线是在发动机最好的工作状态下能使发动机发出最大功率的情况下测出来的发动机速度特性曲线，如图 2-21 所示。

当柴油机的油门固定在标定位置或者汽油机的节气门全开时，发动机的性能指标，如功率、燃油消耗率等性能指标随速度变化的情况为发动机的外特性曲线。

3. 发动机的工作原理

发动机的功能是将燃料在气缸内燃烧产生的热能转换为机械能，对外输出动力。能量转换过程是通过不断地依次反复进行"进气—压缩—做功—排气"四个连续过程来实现的，发动机气缸内进行的每一次将热能转换为机械能的过程叫一

燃油消耗量

$$B = \frac{No \times G \times n}{0.83 \times 1000} (\text{L/h})$$

0.83 燃油密度

No: 额定输出功率

G. 额定输出功率时的燃油消耗率

n. 负载系数 (30%~80%)

$$B = \frac{106 \times 182 \times 0.8}{0.83 \times 1000} (\text{L/h})$$
$$= 18.6(\text{L/h})$$

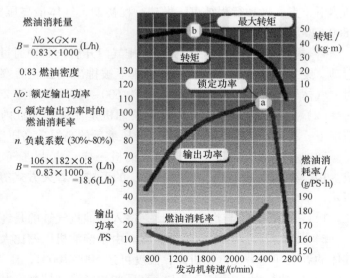

图 2-21　发动机的性能曲线

个工作循环。

在一个工作循环内，曲轴旋转两周，活塞往复四个行程，称为四冲程发动机。

（1）四冲程汽油机的工作原理　汽油机是利用汽油蒸发性较好的特性，使汽油在气缸外部通过化油器与空气混合形成可燃混合气后吸入气缸，经压缩后再用电火花点燃以获得热能。

1）进气行程。活塞由上止点向下止点移动，进气门开启，排气门关闭，活塞上方容积逐渐增大，形成一定真空度，可燃混合气通过进气门被吸入气缸。活塞到达下止点时，曲轴转过半周，进气门关闭，进气行程结束，如图2-22a所示。

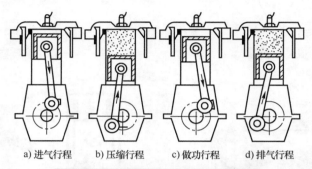

a) 进气行程　　b) 压缩行程　　c) 做功行程　　d) 排气行程

图2-22　四冲程汽油机工作循环示意图

2）压缩行程。活塞在曲轴的带动下，由下止点向上止点运动，进、排气门均关闭，曲轴旋转第二个半周，气缸内的可燃混合气被压缩至燃烧室内，使其温度和压力均升高。当活塞到达上止点时，压缩行程结束。此时，可燃混合气的压力为800~1400kPa，温度为350~450℃，如图2-22b所示。

3）做功行程。压缩行程末，火花塞产生电火花点燃混合气并迅速燃烧，使气体温度、压力急剧升高而膨胀，推动活塞由上止点向下止点运动，并经连杆带动曲轴旋转做功。活塞到达下止点，做功行程结束。做功行程初期，气体最高压力达2940~3920kPa，瞬时温度达1800~2000℃，如图2-22c所示。

4）排气行程。进气门仍关闭，排气门开启，曲轴通过连杆推动活塞从下止点向上止点运动。废气在自身压力和活塞的挤压下被排出气缸。活塞到达上止点，排气行程结束。此时，气体压力为105~125kPa，温度为600~900℃，如图2-22d所示。

（2）四冲程柴油机工作原理　柴油机是在吸入气缸内的空气被压缩产生高温、高压的情况下，将柴油直接喷入气缸，与经压缩后的高温、高压空气混合自燃产生热能。

四冲程柴油机的工作循环和汽油机一样，也由进气、压缩、做功和排气四个行程组成。由于燃料性质不同，可燃混合气的形成、着火方式等与汽油机有较大区别，如图2-23所示。

1）进气行程。与汽油机相比，进入柴油机气缸的是纯空气。

2）压缩行程。压缩的是纯空气。由于柴油机压缩比大（一般为15~22），因此压缩终了气体的温度和压力比汽油机高，温度可达500~700℃，压力达4415kPa。

3）做功行程。压缩行程末，高压柴油经喷油器呈雾状喷入气缸，迅速汽化并与空气形成混合气。由于压缩终了气缸内温度远高于柴油的自燃温度（500℃左右），柴油立即自行着火燃烧。柴油发动机没有点火系统。

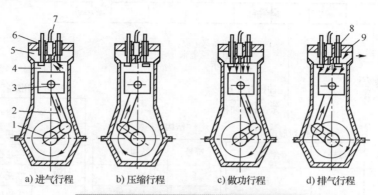

a) 进气行程　　b) 压缩行程　　c) 做功行程　　d) 排气行程

图 2-23　单缸四冲程柴油机工作循环示意图

1—曲轴　2—连杆　3—活塞　4—气缸　5—进气道　6—进气门

7—喷油器　8—排气门　9—排气道

（3）多缸发动机的工作顺序

1）四冲程四缸发动机的做功顺序：1-2-4-3 或 1-3-4-2，如图 2-24 所示。

2）四冲程六缸发动机的做功顺序：1-5-3-6-2-4，如图 2-25 所示。

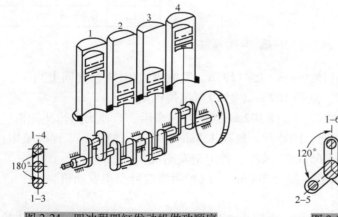

图 2-24　四冲程四缸发动机做功顺序

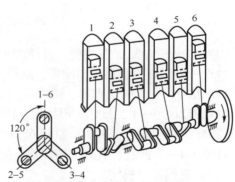

图 2-25　四冲程六缸发动机做功顺序

（4）发动机的编号　对内燃机产品的名称、型号及编制规则进行了规范。该标准的主要内容如下：

1）内燃机产品的名称均按所采用的燃料类型命名，例如柴油机、汽油机、石油天然气发动机等。

2）内燃机型号由汉语拼音字母和阿拉伯数字组成。

3）内燃机型号由四部分组成，其排列顺序及符号意义如图 2-26 所示。

例如：

165F——单缸、四冲程、缸径 65mm、风冷、通用型；

R175A——单缸、四冲程、缸径 75mm、水冷、通用型（R 为 175 产品换代符号、A 为系列产品改进的区分符号）；

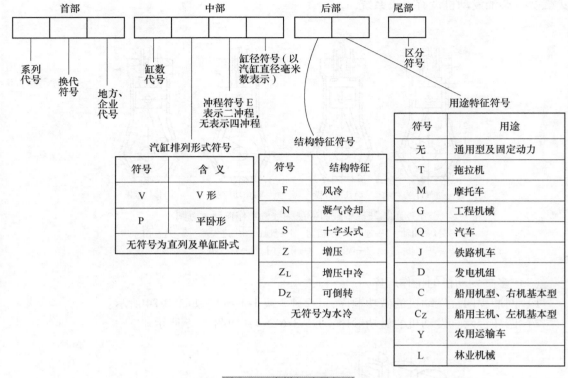

图 2-26　内燃机编号规则

R175ND——单缸、四冲程、缸径 75mm、凝气冷却、发电机组用（R 含义同上）；

495T——四缸、直列、四冲程、缸径 102mm、水冷、拖拉机用；

YZ6102Q——六缸、直列、四冲程、缸径 102mm、水冷、车用、产地为扬州柴油机厂；

12V135ZG——十二缸、V 形排列、四冲程、缸径 135mm、水冷、增压、工程机械用；

1E65F——单缸、二冲程、缸径 65mm、风冷、通用型发动机；

4100Q-4——四缸、直列、四冲程、缸径 100mm、汽车用第四种变型发动机。

（三）曲柄连杆机构

曲柄连杆机构是产生输出动力的机构，主要由缸体曲轴箱组、活塞连杆组和曲轴飞轮组三部分组成。

1. 缸体曲轴箱组

缸体曲轴箱组主要有气缸体、气缸盖与燃烧室、气缸衬垫、曲轴箱等。

（1）气缸体　水冷发动机的气缸体通常与上曲轴箱铸成一体，是发动机的主体骨架，如图 2-27 所示。气缸体中的圆筒称为气缸。为了提高气缸的耐磨性，延长发动机的使用寿命，在气缸内常镶有气缸套。气缸套有干式缸套和湿式缸套两种，如图 2-28 所示。

① 气缸体的结构形式。主要有一般式、龙门式和隧道式三种，如图 2-29 所示。曲轴轴线与上曲轴箱下表面在同一平面的称为一般式气缸体；上曲轴箱下表面在曲轴轴线以下的称为龙门式气缸体；气缸体可以安装滚柱轴承支承曲轴的称为隧道式气缸体。

② 气缸的排列形式。多缸发动机主要有单列式（直列式）、双列式（V 型）和对置式（平卧式）三种，如图 2-30 所示。

1
2
3
4
5
6
7
8
9
10

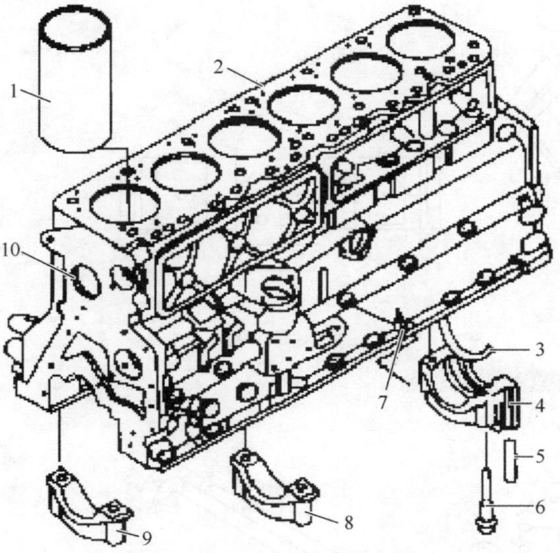

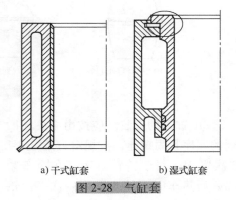

图 2-27　气缸体和上曲轴箱

1—气缸套　2—气缸体　3—盘根　4—后主轴承盖
5—油封条　6—螺栓　7—油堵　8—中间轴承盖
9—主轴承盖　10—水套孔

a) 干式缸套
b) 湿式缸套

图 2-28　气缸套

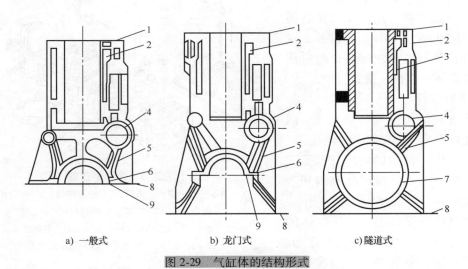

a) 一般式
b) 龙门式
c) 隧道式

图 2-29　气缸体的结构形式

1—气缸体　2—水套　3—湿式缸套　4—凸轮轴承座　5—加强肋　6—主轴承座
7—主轴承座孔　8—安装油底壳平面　9—安装主轴承盖平面

（2）气缸盖

① 气缸盖的功用。密闭气缸上部，并与活塞顶部和气缸壁一起构成燃烧室，如图 2-31 所示。

② 缸盖的结构。有水套（水冷）或散热片（风冷）、燃烧室及进排气通道、火花塞座孔（汽油机）或喷油器座孔（柴油机设有与缸体密封的平面），以及安装气阀装置和其他零部件的定位面及润滑油道等。

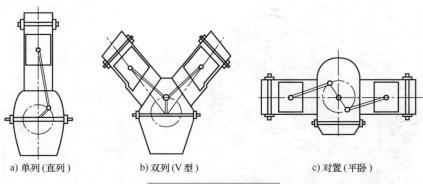

| a) 单列(直列) | b) 双列(V型) | c) 对置(平卧) |

图 2-30 气缸的排列形式

③ 缸盖的安装。应按由中央向四周的顺序紧固螺栓，按规定力矩分2~3次紧固。对于铸铁缸盖，在冷车紧固好后热车时再检查紧固一次，而铝合金缸盖在冷车紧固一次即可。

（3）燃烧室　燃烧室由活塞顶部及缸盖上相应的凹部空间组成。

（4）气缸衬垫　用以保证接合面的密封，防止漏气、漏水与窜油，安装在气缸盖与气缸体之间。目前应用较多的是金属—石棉气缸盖衬垫。

2. 活塞连杆组

活塞连杆组由活塞、活塞环、活塞销和连杆组成，如图2-32所示。

（1）活塞　活塞的功用是承受气缸内的气体压力，并通过活塞销和连杆传给曲轴。

活塞直接承受高温、高压气体的作用，并进行不等速的高速往复运动。活塞顶部与缸盖及缸壁共同组成燃烧室。活塞由顶部、头部、裙部三部分组成。

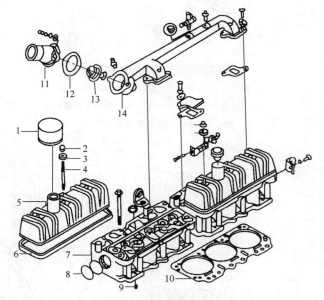

图 2-31　发动机缸盖

1—曲轴箱通风空气滤清器　2—盖形螺母　3—密封垫
4—螺柱　5—前缸盖罩　6—密封条　7—缸盖
8—塞片　9—定位销　10—气缸垫　11—节温器罩
12—衬垫　13—节温器　14—缸盖出水管

（2）活塞环　活塞环分为气环和油环。一般发动机每个活塞上装有2~3道气环，1~2道油环。

① 气环的作用：保证活塞与缸壁间的密封，防止气缸中的高温、高压燃气大量漏入曲轴箱，同时使活塞顶部的大部分热量传给缸壁，由冷却液带走。常见的有矩形环、扭曲环、锥面环、梯形环和桶面环。

② 油环的作用：用来刮除缸壁上多余的润滑油，并在缸壁上涂覆一层均匀的润滑油膜，这样既可以防止润滑油窜入气缸燃烧，又可以减小活塞、活塞环与缸壁的摩擦阻力。此外，

油环还有辅助密封作用。油环有普通油环和组合油环两种。

（3）活塞销

1）活塞销的作用。连接活塞与连杆小头，将活塞承受的气体作用力传给连杆。

2）活塞销的连接方式分"全浮式"连接和"半浮式"连接两种，如图 2-33 所示。

① 全浮式连接是指在发动机运转过程中，活塞销不仅可以在连杆小端衬套孔内转动，还可以在销座孔内缓慢地转动，以使活塞销各部分的磨损均匀。泵车多采用全浮式连接方式。

② 半浮式连接是指活塞销固定在连杆小端孔内，只可以在销座孔内缓慢地转动，与连杆小头没有相对运动。此种连接的连杆小端孔内无衬套。

（4）连杆

1）功用。将活塞承受的力传给曲轴，并使活塞的往复运动转变为曲轴的旋转运动。

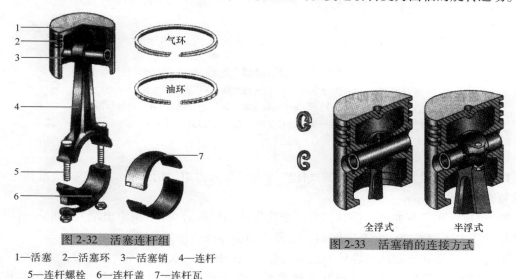

图 2-32 活塞连杆组
1—活塞 2—活塞环 3—活塞销 4—连杆
5—连杆螺栓 6—连杆盖 7—连杆瓦

图 2-33 活塞销的连接方式

2）组成。包括小端、杆身、大端三部分。

① 小端与活塞销相连，工作时与销之间有相对转动，因此小端孔中一般压入减摩的青铜衬套。为了润滑，在小端和衬套上钻出集油孔或铣出集油槽，用来收集发动机运转时被曲轴激溅上来的机油。有的发动机连杆采用小端压力润滑，在杆身内钻有纵向的压力油通道。

② 连杆杆身通常做成"工"字形断面，以求在强度和刚度足够的前提下减小质量。

③ 连杆大端与曲轴的曲柄销相连，一般做成剖分式的，被分开的部分称为连杆盖，由特制的连杆螺栓紧固在连杆大端上，连杆盖与连杆大端采用组合镗孔，为了防止装配时配对错误，在同一侧刻有配对记号。安装在连杆大端孔中的连杆轴瓦是剖分成两半的滑动轴承。轴瓦在厚 1~3mm 薄钢背的内圆面上浇铸有 0.3~0.7mm 厚的减摩合金层。减摩合金具有保持油膜、减少磨损和加速磨合的作用。

3. 曲轴飞轮组

曲轴飞轮组主要由曲轴、飞轮和附件组成，如图 2-34 所示。

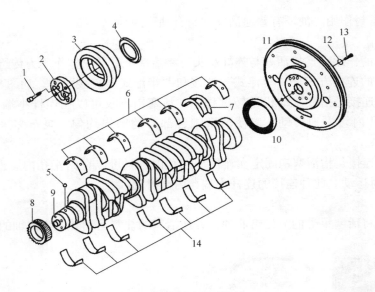

图 2-34　曲轴飞轮组

1—减振器螺栓　2—曲轴垫块　3—扭转减振器　4—曲轴前油封　5—定位销
6—上主轴承　7—推力轴承　8—曲轴正时齿轮　9—曲轴　10—曲轴后油封
11—飞轮总成　12—飞轮螺栓垫圈　13—飞轮螺栓　14—下主轴承

（1）曲轴

1）功用。把活塞连杆组传来的气体作用力转变为力矩，用来驱动配气机构及其他各种辅助装置。

2）组成。主要有曲轴的前端、若干个曲拐和曲轴的后端(功率输出端)三部分。曲轴一般采用优质中碳钢或中碳合金钢锻制，轴颈表面经淬火或渗氮处理。

① 曲轴前端装有驱动凸轮轴的正时齿轮、驱动风扇、水泵的传动带轮及起动爪等。

② 曲轴轴颈是曲轴的支承点和旋转轴线。曲轴臂起着连接主轴颈和连杆轴颈的作用。曲轴的平衡重用来平衡由旋转形成的惯性力。

③ 曲轴后端有安装飞轮用的凸缘。

④ 轴向限位和油封。为了限制曲轴的轴向移动，防止曲轴因受到离合器施加于飞轮的轴向力及其他力的作用而产生轴向窜动，破坏曲轴连杆机构各零件的相对位置，用止推片加以限制，即轴向定位装置。为了防止机油沿曲轴轴颈外漏，在曲轴前端、后端装有挡油盘、油封及回油螺纹等封油装置。

（2）飞轮

① 作用。将在做功行程中输入曲轴的一部分动能储存起来，用以在其他行程中克服阻力，带动曲柄连杆机构经过上、下止点，保证曲轴的旋转角速度和输出转矩尽可能均匀，并使发动机有可能克服短时间的超载。此外，在结构上飞轮往往是传动系统中摩擦离合器的驱动件。

② 构造。飞轮是由铸铁制成的圆盘，外缘上压有齿环，可与起动机的驱动齿轮啮合，供起动发动机用，安装在曲轴后端。飞轮上通常刻有点火正时记号，以便检验和调整点火时间及气门间隙。多缸发动机的飞轮与曲轴一起进行动平衡校验，拆装时为保证它们的平衡状

态不受破坏，飞轮与曲轴之间有定位销或不对称螺栓定位。

（四）配气机构

1. 概述

（1）配气机构的功用　配气机构是进气和排气的控制机构。它是按照发动机各缸的做功次序和每一缸工作循环的要求，定时地开启和关闭各气缸的进、排气门，使可燃混合气（汽油机）或空气（柴油机）及时进入气缸，并将废气及时排出气缸。

（2）配气机构的组成　配气机构由气门组和气门传动组组成，如图 2-35 所示。

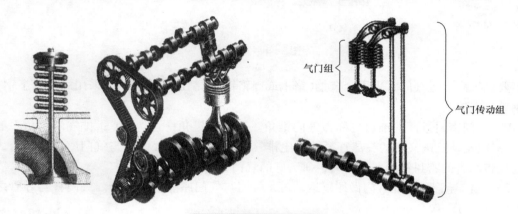

气门组

气门传动组

图 2-35　配气机构的组成

（3）配气机构的分类

① 按气门的安装位置，可分为顶置气门式和侧置气门式两种，目前泵车发动机均采用顶置气门式配气机构。

② 按凸轮轴布置位置，可分为凸轮轴下置式、凸轮轴中置式、凸轮轴上置式。

③ 按凸轮轴传动方式，可分为齿轮传动式、链传动式、齿形带传动式。

④ 按气门驱动形式，可分为摇臂驱动式、摆臂驱动式、直接驱动式。

⑤ 按每缸气门数，可分为两气门式、多气门式。

（4）配气机构的工作原理　曲轴通过正时齿轮驱动凸轮轴转动。四冲程发动机每完成一个工作循环，曲轴旋转两周，各缸的进、排气门各开启一次，此时凸轮轴只旋转一周。因此，曲轴与凸轮轴的传动比为 2∶1。凸轮轴在转动过程中，凸轮基圆部分与挺柱接触时，挺柱不升高。当凸轮的凸起部分与挺柱接触时，将挺柱顶起，通过推杆和调整螺钉使摇臂绕轴摆动，压缩气门弹簧，使气门离座，气门开启。当凸轮的凸起最高点与挺柱接触时，气门开启最大，转过该点后，气门在气门弹簧作用下开始关闭，当凸轮凸起部分离开挺柱时，气门完全关闭。

2. 气门组

（1）组成　气门组主要包括气门、气门导管、气门座及气门弹簧等零件，如图 2-36 所示。

1）气门。气门由头部和杆部组成。

① 气门头部工作温度很高（进气门可达 570~670℃，排气门可达 1050~1200℃），还要承受气体压力以及气门弹簧张力和运动惯性力，同时冷却和润滑条件差，因此，气门的结构和

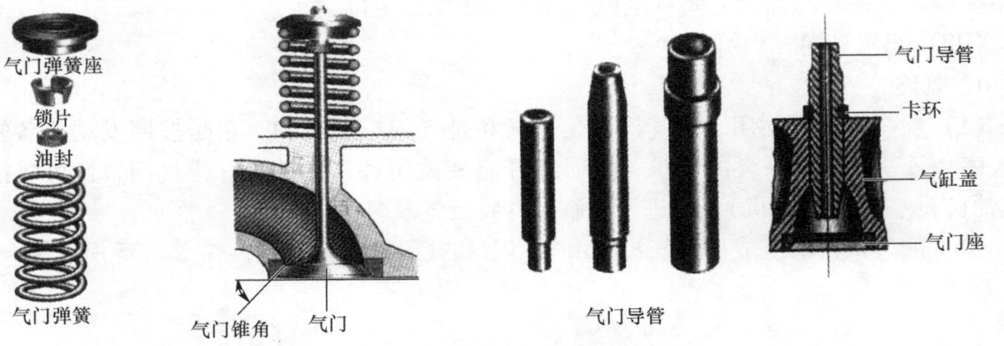

气门弹簧座
锁片
油封
气门弹簧
气门锥角
气门
气门导管
气门导管
卡环
气缸盖
气门座

图 2-36　气门组

性能要求很高。进气门常采用合金钢(铬钢或镍铬钢等)制造,排气门则采用耐热合金钢(硅铬钢等)制造。

②　气门密封锥面的锥角,称为气门锥角。进气门锥角一般为 30°,排气门锥角一般为 45°。多数发动机进气门的头部直径做得比排气门大。为保证气门头与气门座良好密合,装配前应将两者的密封锥面互相研磨,研磨好的气门不能互换。

2)　气门导管。保证气门做往复运动时,气门与气门座能正确密合。气门杆与导管之间一般留有 0.05～0.12mm 的间隙。

3)　气门弹簧。多为圆柱形螺旋弹簧,材料为高碳钢等冷拔钢丝。为了防止弹簧发生共振,可采用变螺距的圆柱弹簧或双弹簧。

(2)　功用　保证实现气缸的密封。要求气门头与气门座贴合严密,气门导管有良好的导向性,气门弹簧上、下端面与气门杆中心线垂直,气门弹簧有适当的弹力。

3. 气门传动组

(1)　组成　气门传动组主要包括凸轮轴、正时齿轮、挺柱及其导管,气门顶置式配气机构中有的还有推杆、摇臂、摇臂轴等,如图 2-37a 所示。

(2)　功用　使进、排气门能按配气相位规定的时刻开闭,并保证有足够的开度。凸轮轴上主要配置有各缸进、排气凸轮,用以使气门按一定的工作次序和配气相位顺序开闭,并保证气门有足够的升程,如图 2-37b 所示。

在装配曲轴和凸轮轴时,必须将正时记号对准,以保证正确的配气相位和点火时刻。

4. 气门间隙

(1)　定义　气门间隙是指气门处于完全关闭状态时,气门杆尾端与摇臂(或挺柱、凸轮)之间的间隙。

(2)　功用　气门间隙是给配气机构零件受热膨胀时留出的余地,保证气门密封。

(3)　分类　气门间隙分热态间隙与冷态间隙两种。前者是发动机达到正常工作温度后停车检查调整的数据;后者是发动机在常温条件下检查调整的数据。一般调整螺钉在冷态时,进气门间隙为 0.25～0.30mm,排气门间隙为 0.30～0.35mm。采用液力挺柱的配气机构,由于液力挺柱的长度能自动调整,随时补偿气门的热膨胀量,故不需留有气门间隙。

(4)　调整　正常的气门间隙会因配气机构机件磨损而发生变化,气门间隙过大或过小

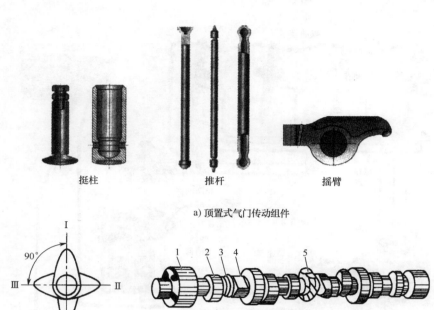

挺柱　　　　　　推杆　　　　　　摇臂

a) 顶置式气门传动组件

b) 四缸发动机凸轮轴

图 2-37　气门传动组

1—凸轮轴轴颈　2、4—凸轮　3—偏心轮　5—齿轮

都会影响发动机的正常工作。为了能对气门间隙进行调整，在摇臂上装有调整螺钉及锁紧螺母，如图 2-38 所示。

（五）柴油机燃料供给系统

柴油机燃料供给系统是柴油发动机的重要组成部分，也是其区别于汽油发动机的基本内容，它对整机的动力性、经济性、可靠性和耐久性都有较大影响。由于柴油价格低廉、产生的污染轻，目前泵车广泛采用柴油发动机。

1. 柴油机燃料供给系统的功用

燃料供给系统完成柴油的储存、滤清和输送工作，并按照柴油机各种不同工况的要求，定时、定量、定压地将柴油喷入燃烧室，使其与空气迅速而良好地混合后燃烧，并在燃烧后将废气排入大气。

2. 柴油机燃料供给系统的组成

燃料供给系统由燃料供给装置、空气供给装置、混合气形成装置和废气排出装置四部分组成，如图 2-39 所示。

（1）燃料供给装置　它主要有柴油箱、输油泵、柴油滤清器、低压油管、喷油泵、高压油管、喷油器和回油管等。

（2）空气供给装置　它主要有空气滤清器、进气管及进气道等。

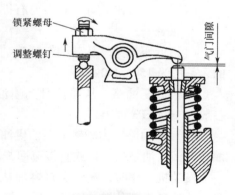

图 2-38　气门间隙

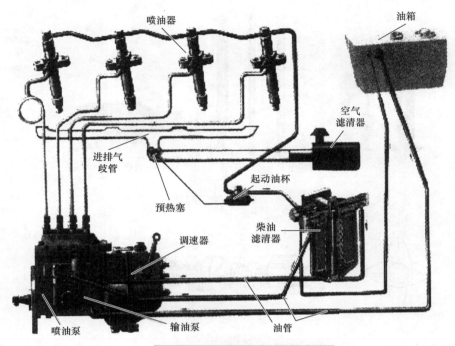

图 2-39　柴油机燃料供给系统组成

（3）混合气形成装置　混合气形成装置即为燃烧室。

（4）废气排出装置　它主要有排气道、排气管及排气消声器等。

3. 油路

（1）低压油路　从柴油箱到喷油泵入口这段油路为低压油路，其油压是由输油泵建立的，一般为 150~300kPa。

（2）高压油路　从喷油泵到喷油器这段油路为高压油路，其油压是由喷油泵建立的，一般在 1000kPa 以上。

（3）回油路　由于输油泵的供油量比喷油泵的出油量大 3~4 倍，大量多余的柴油经回油管流回输油泵的进口或直接流回柴油箱。

发动机工作时，输油泵将燃油从油箱中吸出，经粗滤器滤去微小杂质，而后流入喷油泵。喷油泵将部分燃油增至高压，经高压油管和喷油器喷入燃烧室，多余的燃油从喷油泵或燃油滤清器上的限压阀经回油管流回油箱。

4. 混合气的形成与燃烧室

（1）柴油机混合气形成特点

① 柴油与空气是分别进入气缸的，因而混合气是在燃烧室内形成的。

② 柴油机开始喷油后经过 0.001~0.003s 便开始燃烧，随后一边喷油，一边混合，一边燃烧，混合气形成的时间非常短促。

③ 混合气形成时间短，喷油又有一定的延续时间，因此混合气浓度在燃烧室内各处是不均的，且采用较多的过量空气。

（2）柴油机混合气形成方法

① 空间混合。利用高压喷射使柴油成雾化颗粒均匀分布在燃烧室空间，并与压缩的空气混合形成可燃混合气。

② 表面蒸发混合。用喷油器喷注与旋转的空气涡流运动配合，将燃油以油膜状态分布在燃烧室壁上，通过控制壁面最佳温度，借助空气涡流运动，使油膜迅速蒸发与空气混合形成可燃混合气。

③ 空间、表面混合使用。将一部分燃料喷入燃烧室空间形成混合气，另一部分燃料喷在燃烧室壁上形成油膜，以表面蒸发的形式形成可燃混合气。

（3）燃烧室 当活塞到达上止点时，气缸盖和活塞顶组成的密闭空间称为燃烧室。柴油机的燃烧室结构比较复杂，按结构形式可分为两大类：

① 统一式燃烧室。这是由凹形的活塞顶面及气缸壁直接与气缸盖底面包围形成单一内腔的一种燃烧室。采用这种燃烧室时，柴油直接喷射到燃烧室中，故又称直接喷射式燃烧室，主要形式有 ω 形、球形和 U 形等。目前国内最新生产的泵车发动机大多采用这种形式，如国产新昌 490BPG 型、495BPG 型、LD495G 型柴油发动机等，如图 2-40 所示。

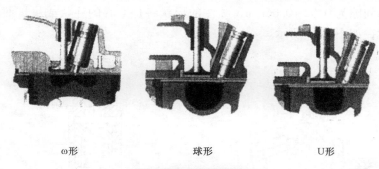

ω形　　　　　　　球形　　　　　　　U形

图 2-40　统一式燃烧室

② 分开式燃烧室。这种燃烧室由活塞顶和缸盖底之间的主燃烧室与设在气缸盖的副燃烧室两部分组成。主副燃烧室之间用一个或几个通道相连，常见的有涡流室式燃烧室和预燃室式燃烧室两种，如图 2-41 所示。

5. 柴油机燃料供给系统主要部件

（1）喷油器 喷油器的功用是将燃油雾化成细微颗粒，并根据燃烧室的形状，把燃油合理地分布到燃烧室内，以便和空气混合成可燃混合气。喷油器可分为开式和闭式两种类型，目前柴油机多采用闭式喷油器。闭式喷油器又分为孔式和轴针式两类，孔式喷油器多用于统一式燃烧室，轴针式喷油器多用在分开式燃烧室。

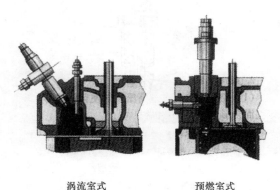

涡流室式　　　　　　预燃室式

图 2-41　分开式燃烧室

1）孔式喷油器。它由喷嘴、喷油器体和调压装置三部分组成。喷孔的数目一般为 1~8 个，喷孔直径为 0.2~0.8mm，如图 2-42 所示。

① 构造。喷嘴由针阀和针阀体组成。针阀下端有一圆锥面与阀体下端的环形锥面共同起密封作用，用于切断或打开高压油腔和燃烧室的通路。调压装置由调压弹簧、垫圈、调压螺钉、锁紧螺母和推杆等组成。为使多缸柴油机各缸喷油器工作一致，应采用长度相同的高压油管。

② 工作过程

a. 喷油：当喷油泵开始供油时，高压柴油从进油口进入喷油器体内，沿油道进入喷油器阀体环形槽内，再经斜油道选入针阀体下面的高压油腔内。高压柴油作用在针阀锥面上，并产生向上抬起针阀的作用力。当此力克服了调压弹簧的预紧力后，针阀就向上升起，打开喷油孔，柴油经喷油孔喷入燃烧室。

b. 停油：当喷油泵停止供油时（由于减压环带的减压作用，出油阀在弹簧作用下落座），高压油腔内油压骤然下降，作用在喷油器针阀的锥形承压面上的推力迅速下降，在弹簧力的作用下，针阀迅速关闭喷孔，停止喷油。

2) 轴针式喷油器。轴针式喷油器与孔式喷油器相比，只是针阀偶件不同。针阀形状可以是侧锥形或圆柱形，轴针伸出喷孔外，从而形成一个圆环状的喷孔，直径为 1~3mm。轴针和孔壁的径向间隙为 0.02~0.06mm，喷注的形状将是空心的柱状或呈扩散的锥形，以配合燃烧室的形状，如图 2-43 所示。

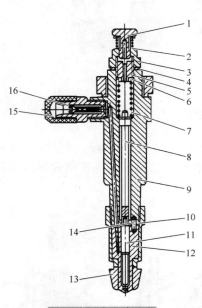

图 2-42　孔式喷油器

1—回油管螺栓　2—回油管衬垫
3—调压螺钉锁紧螺母　4—调压螺钉垫圈
5—调压螺钉　6—调压弹簧垫圈
7—高压弹簧　8—推杆　9—壳体
10—喷嘴偶件紧固螺套　11—针阀
12—针阀体　13—密封铜锥体
14—定位销　15—护盖
16—进油管接头

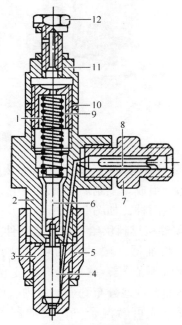

图 2-43　轴针式喷油器

1—调压弹簧　2—喷油器体　3—针阀体
4—针阀　5—紧固螺母　6—顶杆
7—进油管接头　8—滤芯
9—调压螺钉　10—垫圈
11—锁紧螺母　12—回油管接头

（2）喷油泵

1）喷油泵（又称高压油泵）的作用　将输油泵提供的柴油升高到一定压力，并按照柴油机的各种工况要求，定时、定量地将高压燃油送至喷油器。

2）分类。按其结构形式不同分为柱塞式喷油泵、喷油器喷油泵、转子分配式喷油泵三类。国产系列柱塞泵主要有 A、B、P、z 和 Ⅰ、Ⅱ、Ⅲ 号等系列。目前，国产泵车柴油机大多采用柱塞式喷油泵。进口发动机的泵车多使用转子分配式喷油泵。国产中、小吨位泵车采用的多是 Ⅰ 号喷油泵，如图 2-44 所示。

3）柱塞式喷油泵的组成。柱塞式喷油泵由泵体、泵油机构、油量控制机构、传动机构四大部分组成。它是利用柱塞在柱塞套筒内往复运动完成吸油和压油的，每副柱塞和柱塞套筒只向一个气缸供油。多缸发动机的每组泵油机构称为喷油泵的分泵，每组分泵分别向各自对应的气缸供油，如图 2-45 所示。

① 泵油机构主要由柱塞偶件（柱塞和柱塞套筒）、出油阀偶件（出油阀和阀座）、柱塞弹簧、出油阀弹簧等组成。柱塞下端固定有调节臂，用以调节柱塞与柱塞套筒相对角的位置。

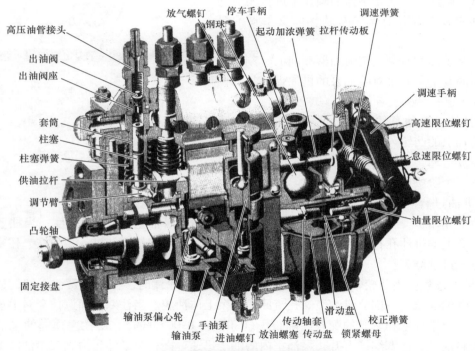

图 2-44　国产 Ⅰ 号喷油泵结构图

a. 柱塞弹簧上端支承在泵体上，下端通过弹簧座将柱塞推向下方，使柱塞下端压紧在滚轮体中的垫块上，从而使滚轮 2 保持与驱动凸轮相接触。柱塞偶件上部安装出油阀偶件，出油阀弹簧由压紧座压紧，使出油阀压在阀座上。

b. 柱塞套筒由定位销钉固定，防止周向转动。柱塞调节臂安装在调节叉中，操纵供油拉杆可使柱塞在一定角度内绕本身轴线转动。

c. 出油阀偶件由出油阀体 11 和出油阀座 10 组成，出油阀体头部有密封锥面，尾部铣出四个三角形槽，中间有一环形减压带。出油阀体被弹簧压紧在阀座上，两者经高精度研磨配合，不能互换。出油阀座中还装有一个减容器，作用是减少高压油腔的容积，同时限制出油阀的最大升程。

② 油量调节机构的作用是在柱塞往复运动的同时使柱塞转动，以改变柱塞的有效行程，进而改变供油量，并使各缸供油量一致。

③ 传动机构是由凸轮轴和滚轮体总成组成。凸轮轴是由柴油机的曲轴通过正时齿轮驱动，带有衬套的滚轮可以在滚轮销上转动，滚轮销装在滚轮架的座孔中。曲轴转两圈，各缸喷油一次，凸轮轴只需转一圈就喷油一次，二者速比为 2 : 1。滚轮架外形是一圆柱体，能在泵体的圆孔中进行相应的往复运动，其上部装有调整垫块，以支承喷油泵柱塞。

喷油泵供油的时刻决定喷油器喷油的时刻，喷油提前角的调整是通过对喷油泵的供油提前角的调整而实现的。

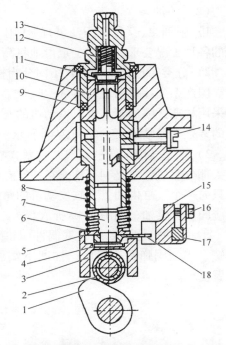

图 2-45　柱塞式喷油泵分泵结构示意图
1—凸轮　2—滚轮　3—滚轮体　4—滚轮体垫块
5—柱塞弹簧座　6—柱塞弹簧　7—柱塞
8—柱塞套筒　9—垫片　10—出油阀座
11—出油阀体　12—出油阀弹簧
13—出油阀压紧座　14—定位销钉
15—调节叉　16—夹紧螺钉
17—供油拉杆　18—调节臂

4) 柱塞式喷油泵的泵油原理。工作时，在喷油泵凸轮轴上的凸轮与柱塞弹簧的作用下，迫使柱塞上下往复运动，从而完成泵油任务，泵油过程可分为以下三个阶段：

① 进油过程。当凸轮的凸起部分转过去后，在弹簧力的作用下，柱塞向下运动，柱塞上部空间（称为泵油室）产生真空度；当柱塞上端面把柱塞套上的进油孔打开后，充满在油泵上体油道内的柴油经油孔进入泵油室，柱塞运动到下止点，进油结束。

② 供油过程。当凸轮轴转到凸轮的凸起部分顶起滚轮体时，柱塞弹簧被压缩，柱塞向上运动，燃油受压，一部分燃油经油孔流回喷油泵上体油腔。当柱塞顶面遮住套筒上进油孔的上缘时，由于柱塞和套筒的配合间隙很小（0.0015 ~ 0.0025mm），使柱塞顶部的泵油室成为一个密封油腔，柱塞继续上升，泵油室内的油压迅速升高；当泵油压力大于出油阀弹簧力与高压油管剩余压力之和时，推开出油阀，高压柴油经出油阀进入高压油管，通过喷油器喷入燃烧室。

③ 回油过程。柱塞向上供油，当上行到柱塞上的斜槽（停供边）与套筒上的回油孔相通时，泵油室低压油路便与柱塞头部的中孔和径向孔及斜槽沟通，油压骤然下降，出油阀在弹簧力的作用下迅速关闭，停止供油。此后柱塞还要上行，当凸轮的凸起部分转过去后，在弹簧的作用下，柱塞又下行。此时便开始了下一个循环。

（3）调速器

1）功用。调速器使柴油机能随外界负荷（阻力）的变化自动调节供油量，从而保持怠速稳定和限制发动机最高转速，防止转速连续升高"飞车"或转速连续下降熄火。

2）分类。有两极式调速器和全程调速器两种。

① 两极式调速器

a. 作用：限制发动机最高转速和最低稳定转速，在最高转速和最低转速之间调速器不起作用，此时柴油机工作转速由驾驶员直接操纵供油拉杆来调节。

b. 特点：有两根长度和刚度均不相同的弹簧，安装时都有一定的预紧力。低速弹簧长而软，高速弹簧短而硬。

c. 工作原理：两极式调速器如图 2-46 所示。

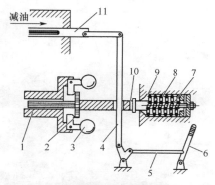

图 2-46　两极式调速器

1—支承盘　2—滑动盘　3—飞球　4—调速杠杆
5—拉杆　6—操纵杆　7—低速弹簧
8—高速弹簧　9—弹簧滑套
10—球面顶块　11—调节齿杆

怠速时，驾驶员将操纵杆置于怠速位置，发动机将以规定的怠速转速运转。这时，飞球的离心力不足以将低速弹簧压缩到相应的程度。飞球将因离心力而向外略张，推动滑动盘 2 右移而将球面顶块 10 向右推到一定位置，使飞球的离心力与低速弹簧的弹力处于平衡。如由于某种原因使发动机转速降低，则飞球离心力相应减小，低速弹簧伸张与飞球的离心力达到一个新的平衡位置。于是推动滑移盘左移而使调速杠杆 4 的上端带动调节齿杆向增加供油量的方向移动，适当增多供油量，限制了转速的降低。反之，如发动机转速升高，调速器的作用使供油量相应减小，限制了转速的升高。这样，调速器就保证了怠速转速的相对稳定。

如发动机转速升高到超出怠速范围（由于驾驶员移动操纵杆），则低速弹簧将被压缩，球面顶块 10 与弹簧滑套 9 相靠。高速时，因高速弹簧的预紧力阻碍着球面顶块的进一步右移，所以在相当大的转速范围内，飞球、滑动盘、调速杠杆、球面顶块等的位置将保持不动。只有当转速升高到发动机标定转速时，飞球的离心力才能增大到足以克服两根弹簧弹力的程度，这时调速器的作用防止了柴油机的超速。

② 全程调速器。全程调速器不仅控制发动机最高转速和最低稳定转速，而且能自动控制从怠速到最高转速全部转速工作范围内的供油量，保持发动机在任何给定转速下稳定地运转。全程调速器的特点：调速弹簧的预紧力，可以在一定范围内通过改变调节叉位置而任意调节，从而在允许的转速范围内都可起调速作用。国产I号喷油泵调速器如图 2-47 所示。泵车多采用全程调速器。

（4）输油泵

1）输油泵的作用。它将燃油从油箱中吸出，使燃油产生一定的压力，用以克服燃油滤清器及管路的阻力，保证连续不断地向喷油泵输送足够的燃油。

2）输油泵的分类。输油泵主要有活塞式、膜片式、齿轮式和叶片式等。柴油机泵车通常采用活塞式输油泵，如图 2-48 所示。

3）活塞式输油泵的组成。活塞式输油泵主要由泵体、活塞、推杆、进油阀及手油泵等机件组成。

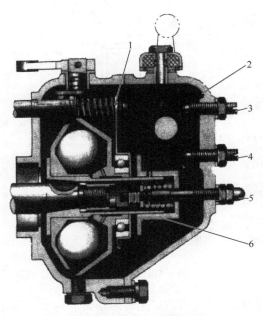

图 2-47　国产 I 号喷油泵调速器

1—拉杆传动板　2—调速限位块　3—高速限位螺钉
4—怠速限位螺钉　5—油量限位螺钉　6—滑套

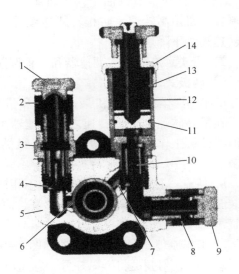

图 2-48　活塞式输油泵结构示意图

1—油管接头　2—保护套　3—出油管接头座
4—出油阀　5—壳体　6—下出油道　7—进油道
8—保护套　9—油管接头　10—进油阀
11—活塞　12—液压缸　13—活塞杆　14—液压缸盖

4）活塞式输油泵的工作原理。当发动机工作时，偏心轮转至如图 2-49a 所示位置的过程中，弹簧使活塞由上端移到下端，活塞下边油腔容积减小，油压增高关闭出油阀，燃油自出油口压至喷油泵。与此同时，活塞上方容积增大，油压降低，油箱的燃油从进油口流入，压开进油阀充满活塞上方油腔。当偏心轮顶动推杆，使活塞压缩弹簧向上移动时，活塞上方容积缩小，油压增高，关闭进油阀，压开出油阀，此时活塞下方油腔容积增大，压力降低，燃油经出油阀、平衡油道流入活塞下方油腔，为下次向喷油泵供油做好准备，如图 2-49b 所示。

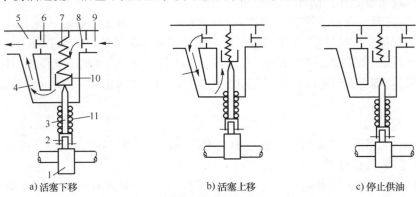

a）活塞下移　　　　　　　　b）活塞上移　　　　　　　　c）停止供油

图 2-49　活塞式输油泵工作原理

1—偏心轮　2—滚轮　3—顶杆　4—通道　5—出油口　6、8—单向阀　7—活塞弹簧
9—进油口　10—活塞　11—弹簧

当输油泵的供油量大于喷油泵的需要量或燃油滤清器阻力过大时，出油口和活塞下腔油压升高，若此油压与弹簧力平衡，则活塞停在某一位置，即回不到最下端。因此活塞的有效行程减小，供油量也相应减少，并限制油压的进一步提高（供油压力不大于 $300\sim400\mathrm{kPa}$），这样就实现了输油量和供油压力的自动调节，如图 2-49c 所示。

（六）发动机润滑系统

润滑的实质是在两个相对运动机件之间送进润滑油形成油膜，用液体间的摩擦代替固体间的摩擦，从而减少机件的运动阻力和磨损。

1. 润滑系统的作用

发动机润滑系统就是为了保证发动机的正常工作，将两接触面隔开，提高发动机的功率，延长其使用寿命。

（1）润滑作用　在运动机件的表面之间形成润滑油膜，减少磨损和功率损失。

（2）清洗作用　通过润滑油的循环流动，冲洗零件表面并带走磨损剥落下来的金属微粒。

（3）冷却作用　循环流动的润滑油流经零件表面，带走零件摩擦所产生的部分热量。

（4）密封作用　润滑油填满气缸壁与活塞、活塞环与环槽之间的间隙，可减少气体的泄漏。

（5）防锈作用　在零件表面形成油膜，起保护作用，防止腐蚀生锈。

2. 润滑方式

（1）压力润滑　利用机油泵使机油产生一定压力，连续地输送到负荷大、相对运动速度高的摩擦表面，如曲轴主轴承、连杆轴承、凸轮轴承及摇臂轴等均采用压力润滑。

（2）飞溅润滑　利用运动零件激溅或喷溅起来的油滴和油雾，润滑外露表面和负荷较小的摩擦面。气缸壁、活塞销以及配气机构的凸轮、挺柱等均采用飞溅润滑。

（3）润滑脂润滑　对一些分散的、负荷较小的摩擦表面，可定时加注润滑脂，如水泵、发电机轴承等。

3. 润滑系统的组成

润滑系统由机油泵、机油散热器、限压阀、机油滤清器、油管及油道、机油压力传感器、机油压力表和量油尺等机件组成，如图 2-50 所示。

（1）机油泵

1）机油泵的作用。将一定压力和一定数量的润滑油压送到润滑件表面。

2）机油泵的种类。发动机上常用的有外啮合齿轮式机油泵和内啮合转子式机油泵两种。

① 齿轮式机油泵。从动轴压装在泵体上，从动齿轮套装在从动轴上。从动齿轮与主动轴过盈配合，主动轴与壳孔间隙配合；主动轴轴端开孔的颈部与联轴器用铆钉连接，如图 2-51 所示。

机油泵的进油口通过进油管与集滤器相通。出油口的出油道有两个：一个在壳体上与曲轴箱的主油道相通，这是主要的一路；另一个在泵盖上用油管与细滤器相通。

② 转子式机油泵。由壳体、内转子、外转子和泵盖等组成，如图 2-52 所示。

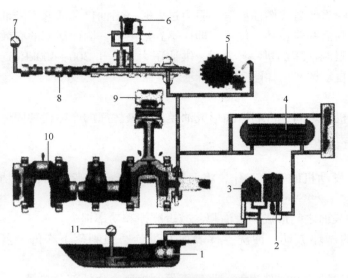

图 2-50　润滑系统的组成示意图

1—进油腔　2—出油腔　3—卸压槽　4—机油散热器
5—正时齿轮　6—气门摇臂　7—机油压力表　8—凸轮轴
9—活塞　10—曲轴　11—油温表

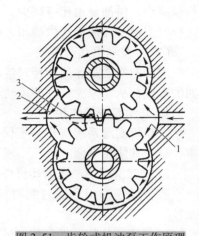

图 2-51　齿轮式机油泵工作原理

1—进油腔　2—出油腔　3—卸压槽

转子式机油泵结构紧凑，外形尺寸小，重量轻，吸油真空度大，泵油量大，供油均匀性好，成本低，在中小型发动机上应用广泛。

（2）机油滤清器

1）作用。滤除机油中的金属磨屑及胶质等杂质，保持润滑油的清洁，延长润滑油的使用寿命，保证发动机正常工作。

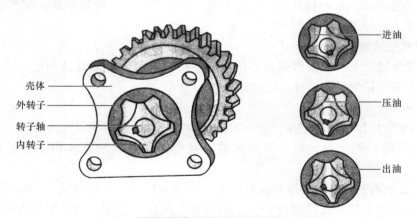

图 2-52　转子式机油泵组成

2）分类。按滤清方式不同，可分为过滤式和离心式两种。过滤式滤清器按滤芯结构的不同又分为金属网式、片状缝隙式、带状缝隙式、纸质滤芯式和复合式等。目前，新生产的泵车多采用一次性旋装式机油滤清器，规定行驶 8000～10000km 或工作 200～250h 必须更换。

① 机油集滤器。用来滤去润滑油中较大的杂质，防止其进入机油泵内堵塞油道，一般是金属网式的，装在机油泵进油口之前。

② 机油粗滤器。用以滤去机油中粒度较大（直径为 0.05~0.1mm）的杂质，它对机油流动的阻力较小，一般串联于机油泵与主油道之间，属于全流式滤清器，如图 2-53 所示。

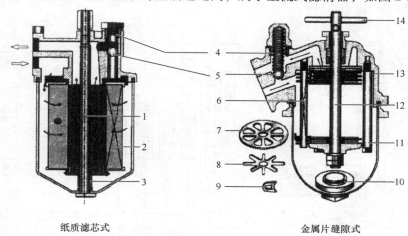

纸质滤芯式　　　　　　　　　　　　　金属片缝隙式

图 2-53　全流式机油粗滤器结构示意图

1—拉杆　2—滤芯　3—压紧弹簧　4—旁通阀弹簧　5—旁通阀　6—刮片固定杆　7—滤清片
8—垫片　9—刮片　10—放油螺塞　11—固定螺栓　12—独芯轴　13—上盖　14—手柄

③ 机油细滤器。用于消除微小的杂质（直径小于 0.05mm 的胶质和水分）。它的流动阻力较大，因此与主油道并联，只有 10% 左右的润滑油通过，属于分流式滤器。机油细滤器有过滤式和离心式两种类型，由于过滤式细滤器存在滤清能力和通过能力的矛盾，故目前应用渐少。离心式细滤器靠转子旋转产生的惯性力将润滑油中的杂质分离出去，具有结构简单、使用可靠、寿命长、维护方便等优点，被广泛应用，如图 2-54 所示。

（3）限压阀　当机油压力超过规定压力时，限压阀被打开，多余润滑油经限压阀流回机油泵的进油口或流回油底壳。

（4）旁通阀　旁通阀并联在机油粗滤器的进、出油口之间。当粗滤器堵塞时，机油推开旁通阀，不经过滤芯，而直接从进油口到出油口至润滑系统。

4. 润滑油路

一般发动机采用压力润滑和飞溅润滑的综合润滑方式，各种发动机润滑系统油路大体相似。发动机工作时，润滑油在机油泵作用下，经集滤器被吸入机油泵，并被压出。多数润滑油经粗滤器至主油道，经缸体上的横隔油道分别润滑曲轴主轴承、连杆轴承（经连杆大头喷孔喷出的油润滑凸轮、缸壁、活塞销）、凸轮轴颈、正时齿轮、空气压缩机、摇臂、推杆、气门等。少量润滑油经细滤器滤清后，回到油底壳，如图 2-55 所示。

（七）冷却系统

发动机工作温度过高或过低，不仅会使其动力性和经济性变坏，而且会加速机件的磨损或损坏。发机工作时，由于燃料的燃烧以及运动零件间的摩擦产生大量的热量，使零件受热而温度升高，特别是直接与高温气体接触的零件（如气缸体、气缸盖、活塞、气门等），因受热温度很高，若不及时冷却则会造成机件卡死和烧损，使发动机不能正常工作。因此必须对高温

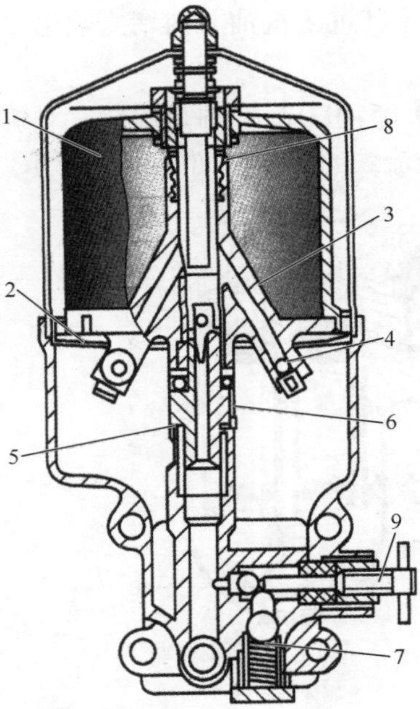

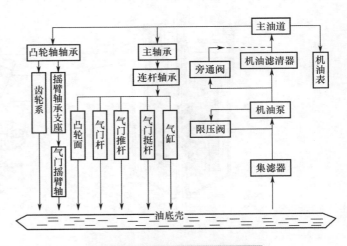

图 2-54　离心式机油细滤器结构示意图

图 2-55　485Q型柴油机润滑油路

1—转子盖　2—挡板　3—转子体　4—喷嘴　5—推力轴承

6—转子轴　7—旁通阀　8—转子体端套　9—调整螺钉

条件下工作的机件加以冷却。

1. 冷却系统的功用

冷却系统能保证运转中的发动机在最适宜的温度（80~90℃）范围内连续工作。

2. 冷却方式

根据发动机所用的冷却介质不同，冷却方式有风冷式和水冷式两大基本形式，如图 2-56 所示。

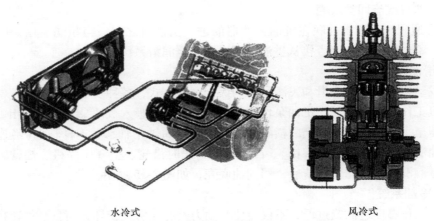

水冷式　　　　　　　　　　　　风冷式

图 2-56　发动机冷却方式

（1）风冷式　冷却介质是空气，即利用风扇在缸体和缸盖周围的散热片中形成气流，将发动机的高温机件热量通过散热片直接散发到大气中而得以冷却。

（2）水冷式 冷却介质是水，即将发动机高温机件的热量先传导给冷却液（即冷却水），通过冷却液的不断循环，使热量散发到大气中。

3. 水冷却的种类

根据冷却液循环方式的不同，水冷却又可分为蒸发式、自然循环式、强制循环式三种。泵车主要采用强制循环式冷却方式，少数泵车采用蒸发式水冷却，如鲁工牌 CPD（C）20 型泵车采用的就是蒸发式水冷却。

4. 水冷却系统的组成

水冷却系统一般由水泵、水套、散热器、百叶窗、风扇、分水管、节温器、冷却液温度表等组成，如图 2-57 所示。现代发动机上应用最普遍的是强制循环式水冷却系统（图 2-58）。为使发动机在寒冷环境下温度能迅速达到最佳工作温度并防止冷却过度，一般发动机都有冷却强度调节装置，包括节温器、百叶窗和风扇离合器等。

（1）水泵 水泵的主要作用是对冷却液加压，使冷却液循环流动。目前汽车发动机绝大多数使用的是机械离心式水泵，它由泵壳、叶轮、泵轴、轴承等组成，如图 2-59 所示。

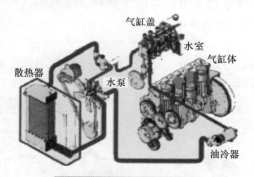

图 2-57 水冷却系统构成图

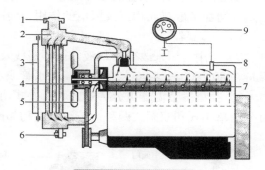

图 2-58 水冷却循环图

1—散热器盖 2—散热器 3—百叶窗 4—水泵
5—风扇 6—放水开关 7—分水管
8—冷却液温度传感器 9—冷却液温度表

（2）风扇 风扇的作用是促进散热器的通风，提高散热器的热交换能力。风扇通常安装在散热器后面，一般与水泵同轴，用螺钉固装在水泵轴前端传动带轮的凸缘上。当风扇旋转时，对空气产生吸力，使之沿轴向流动，气流由前向后通过散热器，使流经散热器的冷却液加速冷却，从而起到对发动机的冷却作用。

（3）散热器

① 作用。将冷却液携带的热量散入大气，以保证发动机的正常工作温度。

② 构造。它主要由上储水箱、下储水箱和散热片等组成。结构形式有管片式和管带式。目前，一些新生产的泵车大多采用特制管片式加大水箱，水箱散热面积以及水箱容量是同类产品的 1.25 倍，保证泵车在使用中不会产生过热现象。图 2-60 所示为现代 CPC30 型、CPCD35 型系列泵车散热器。

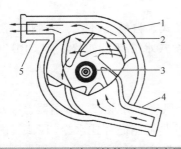

图 2-59　离心式水泵结构原理示意图

1—泵壳　2—叶轮　3—泵轴

4—进水口　5—出水口

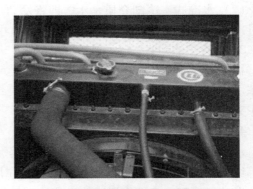

图 2-60　现代 CPC30 型、CPCD35 型
系列泵车散热器

③ 原理。来自水套的冷却液经进水管进入上储水箱，再经扁形水管到下储水箱。由于散热片增加了散热面积以及风扇的作用，使冷却液中的热量散入大气。

（4）节温器

① 作用。用来改变冷却液的循环路线及流量，自动调节冷却强度，使冷却液温度经常保持在 80~90℃。它安装在气缸盖出水管或水泵进水管内。

② 类型。节温器可分为蜡式和折叠式两种形式，如图 2-61 所示。根据其阀门的数量又可分为单阀式和双阀式两种。节温器实物如图 2-62 所示。

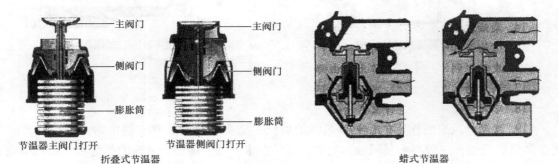

图 2-61　节温器

③ 工作原理。当冷却液温度低于节温器的开启温度 76℃时，节温器的出液阀门关闭，气缸盖的出液全部经节温器旁路进入水泵进液口，而不通过散热器散热，此时的冷却液循环为小循环，如图 2-63a 所示。当出水温度达到节温器的开启温度 76℃时，节温器内易挥发物质（如乙醚）蒸发，打开节温器出水阀门，冷却液经节温器的出水阀门进入散热器进行散热。当冷却液温度继续升高达到 86℃时，节温器阀门完全打开，从气缸盖处出来的冷却液完全进入散热器，此时的冷却液循环为大循环，如图 2-63b 所示。

图 2-62 节温器实物图

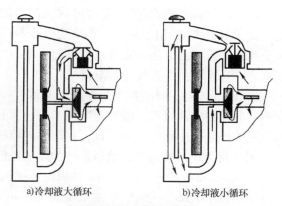

a)冷却液大循环　　b)冷却液小循环

图 2-63 节温器工作原理

（八）起动系统

电动机起动是以蓄电池为能源，由电动机把电能转换为机械能，通过齿轮使发动机曲轴旋转，实现发动机起动，此法为大多数机动车采用。起动电路及组成如图 2-64 所示。该系统详细内容见后面的泵车电气设备一节的介绍。

（九）柴油机电控喷油系统概述

现代社会，人们越来越关注汽车尾气对环境的污染，机械控制式柴油机已经不能满足要求，也就迫使柴油发动机生产制造商采用发动机电子控制技术。到目前为止，已经研究并生产出许多功能各异的柴油机电子控制技术，大部分已经产品化并投放市场。

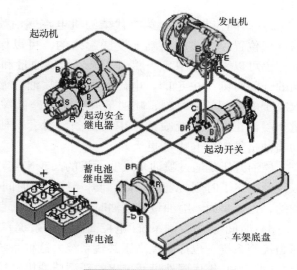

图 2-64 起动电路及组成

柴油发动机电控燃油喷射系统是在机械控制喷油系统的基础上发展而来，相比之下具有很多优点；

① 改善了发动机燃油经济性。

② 改善了发动机冷起动性能。

③ 改进了发动机调速控制能力。

④ 减少了发动机尾气污染物。

⑤ 降低了发动机的排气烟度。

⑥ 具有发动机自保护功能。

⑦ 具有发动机自动诊断功能。

⑧ 减少发动机的维护工作量。

⑨ 可通过程序对发动机功率进行重新设定。

1. 电控柴油发动机发展回顾

柴油电控喷射系统可分为位置控制和时间控制两大类，是从位置控制型逐渐发展到时间控制型。

1）位置控制。位置控制是在机械控制喷油正时与喷油量的基础上，应用执行器（电磁液压式或电磁式）控制油量调节和喷油提前器，实现喷油正时和喷油量的电子控制；也可用改变柱塞预行程的方法，实现可变供油速率的电子控制，以满足高压喷射中高速、大负荷和低怠速喷油过程的综合优化控制要求。

2）时间控制。时间控制是在高压油路中利用一个或两个高速电磁阀的开闭来控制喷油泵和喷油器的喷油过程。喷油量取决于喷油器开闭时间的长短和喷油压力的大小，喷油正时则取决于控制电磁阀的开闭时刻，从而实现喷油正时、喷油量和喷油速率的柔性一体控制。

到目前为止，柴油电控喷射系统的发展经历了三代。

1）位置控制系统。第一代柴油机电控燃油喷射系统是位置控制系统。这种系统的主要特点是保留了大部分传统的燃油系统部件，如喷油泵、高压油管、喷油器，喷油泵中齿条、齿圈、滑套等零件以及柱塞上的螺旋槽，只是用电子伺服机构代替机械式调速器来控制供油滑套或燃油齿条的位置，使得供油量的调整更为灵敏和精确。

第一代柴油机电控燃油系统控制内容有油环的位置控制和喷油时间的控制。根据 ECU 的指令由发动机驱动轴和凸轮轴的相位差进行控制。ECU 根据各种传感器检测出的发动机状态及环境条件等，计算出适合于发动机状态的最佳控制量，并向执行机构发出相应的指令。

2）时间控制系统。第二代柴油机电控燃油喷射系统是时间控制系统。这种系统是在第一代位置控制式的基础上发展起来的，可以保留原来的喷油泵、高压油管、喷油器系统，也可以采用新型高压燃油系统。其喷油量和喷油正时是由电脑控制的强力高速电磁阀的开闭时刻所决定的。电磁阀关闭，喷油开始；电磁阀打开，喷油结束，即喷油始点取决于电磁阀关闭时刻，喷油量取决于电磁阀关闭时间的长短，因此可以同时控制喷油量和喷油正时。传统喷油泵中的齿条、滑套、柱塞上的螺旋槽等全部取消，对喷油正时和喷油量控制的自由度更大。

燃油升压是通过喷油泵或发动机的凸轮来实现的。升压开始的时刻（与喷油时间对应）以及升压终了时刻（从升压开始到升压终了的时间与喷油量相当）是由电磁阀的接通/断开控制的，也就是说，喷油量和喷油时间是由电磁阀直接控制的。

3）时间-压力控制系统（电控高压共轨系统）。第三代柴油机电控燃油喷射系统是时间-压力控制系统，也称电控高压共轨系统。这种系统包括了高压共轨系统和中压共轨系统。这是 20 世纪 90 年代国外最新推出的新型柴油机电控喷油技术。该系统摈弃了传统的泵—管—喷嘴的脉动供油方式，取而代之的是一个高压油泵，在柴油机的驱动下，连续将高压燃油输送到共轨管内，高压燃油再由共轨送入各缸喷油器，通过控制喷油器上的电磁阀实现喷射的开始和终止。

2. 柴油发动机电控系统的组成和控制原理

（1）柴油发动机电控系统的组成　电控柴油机喷射系统主要由传感器、开关、ECU（计算机）和执行器等部分组成，如图 2-65 所示。其任务是对喷油系统进行电子控制，实现对喷油量和喷油正时随运行工况的实时控制。电控系统采用转速、温度、压力等传感器，将实时检测的参数同步输入 ECU，并与 ECU 已储存的参数值进行比较，经过处理计算，按照最佳值对喷油泵、废气再循环阀、预热塞等执行机构进行控制，驱动喷油系统，使柴油机运行状态达到最佳。

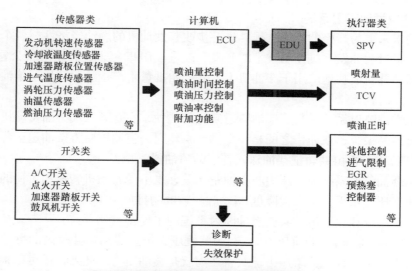

图 2-65　柴油发动机电控系统的组成和原理

（2）柴油发动机电控系统的控制原理

① 喷油量控制。柴油机在运行时的喷油量是根据两个基本信号来确定的，它们分别是加速踏板位置和柴油机转速。喷油泵调节齿杆位置则是由喷油量整定值、柴油机转速和具有三维坐标模型的预先存储在控制器内的喷油泵速度特性所确定的。在运行中，系统校验和校正调节齿杆的实际位置和设定值之间的差异，以获得正确的喷油量，提高发动机的功率。

② 喷油正时控制。喷油正时是根据柴油机的负荷和转速两个信号确定，并根据冷却液的温度进行校正。

控制器把喷油正时的设定值与实际值加以比较，然后输出控制信号使正时控制阀动作，以确定通至正时器的油量；油压的变化又使正时器的活塞移动，喷油正时就被调整到设定值。当发生故障时，正时器使喷油正时处在最滞后的位置。

③ 怠速控制。怠速有两种控制方式，分别是手动控制和自动控制。借助于选择开关可选定怠速控制方式。

选定手动控制时，转速由怠速控制旋钮来调整。选择自动控制时，随着冷却液温度逐渐升高，转速从暖车前的 800r/min 降至暖车后的 400r/min。这种方法可缩短车辆在冬季的暖车时间。

④ 巡航控制。车辆的巡航控制是由车速、柴油机转速、加速踏板位置、巡航开关传感器和电子调速器控制器来实现的。一个快速、精密的电子调速器执行器。根据控制器的指令自动进行巡航控制，使发动机始终处于最佳工作状态。在原有的电子调速器基础上，只需增加几个开关和软件就可实现这项功能。

⑤ 柴油消耗量指示器。指示器接收柴油机转速信号和喷油泵调节齿杆位置信号。在工作过程中，柴油消耗状态由安装在仪表板上的绿、黄、红三色发光二极管显示出来，以作为经济行驶的指示。负荷信号由调节齿杆位置信号提供，而不是由加速踏板位置信号提供，所以，即使在巡航控制状态下行驶时，该指示器也能精确地指示油耗量。

3. 电控共轨燃油喷射系统

为了满足未来更为严格的排放法规，进一步改善发动机的燃油经济性，各个柴油发动机制造商都加大了对柴油发动机控制技术的开发和改进。1995 年末，日本电装公司将 ECD-U2 型电控高压燃油共轨成功地应用于柴油机上，并开始批量生产，从此开始了柴油电控共轨燃油喷射系统的新时代。

电控共轨燃油喷射系统是高压柴油喷射系统的一种，它是第三代柴油发动机电控喷射技术，摒弃了直列泵系统，取而代之的是一个供油泵建立一定油压后将柴油送至各缸共用的高压油管（即共轨）内，再由共轨把柴油送入各缸的喷油器。

电控共轨燃油喷射系统喷油压力与喷油量无关，也不受发动机转速和负荷的影响，能根据要求任意改变压力水平，可大大降低 NO_x 和颗粒物的排放。

与传统喷射系统相比，电控共轨燃油喷射系统的主要特点如下：

① 自由调节喷油压力（共轨压力）。利用共轨压力传感器测量共轨内的燃油压力，从而调整喷油泵的供油量，控制共轨压力。共轨压力就是喷油压力。此外，还可以根据发动机转速、喷油量的大小与设定的最佳值（指令值）始终一致地进行反馈控制。

② 自由调节喷油量。以发动机的转速及油门开度信息等为基础，由计算机计算出最佳喷油量，通过控制喷油器电磁阀的通电、断电时刻直接控制喷油参数。

③ 自由调节喷油特性。根据发动机用途的需要，设置并控制喷油特性：预喷射、后喷射、多段喷射等。

④ 自由调节喷油时间。根据发动机的转速和负荷等参数计算出最佳喷油时间，并控制电控喷油器在适当的时刻开启，在适当的时刻关闭等，从而准确控制喷油时间。

为了方便，这里以博世公司的 CRFS 系统为例来介绍电控共轨燃油喷射系统的结构与工作原理。博世 CRFS 系统主要由燃油箱、滤清器、低压输油泵、高压油泵、溢流阀、压力传感器、高压蓄能器（燃油轨）、喷油器、ECU 等组成，如图 2-66 所示。

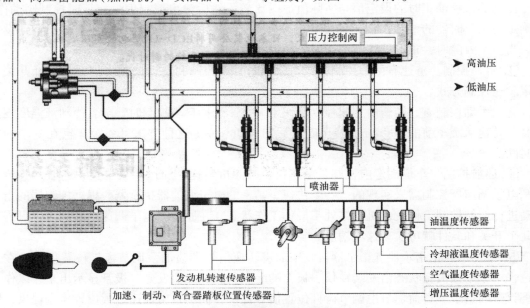

图 2-66　电控共轨燃油喷射系统

电控共轨系统是通过各种传感器和开关检测出发动机的实际运行状态，再通过计算机计算和处理后，对喷油量、喷油时间、喷油压力和喷油率等进行最佳控制。

电控共轨燃油喷射系统中的主要部件有发动机 ECU、预热控制单元（GCU）、高压油泵、高压蓄能器（燃油轨）、压力控制阀、燃油轨压力传感器和喷油器。

（1）发动机 ECU　各种传感器和开关检测出发动机的实际运行状态，通过发动机 ECU 计算和处理后，对喷油量、喷油时间、喷油压力和喷油率等进行最佳控制。

发动机 ECU（如图 2-67 所示）按照预先设计的程序计算各种传感器送来的信息。经过处理以后，把各个参数限制在允许的电压电平上，再发送给各相关的执行机构，执行各种预定的控制功能。

微处理器根据输入数据和存储在 RAM 中的数据，计算喷油时间、喷油量、喷油率和喷油正时等，并将这些参数转换为与发动机运行匹配的随时间变化的电量。由于发动机工作是高速变化的，而且要求计算精度高，处理速度快，因此 ECU 的性能应当随发动机技术的发展而发展，微处理器的内存越来越大，信息处理能力越来越强。

图 2-67　博世公司发动机 ECU

发动机 ECU 的主要功能如下：

①　喷油方式控制：多次喷射（现用的为主喷射和预喷射两次）。

②　喷油量控制：预喷射量自学习控制、减速断油控制。

③　喷油正时控制：主喷正时、预喷正时、正时补偿。

④　轨压控制：正常和快速轨压控制、轨压建立、喷油器泄压控制、轨压 Limp home 控制。

⑤　转矩控制：瞬态转矩、加速转矩、低速转矩补偿、最大转矩控制、瞬态冒烟控制、增压器保护控制。

⑥　其他控制：过热保护、各缸平衡控制、EGR 控制、VGT 控制、辅助起动控制（电动机和预热塞）、系统状态管理、电源管理、故障诊断。

（2）预热控制单元（GCU）　预热控制单元（GCU）用于确保有效的冷起动并缩短暖机时间，这一点与废气排放有着十分密切的关系。预热时间是发动机冷却液温度的一个函数。在发动机起动或实际运转时电热塞的通电时间由其他一系列的参数（如喷油量和发动机的转速等）确定。

新的电热塞因能快速达到点火所需的温度（4s 内达 850℃）以及较低的恒定温度而性能超群。电热塞的温度限定在一个临界值之内。因此，在发动机起动后电热塞仍能保持继续通电 3min，这种后燃性改善了起动和暖机阶段的噪声和废气排放。

成功起动之后的加热可确保暖机过程的稳定，减少排烟，减少冷起动运行时的燃烧噪声。如果起动未成功，则电热塞的保护线路断开，防止蓄电池过度放电。

（3）高压油泵　高压油泵的主要作用是将低压燃油加压成高压燃油，并储存在共轨内，等待 ECU 的指令。供油压力可以通过压力限制器进行设定。所以，在共轨系统中可以自由地控制喷油压力。

博世公司电控共轨系统中采用的供油泵。供油泵在低压油路和高压油路之间，它的作用是在车辆所有工作范围和整个使用寿命期间准备足够的、已被压缩了的燃油。除了供给高压燃油之外，它的作用还在于保证在快速起动过程，使共轨中压力迅速上升到所需的燃油储备，持续产生高压燃油存储器（共轨）所需的系统压力。

工作原理：高压油泵产生的高压燃油被直接送到燃油蓄能器或油轨中，高压油泵由发动机通过联轴器、齿轮、链条、齿形带中的一种驱动且以发动机转速的一半转动，如图 2-68 所示。高压油泵工作原理如图 2-69 所示，在高压油泵总成中有三个泵油柱塞，泵油柱塞由驱动轴上的凸轮驱动进行往复运动，每个泵油柱塞都有弹簧对其施加作用力，以免泵油柱塞发生冲击振动，并使泵油柱塞始终与驱动轴上的凸轮接触。当泵油柱塞向下运动时，即通常所称的吸油行程，进油单向阀将会开启，允许低压燃油进入泵油腔，在泵油柱塞到达下止点时，进油阀将会关闭，泵油腔内的燃油在向上运动的泵油柱塞作用下被加压后泵送到蓄能油轨中，高压燃油被存储在蓄能油轨中等待喷射。

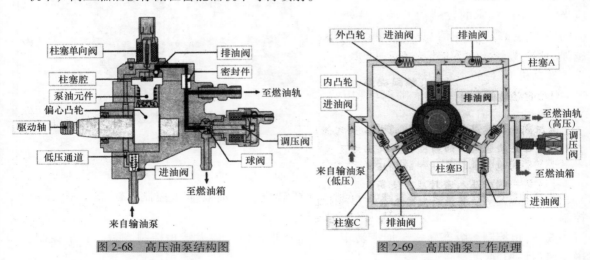

图 2-68　高压油泵结构图　　　　　　图 2-69　高压油泵工作原理

（4）高压蓄能器（燃油轨）。燃油轨是将供油泵提供的高压燃油经稳压、滤波后，分配到各喷油器中，起蓄能器的作用。它的容积应能削减高压油泵的供油压力波动和每个喷油器由喷油过程引起的压力震荡，使高压油轨中的压力波动控制在 5MPa 之下。但其容积又不能太大，以保证燃油轨有足够的压力响应速度，可以快速跟踪柴油机工况的变化。

在燃油轨上还装配有燃油压力传感器、泄压阀、限压阀等，如图 2-70 所示。

① 燃油压力传感器　燃油压力传感器以足够的精度，在较短的时间内，测定共轨中的实时压力，并向 ECU 提供电信号。燃油压力传感器如图 2-71 所示。

燃油经一个小孔流向共轨压力传感器，传感器的膜片将孔的末端封住。高压燃油经压力室的小孔流向膜片。膜片上装有半导体型敏感元件，可将压力转换为电信号。通过连接导线将产生的电信号传送到一个向 ECU 提供测量信号的求值电路。

工作原理：当膜片形状改变时，膜片上涂层的电阻值会发生变化。这样，由系统压力

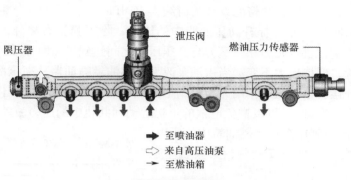

图 2-70　燃油轨

引起膜片形状变化（150MPa 时变化量约为 1mm），促使电阻值改变，并在用 5V 供电的电阻电桥中产生电压变化。电压在 0~70mV 之间变化（具体数值由压力而定），经求值电路放大到 0.5~4.5V。精确测量共轨中的压力是电控共轨系统正常工作的必要条件。为此，压力传感器在测量压力时允许偏差很小。在主要工作范围内，测量精度约为最大值的 2%。共轨压力传感器失效时，具有应急行驶功能的调压阀以固定的预定值进行控制。

　　② 燃油轨调压阀。调压阀的作用是根据发动机的负荷状况调整和保持共轨中的压力。当共轨压力过高时，调压阀打开，一部分燃油经集油管流回油箱；当共轨压力过低时，调压阀关闭，高压端对低压端密封。

　　博世公司电控共轨系统中的调压阀（图 2-72）有一个固定凸缘，通过该凸缘将其固定在供油泵或者共轨上。电枢将一钢球压入密封座，使高压端对低压端密封。因此，一方面弹簧将电枢往下压，另一方面电磁铁对电枢作用一个力。为进行润滑和散热，整个电枢周围有燃油流过。

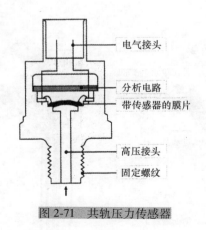

图 2-71　共轨压力传感器

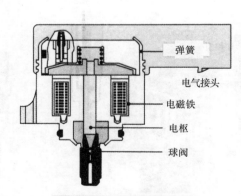

图 2-72　燃油轨调压阀结构

　　调压阀有两个调节回路：一个是低速电子调节回路，用于调整共轨中可变化的平均压力值；另一个是高速机械液压式调节回路，用以补偿高频压力波动。

　　工作原理：

　　a. 调压阀不工作时：共轨或供油泵出口处的压力高于调压阀进口处的压力。由于无电流的电磁铁不产生作用力，当燃油压力大于弹簧力时，调压阀打开，根据输油量的不同，保持打开程度大一些或小一些，弹簧的设计负荷约为 10MPa。

　　b. 调压阀工作时：如果要提升高压回路中的压力，除了弹簧力之外，还需要再建立一个磁力。控制调压阀，直至磁力和弹簧力与高压压力之间达到平衡时才关闭。然后调压阀停留在某个开启位置，保持压力不变。当供油泵改变，燃油经喷油器从高压部分流出时，通过不同的开度予以补偿。电磁铁的作用力与控制电流成正比。控制电流的变化通过脉宽调制来实现。调制频率为 1kHz 时，可以避免电枢的干扰运动和共轨中的压力波动。

　　③ 限压阀。限压阀用来控制燃油轨中的压力，防止燃油压力过大，相当于安全阀，当共轨中燃油压力过高时，打开放油孔卸压。

　　丰田公司电控共轨系统中的限压阀主要由球阀、阀座、压力弹簧及回油孔等组成，如图 2-73 所示。

　　当燃油轨油道内的油压大于压力弹簧的压力时，燃油推开球阀，柴油通过泄压孔和回油油路流回燃油箱中。当燃油轨油道内的油压不超过压力弹簧，球阀始终关闭泄压孔。以保持油道内油压的稳定。

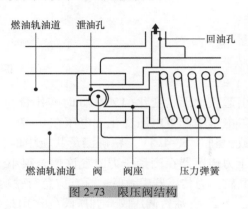

图 2-73　限压阀结构

　　(5) 电控喷油器。电控喷油器是共轨系统中最关键和最复杂的部件，也是设计、工艺难度最大的部件。ECU 通过控制电磁阀的开启和关闭，将高压油轨中的燃油以最佳的喷油正时、喷油量和喷油率喷入燃烧室。

　　为了实现有效的喷油始点和精确的喷油量，共轨系统采用了带有液压伺服系统和电子控制元件(电磁阀)的专用喷油器。博世电控喷油器的代表性结构如图 2-74a 所示。

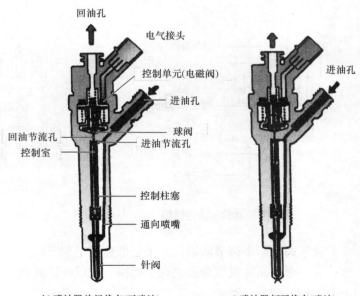

a) 喷油器实物剖视图　　　　　　b) 喷油器关闭状态(不喷油)　　　　c) 喷油器打开状态(喷油)

图 2-74　Bosch 共轨式喷油器

喷油器可分为几个功能组件：孔式喷油器、液压伺服系统和电磁阀等。

　　工作原理：燃油从高压接头经进油通道送往喷油器，经进油节流孔送入控制室。控制室通过由电磁阀打开的回油节流孔与回油孔连接。回油节流孔在关闭状态时，作用在控制活塞上的液压力大于作用在喷油器针阀承压面上的力，针阀被压在座面上，没有燃油进入燃烧室。电磁阀动作时，打开回油节流孔，控制室内的压力下降，当作用在控制活塞上的液压力低于作用在针阀承压面上的作用力时，针阀立即开启，燃油通过喷油孔喷入燃烧室。由于电磁阀不能直接产生迅速关闭针阀所需的力，经过一个液力放大系统实现针阀的这种间接控制。在这个过程中，除喷入燃烧室的燃油量之外，还有附加的所谓控制油量经控制室的节流孔进入回油通道。

　　在发动机和供油泵工作时，喷油器可分为喷油器关闭（以存有的高压）、喷油器打开（喷油开始）、喷油器关闭（喷油结束）三个工作状态。

　　① 喷油器关闭（以存有的高压）。电磁阀在静止状态不受控制，因此是关闭的，如图2-74b所示。

　　回油节流孔关闭时，电枢的钢球受到阀弹簧弹力压在回油节流孔的座面上。控制室内建立共轨的高压，同样的压力也存在于喷油嘴的内腔容积中。共轨压力在控制柱塞端面上施加的力及喷油器调压弹簧的力大于作用在针阀承压面上的液压力，针阀处于关闭状态。

　　② 喷油器打开（喷油开始）。喷油器一般处于关闭状态。当电磁阀通电后，在吸动电流的作用下迅速开启，如图2-74c所示。当电磁铁的作用力大于弹簧的作用力时，回油节流孔开启，在极短时间内，升高的吸动电流成为较小的电磁阀保持电流。随着回油节流孔的打开，燃油从控制室流入上面的空腔，并经回油通道回流到油箱。控制室内的压力下降，于是控制室内的压力小于喷嘴内腔容积中的压力。控制室中减小了的作用力引起作用在控制柱塞上的作用力减小，从而针阀开启，开始喷油。

　　针阀开启速度决定于进、回油节流孔之间的流量差。控制柱塞达到上限位置，并定位在进、回油节流孔之间。此时，喷嘴完全打开，燃油以近于共轨压力喷入燃烧室。

　　③ 喷油器关闭（喷油结束）。如果不控制电磁阀，则电枢在弹簧力的作用下向下压，钢球关闭回油节流孔。

　　电枢设计成两部分组合式，电枢板经一拔杆向下引动，但它可用复位弹簧向下回弹，从而没有向下的力作用在电枢和钢球上。

　　回油节流孔关闭，进油节流孔的进油使控制室中建立起与共轨中相同的压力。这种升高了的压力使作用在控制柱塞上端的压力增加。这个来自控制室的作用力和弹簧力超过了针阀下方的液压力，于是针阀关闭。

　　针阀关闭速度决定于进油节流孔的流量。

第三章

泵车底盘的结构与原理

泵车底盘部分有四个系统，即传动系统、转向系统、制动系统和行驶系统，如图 3-1 所示。

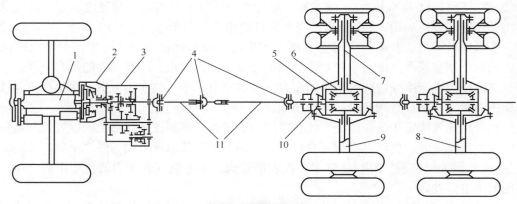

图 3-1　底盘基本构造

1—发动机　2—离合器　3—变速器　4—万向节　5—后桥壳　6—差速器　7—半轴

8—后桥　9—中桥　10—主减速器　11—传动轴

第一节　传 动 系 统

☞　一、传动系统概述

（1）传动系统概述　泵车传动系统是位于泵车发动机与驱动车轮之间的动力传递装置，其功用如下：

① 将发动机输出的动力按照需要传递给驱动车轮。

② 保证泵车在各种行驶条件下所必需的牵引力与车速，使它们之间能协调变化并有足

够的变化范围，实现减速增矩。

③ 使泵车具有良好的动力性和燃料经济性。

④ 使动力传递能根据需要而顺利接合与分离。

⑤ 保证泵车能倒车及左右驱动车轮能适应差速要求。

（2）传动系统的类型和组成　按结构和传动介质的不同，泵车底盘传动系统分为机械传动、液力-机械传动、液力传动和电力传动（电动旅游观览车）等类型。传动系统的组成取决于发动机形式和性能、泵车总体结构、行驶系及传动系统本身的结构形式等。本书仅对机械传动系进行讲解。

机械传动系统由离合器、变速器、传动轴和万向节组成的万向传动装置以及安装在驱动桥壳中的主减速器、差速器和半轴等组成。

（3）传动系统布置形式　传动系统的布置形式取决于泵车的类型、使用条件及要求、总体结构及与其他总成的匹配、发动机与传动系统的结构形式以及生产条件等。

泵车的驱动形式通常用泵车车轮总数×驱动车轮数（车轮数系指轮毂数）来表示。

根据车轮总数不同，常见的驱动形式有 4×2、4×4、6×4、8×4、6×6。

二、离合器的结构与原理

（一）离合器的功用与要求

1. 离合器的功用

离合器的具体功用有如下三个方面：

1）使发动机与传动系逐渐接合，保证汽车平稳起步。汽车起步时，驾驶员缓慢抬起离合器踏板，使离合器的主、从动部分逐渐接合，与此同时，逐渐踩下加速踏板，以增加发动机的输出转矩，这样发动机的转矩便可由小到大传给传动系。当牵引力足以克服汽车起步时的行驶阻力时，汽车便由静止开始缓慢逐渐加速，实现平稳起步。

2）暂时切断发动机的动力传动，保证变速器换档平顺。汽车在行驶过程中，由于行驶条件的变换，需要不断变换档位。对于普通齿轮变速器，换档时，不同的齿轮副要退出啮合或进入啮合，这就要求换档前踩下离合器踏板，中断发动机的动力传动，便于退出原有齿轮副的啮合、进入新齿轮副的啮合。如果没有离合器或离合器分离不彻底使动力不能完全中断，原有齿轮副之间会因压力大而难以脱开，而待啮合齿轮副之间因圆周速度不同而难以进入啮合，勉强啮合也会产生很大的冲击和噪声，甚至会打齿。

3）限制所传递的转矩，防止传动系过载，汽车紧急制动时，如果发动机与传动系统刚性连接，发动机转速将急剧下降，其所有零件将产生很大的惯性力矩，这一力矩作用于传动系统，会造成传动系统过载而使其机件损坏。有了离合器，当传动系统承受载荷超过离合器所能传递的最大转矩时，离合器会通过主、从动部分之间的打滑来消除这一危险，从而起到过载保护的目的。

2. 对离合器的要求

根据离合器的功用，它应满足下列主要要求：

1）保证可靠地传递发动机的最大转矩又能防止传动系统过载。

2）接合时应平顺柔和，保证汽车平稳起步，减少冲击。

3）分离时应迅速彻底，保证变速器换档平顺和发动机起动顺利。

4）旋转部分的平衡性好，且从动部分的转动惯量小。

5）具有良好的通风散热能力，防止离合器温度过高。

6）操纵轻便，以减轻驾驶员的疲劳。

3. 离合器的分类

汽车上应用的离合器主要有以下三种形式：

1）摩擦离合器：指利用主、从动部分的摩擦作用来传递转矩的离合器。目前在汽车上广泛采用。

2）液力耦合器：指利用液体作为传动介质的离合器。原来多用于自动变速器，目前在汽车上几乎不采用。

3）电磁离合器：指利用磁力传动的离合器，如在空调中应用的就是这种离合器。

下面我们只介绍在汽车传动系统中应用最广泛的摩擦离合器。

（二）摩擦离合器的基本组成和工作原理

1. 基本组成

摩擦离合器由主动部分、从动部分、压紧机构和操纵机构四部分组成，如图 3-2 所示。

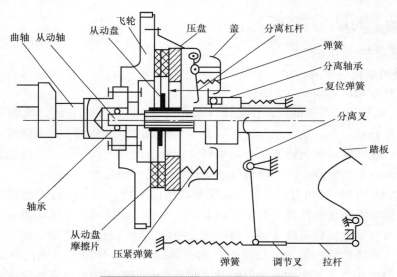

图 3-2 摩擦离合器的基本组成示意图

主动部分包括飞轮、离合器盖和压盘。离合器盖用螺栓固定在飞轮上，压盘后端圆周上的凸台伸入离合器盖的窗口，并可沿窗口轴向移动。这样，当发动机转动，动力便经飞轮、离合器盖传到压盘，并一起转动。

从动部分包括从动盘和从动轴。从动盘带有双面的摩擦衬片，离合器正常接合时分别与飞轮和压盘相接触，从动盘通过花键毂装在从动轴的花键上。从动轴是手动变速器的输入轴（一轴），其前端通过轴承支承在曲轴后端的中心孔中，后端支承在变速器壳体上。

压紧机构由若干根沿圆周均匀布置的压紧弹簧，它们装在压盘与离合器盖之间，用来将压盘和从动盘压向飞轮，使飞轮、从动盘和压盘三者压紧在一起。

操纵机构包括离合器踏板、分离拉杆、调节叉、分离叉、分离套筒、分离轴承、分离杠杆、回位弹簧等组成。

2. 工作原理

（1）接合状态　离合器在接合状态下，操纵机构各部件在回位弹簧的作用下回到各自位置，分离杠杆内端与分离轴承之间保持有一定的间隙，压紧弹簧将飞轮、从动盘和压盘三者压紧在一起，发动机的转矩经过飞轮及压盘通过从动盘两摩擦面的摩擦作用传给从动盘，再由从动轴输入变速器。

（2）分离过程　分离离合器时，驾驶员踩下离合器踏板，分离套筒和分离轴承在分离叉的推动下，先消除分离轴承与分离杠杆内端之间的间隙，然后推动分离杠杆内端前移，使分离杠杆外端带动压盘克服压紧弹簧作用力后移，摩擦力消失，离合器的主、从动部分分离，中断动力传动。

（3）接合过程　接合离合器时，驾驶员缓慢抬起离合器踏板，在压紧弹簧的作用下，压盘向前移动并逐渐压紧从动盘，使接触面间的压力逐渐增加，摩擦力矩也逐渐增加；当飞轮、压盘和从动盘之间接合还不紧密时，所能传动的摩擦力矩较小，离合器的主、从动部分有转速差，离合器处于打滑状态；随着离合器踏板的逐渐抬起，飞轮、压盘和从动盘之间的压紧程度逐渐紧密，主、从动部分的转速也渐趋相等，直到离合器完全接合而停止打滑，接合过程结束。

3. 离合器自由间隙和离合器踏板自由行程

离合器在正常接合状态下，分离杠杆内端与分离轴承之间应留有一个间隙，一般为几毫米，这个间隙称为离合器自由间隙。如果没有自由间隙，从动盘摩擦片磨损变薄后压盘将不能向前移动压紧从动盘，这将导致离合器打滑，使离合器所能传动转矩下降，车辆行驶无力，而且会加速从动盘的磨损。

为了消除离合器的自由间隙和操纵机构零件的弹性变形所需要的离合器踏板行程称为离合器踏板自由行程。可以通过拧动调节叉来改变分离拉杆的长度对踏板自由行程进行调整。

（三）摩擦离合器的构造和原理

1. 摩擦离合器的结构类型

（1）按从动盘的数目　可以分为单片离合器和双片离合器。轿车、客车和部分中、小型货车多采用单片离合器，因为发动机的最大转矩一般不是很大，单片从动盘就可以满足动力传动的要求；双片离合器由于增加了一片从动盘，在其他条件不变的情况下，将比单片离合器所能传动的转矩增大了一倍（由于一个从动盘是两个摩擦面传递动力，而两个从动盘则是四个摩擦面传递动力），多用于重型车辆上。

（2）按压紧弹簧的形式　可以分为周布弹簧离合器、中央弹簧离合器和膜片弹簧离合器。周布弹簧离合器和中央弹簧离合器采用螺旋弹簧，分别沿压盘的圆周和中央布置；膜片弹簧离合器采用膜片弹簧，目前应用最广泛。

2. 膜片弹簧离合器

膜片弹簧离合器目前在各种类型的汽车上都广泛应用，其构造如图3-3、图3-4和图3-5所示。

（1）构造和原理　膜片弹簧离合器也是由主动部分、从动部分、压紧机构和操纵机构组成。

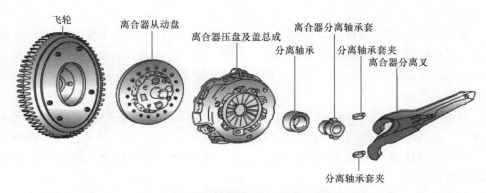

飞轮　　离合器从动盘　　离合器压盘及盖总成　　离合器分离轴承套　　分离轴承　　分离轴承套夹　　离合器分离叉

分离轴承套夹

图 3-3　膜片弹簧离合器的构造

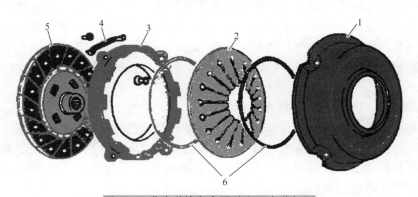

图 3-4　膜片弹簧离合器盖和压盘分解图

1—离合器盖　2—膜片弹簧　3—压盘　4—传动片　5—从动盘　6—支承环

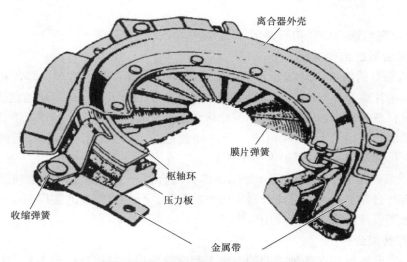

离合器外壳

膜片弹簧

枢轴环

压力板

收缩弹簧

金属带

图 3-5　膜片弹簧离合器盖和压盘示意图

　　主动部分由飞轮、离合器盖和压盘组成。离合器盖通过螺栓固定在飞轮上,为了保持正确的安装位置,离合器盖通过定位销进行定位。压盘与离合器盖之间通过周向均布的三组或四组传动片来传递转矩。传动片用弹簧钢片制成,每组两片,一端用铆钉铆在离合器盖上,另一端用螺钉连接在压盘上。

从动部分包括从动盘和从动轴，从动盘一般都带有扭转减振器。发动机传到传动系统的转速和转矩周期性变化，导致传动系产生扭转振动，传动系的零部件受到冲击性交变载荷，使传动系统寿命下降、零件损坏。采用扭转减振器可以有效地防止传动系统的扭转振动。带扭转减振器的从动盘的结构和原理如图3-6所示。

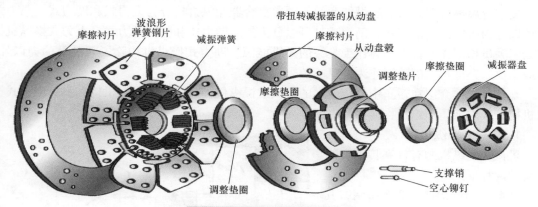

图3-6 带扭转减振器的从动盘

从动盘钢片外圆周铆接有波浪形弹簧钢片，摩擦衬片分别铆接在弹簧钢片上，从动盘钢片与减振器盘铆接在一起，这两者之间夹有摩擦垫圈和从动盘毂。从动盘毂、从动盘钢片和减振器盘上都有六个圆周均布的窗孔，减振弹簧装在窗孔中。

当从动盘受到转矩时，转矩从摩擦衬片传到从动盘钢片，再经减振弹簧传给从动盘毂，此时弹簧将被压缩，吸收发动机传来的扭转振动。

压紧机构是膜片弹簧，其径向开有若干切槽，形成弹性杠杆。切槽末端有圆孔，固定铆钉穿过圆孔，并固定在离合器盖上。膜片弹簧两侧装有钢丝支承环，这两个钢丝支承环是膜片弹簧工作时的支点。膜片弹簧的外缘通过分离钩与压盘联系起来。

（2）膜片弹簧离合器的工作原理 如图3-7所示。当离合器盖未安装到飞轮上时，膜片弹簧不受力而处于自由状态，此时离合器盖与飞轮之间有一距离S，如图3-7a所示。当离合器盖通过螺栓固定在飞轮上时，膜片弹簧在支承环处受压产生弹性变形，此时膜片弹簧的外圆周对压盘产生压紧力使离合器处于接合状态，如图3-7b所示。当踩下离合器踏板时，分离轴承推动膜

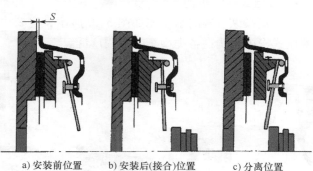

a) 安装前位置　　b) 安装后(接合)位置　　c) 分离位置

图3-7 膜片弹簧离合器的工作原理

片弹簧，使膜片弹簧以支承环为支点外圆周向后翘起，通过分离钩拉动压盘后移使离合器分离，如图3-7c所示。

从上面的介绍中可以看出，膜片弹簧既是压紧弹簧，又是分离杠杆，使结构简化。另外

膜片弹簧的弹簧特性优于圆柱螺旋弹簧，所以膜片弹簧离合器的应用越来越广泛，在各种车型上都有应用。

（四）离合器的操纵机构

离合器的操纵机构是驾驶员借以使离合器分离、又使之柔和接合的一套机构，它起始于离合器踏板，终止于分离杠杆。

按照分离离合器时所需操纵能源的不同，离合器操纵机构分为人力式和助力式。人力式又可以分为机械式和液压式；助力式又可以分为气压助力式和弹簧助力式。人力式操纵机构是以驾驶员作用在踏板上的力作为唯一的操纵能源。助力式操纵机构除了驾驶员的力以外，一般主要以其他形式的能源作为操纵能源。

本部分主要介绍在轿车中应用较多的机械式操纵机构、液压式操纵机构和弹簧助力式操纵机构，其中液压操纵机构应用最多。

1. 机械式操纵机构

机械式操纵机构有杆系传动和绳索传动两种形式。

杆系传动机构如图 3-8 所示，其结构简单，工作可靠，广泛应用于各类型汽车上。例如东风 EQ1090E 型汽车即为杆系传动机构。但杆系传动中杆件间铰接多，摩擦损失大，车架或车身变形以及发动机位移时会影响其正常工作。

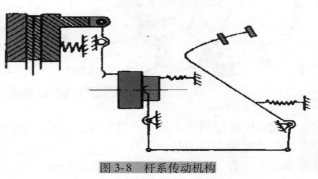

图 3-8　杆系传动机构

绳索传动机构如图 3-9 所示，可消除杆系传动机构的一些缺点，并能采用便于驾驶员操纵的吊挂式踏板。但绳索寿命较短，拉伸刚度较小，故只适用于轻型、微型汽车和轿车。例如桑塔纳、捷达轿车离合器的操纵机构中，采用了绳索传动机构。

2. 液压式操纵机构

液压式操纵机构的示意图如图 3-10 所示，主要由主缸、工作缸和管路系统等组成。目前液压式操纵机构在各类型车上应用广泛。

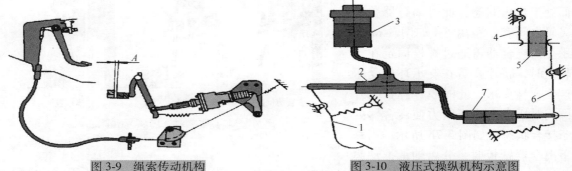

图 3-9　绳索传动机构　　　图 3-10　液压式操纵机构示意图

1—离合器踏板　2—主缸　3—储液罐　4—分离杠杆
5—分离轴承　6—分离叉　7—工作缸

3. 气压助力式液压操纵机构

目前泵车底盘均采用气压助力式液压操纵机构,如图 3-11 所示,气压助力式液压操纵机构利用了泵车上的压缩空气装置。它由踏板、离合器总泵、离合器分泵、储气筒和管路等组成。操纵轻便是其突出优点。工作缸活塞杆的行程与踏板行程成一定比例,而与作用时间的长短无关,能保证当逐渐放松离合器踏板时,离合器能平稳而柔和地接合。

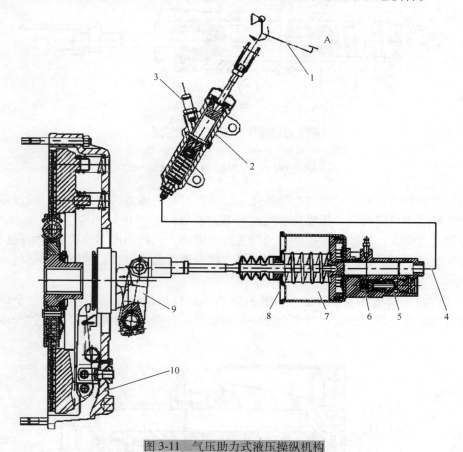

图 3-11　气压助力式液压操纵机构

1—离合器踏板机构　2—离合器总泵　3—离合器液压油壶　4—离合器控制系统管路　5—双向阀
6—进气孔　7—助力气缸　8—离合器分泵　9—离合器分离机构　10—离合器总成

（1）主缸的构造和工作情况　如图 3-12 所示,缸体 3 中部有与储油壶(驾驶室上)相通的制动液输入接口 4,活塞 2 中部切有通槽,限位螺钉 5 穿过通槽旋装在缸体 3 上。活塞 2 前部设置了进油阀 6,进油阀的阀杆后端穿在活塞 2 的中心孔中,无配合关系;在阀杆的前端装有橡胶密封圈的阀门,阀门前端装有锥形复位弹簧;进油阀 6 的复位弹簧座紧套在活塞的前端并被轴向定位,复位弹簧座上具有轴向中心孔和轴向径向的槽。主缸不工作时,空心的进油阀 6 以其尾端支靠在限位螺钉 5 上,使阀保持开启,工作油液可从储油壶经进油孔、活塞切槽、阀杆中的通道和复位弹簧座上的槽孔流入并充满主缸压力腔 8。踩下离合器踏板时,推杆 1 推动活塞 2 左移,在压缩活塞复位弹簧 7 的同时,锥形复位弹簧使杆端阀门压紧在活塞的前端,密封了主缸与贮油罐之间的通孔;继续踩下离合器踏板,则缸内油液就在活塞及皮圈的作用下，压力上升，并通过管路输向工作缸。

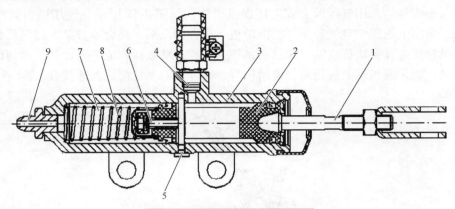

图 3-12　离合器总泵结构示意图

1—推杆　2—活塞　3—缸体　4—制动液输入接口　5—限位螺钉　6—进油阀
7—活塞复位弹簧　8—压力腔　9—制动液输出接口

当抬起离合器踏板时，活塞复位弹簧使主缸活塞后移，活塞后移到位时，通过限位螺钉推动阀杆及杆端密封圈阀门，压缩锥形复位弹簧，使管路与工作缸相通，整个系统无压力。这种结构的优点如下：活塞密封皮圈在光滑主缸内滑动，无蹭伤皮圈的现象；由阀门控制回路的开启和关闭，油液通路断面大，回流通畅，离合器放松速度快；油路中的空气可随时自然排出。

（2）工作缸的构造和工作情况　如图 3-13 所示，气压助力液压工作缸是一个将液压工作缸、助力气缸和气压控制阀三者组合在一起的部件，其中的控制阀本身又受控于液压主缸的压力。

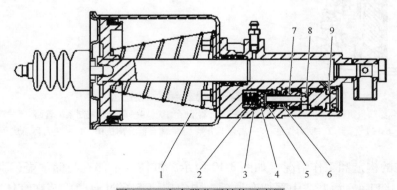

图 3-13　离合器分泵结构示意图

1—气压腔　2—进气口　3—平衡弹簧　4—进气阀　5—进气阀座
6—复位弹簧　7—排气阀　8—活塞　9—液压腔

在离合器接合状态时，在平衡弹簧 3 的作用下进气阀 4 将进气阀座 5 上的进气孔关闭，切断了压缩空气从进气口 2 通向助力气室的气路。而排气阀 7 前端并未压紧进气阀 4 前端，因此，工作缸经排气阀的中心孔与大气接通。

当踩下踏板分离离合器时，主缸来的压力油进入液压腔 9，一方面作为工作压力作用在液压工作缸活塞上，另一方面又作为控制压力控制复位弹簧 6 压缩，推动排气阀 7 左移，使排气阀 7 前端压紧进气阀 4 前端，同时封闭排气阀 7 的中心孔，切断助力气室 1 与大气的通路。继续踩下踏板，使排气阀 7 压下进气阀 4，进气阀座 5 上的进气孔开启，使气压腔 1 与压缩空气接通，离合器即被迅速分离。

在压缩空气进入工作缸的同时，也通过进气孔进入进气阀 4 的右腔。当进气阀 4 所受的空气压力大于平衡弹簧的预紧力时，进气阀右移，进气阀将进气孔关闭，而此时排气阀尚未打开，则压缩空气停止进入工作缸，缸内气压保持一定，进气阀左、右压力相等，系统处于平衡状态。因为进气阀使进、排气阀同时处于关闭的位置是一定的，所以平衡弹簧的压缩量反映了踏板力与空气压力两种作用的结果，同时也反映了踏板行程及工作缸活塞杆行程的大小。踏板位置的变化使系统中的气压和工作缸活塞杆位置也相应改变。这种踏板行程与工作缸活塞杆行程之间按比例的随动作用保证了缓慢放松踏板时离合器的接合将平顺柔和。

☞ 三、变速器的结构与原理

（一）变速器的功用与原理

目前泵车上广泛采用的是活塞式内燃机，其转矩变化范围较小，而泵车实际行驶的道路条件非常复杂，要求泵车的牵引力和行驶速度必须能够在相当大的范围内变化；另外，任何发动机的曲轴始终是向同一方向转动，而泵车实际行驶过程中常常需要倒向行驶。为此，在泵车传动系中设置了变速器，如图 3-14 所示。

图 3-14　变速器

1. 变速器的功用

变速器用于改变传动比，扩大泵车牵引力和速度的变化范围，以适应泵车不同条件的需要；在发动机曲轴旋转方向不变的条件下，使泵车能够倒向行驶；利用空档中断发动机向驱动轮的动力传递，以使发动机能够起动和怠速运转，并满足泵车暂时停车和滑行的需要；利用变速器作为动力输出装置驱动其他机构，如泵车上的液压举升装置等。

2. 变速器的工作原理

变速器由变速器箱体、轴线固定的几根轴和若干对齿轮组成，可实现变速、变矩和变向。

（1）变速原理　如图 3-15 所示中齿轮传动比。一对齿数不同的齿轮啮合传动时，若小齿轮为主动齿轮，带动大齿轮转动时，输出转速降低；若大齿轮驱动小齿轮时，输出转速升高。这就是齿轮传动的变速原理。泵车变速器就是根据这一原理利用若干大小不同的齿轮副传动而实现变速的。设主动齿轮转速为 n_1，齿数为 Z_1，从动齿轮转速为 n_2，齿数为 Z_2。主动齿轮（即输入轴）转速与从动轮（即输出轴）转速之比值称为传动比，如图 3-15 所示，传动比用字母 i_1、i_2 表示，即：$i_1 = i_2 = n_1/n_2 = Z_2/Z_1$，所以 $n_2 = n_1 Z_1/Z_2$。两级齿轮变速器的传动如图 3-16 所示，发动机的转矩经输入轴 I 输入，经两对齿轮传动，由输出轴 II 输出，其中第一对齿轮，1 为主动齿轮，2 为从动齿轮；第二对齿轮，3 为主动齿轮，4 为从动齿轮，同理，多级齿轮传动的传动比 i 为

i＝所有从动齿轮齿数的连乘积/所有主动齿轮齿数的连乘积＝各级齿轮传动比的乘积。

泵车变速器某一档位的传动比就是这一档位各级齿轮传动比的乘积。

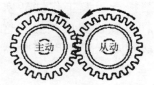

图 3-15　齿轮传动比

（2）换档原理　若将图 3-16 中的齿轮 3 与 4 脱开，再将齿轮 6 与 5 啮合，传动比变化，输出轴 II 的转速、转矩也发生变化，即档位改变。当齿轮 4、6 都不与中间轴上的齿轮 3、5 啮合时，动力不能传到输出轴，这就是变速器的空档。

（3）变向原理　如图 3-17 所示，相啮合的一对齿轮旋向相反，每经一传动副，其轴改变一次转向。

如图 3-17a 所示的两对齿轮传动（1 和 2、3 和 4），其输出轴与输入轴转向相同，这是普通三轴式变速器前进档的传动情况。如图 3-17b 所示的齿轮 4 装在中间轴与输出轴之间的倒档轴上，三对传动副（1 和 2、3 和 4、4 和 5）传递动力，输出轴与输入轴的转向相反，这是三轴式变速器倒档的传动情况。齿轮 4 称为倒档轮或惰轮。

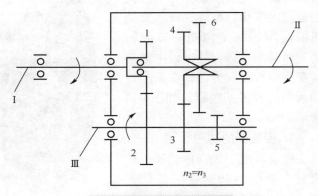

图 3-16　两级齿轮传动简图

（二）变速器的操纵机构

1. 变速器操纵机构的功用与类型

变速器操纵机构的功用是保证驾驶员根据使用条件，将变速器换入某个档位。要使操纵机构可靠地工作，应满足下列要求：防止变速器自动换档和自动脱档；保证变速器不会同时换入两个档位；防止误挂倒档。

2. 类型

（1）直接操纵式　直接操纵式变速器的变速杆及其他换档操纵装置都设置在变速器盖上，变速器布置在驾驶员座位的附近，变速杆由驾驶室底板伸出，驾驶员可直接操纵变速杆来拨动变速器盖内的换档操纵装置进行换档。它具有换档位置容易确定。换档快、换档平稳等优点。

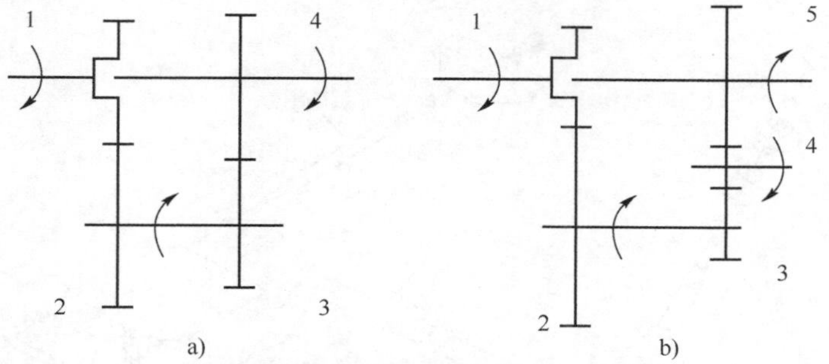

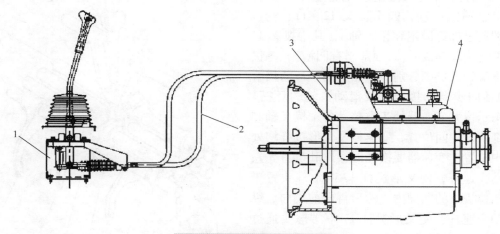

图 3-17 齿轮传动的转向关系

大多数轿车和长头货车的变速器都采用这种操纵形式。

（2）远距离操纵式 如图 3-18 所示为远距离软轴操纵机构，变速操纵杆安装在驾驶室底板（或车架）上，在驾驶员座位旁穿过驾驶室底板，中间通过一系列的传动件与变速器相连。

图 3-18 远距离软轴操纵机构

1—操纵杆固定架 2—推拉软轴 3—固定架 4—变速器

如图 3-19 所示为远距离单杆操纵机构，变速操纵杆固定在发动机上，通过驾驶室底板上的孔置入驾驶室内，通过纵拉杆、横拉杆等与变速器相连的操纵方式。三一泵车底盘前期产品使用远距离单杆操纵机构，目前均使用远距离软轴操纵机构。

（三）变速器换档装置

变速器换档装置通常由换档拨叉机构和定位锁止装置两部分组成。

1. 换档拨叉机构

如图 3-20 所示为六档变速器换档装置结构示意图。变速杆 1 的上部为驾驶员直接操纵的部分，伸到驾驶室内，其中间通过球节支承在变速器盖顶部的球座内，变速杆能够以球节为支点前后左右摆动。变速杆的下端球头插在叉形拨杆 17 的球座内。杆 17 由换档轴 2 支承在变速器盖顶部支承座内，可随轴 2 轴向前后滑动或绕轴线转动，其下端的球头则伸入拨块 10、9、16 的顶部凹槽。拨块 9、10、16 分别与相应的拨叉轴固定在一起，四根拨叉轴 6、

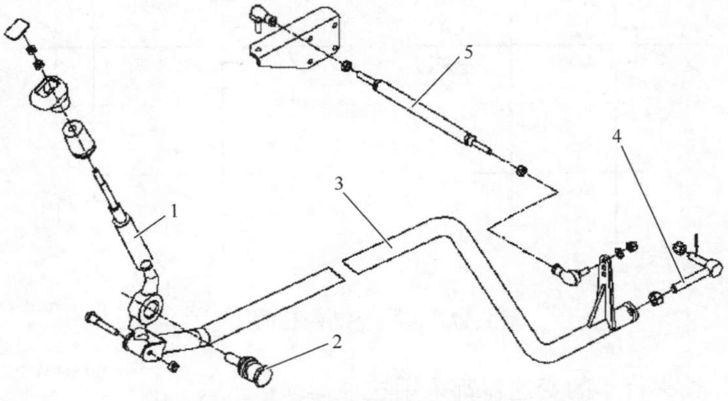

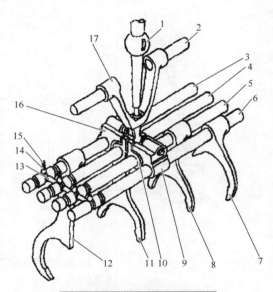

图 3-19 远距离单杆操纵机构

1—操纵杆 2、4—球铰 3—纵拉杆 5—横拉杆

5、4、3 的两端支承在变速器盖上相应的孔中，可以轴向滑动；四个拨叉 12、11、8、7 的上端通过螺钉固定在拨叉轴上（其中拨叉 11 的上端与拨块制成一体，顶部制有凹槽），各拨叉的下端的叉口则分别卡在相应的档位的接合套（包括同步器的接合套或滑动齿轮的环槽）内。图示位置变速器处于空档，各个拨叉轴和拨块都处于中间位置，变速杆及叉形拨杆均处于正中位置。变速器要换档时，驾驶员首先左右摆动变速杆，使叉形拨杆 17 下端球头置于所选档位拨块的凹槽内，然后再向前或向后纵向摆动变速杆，使叉形拨杆 17 下端球头通过拨块带动拨叉轴及拨叉向前或向后移动，从而可实现换档。

　　各种变速器由于档位数及档位排列位置不同，其拨叉和拨叉轴的数量及排列位置也不相同。例如，上述的六档变速器的六个前进档用了三根拨叉轴，倒档独立使用了一根拨叉轴，共有四根拨叉轴；而五档变速器具有三根拨叉轴，其二、三档和四、五档各占一根拨叉轴，一档和倒档共用一根拨叉轴。

图 3-20 六档变速器换档装置

1—变速杆 2—换档轴 3—五、六档拨叉轴 4—三、四档拨叉轴 5—一、二档拨叉轴 6—倒档拨叉轴 7—倒档拨叉 8—一、二档拨叉 9—倒档拨块 10—一、二档拨块 11—三、四档拨叉 12—五、六档拨叉 13—互锁销 14—自锁钢球 15—自锁弹簧 16—五、六档拨块 17—叉形拨杆

2. 定位锁止装置

　　（1）自锁装置 所谓自锁就是对各档拨叉轴进行轴向定位锁止，以防止其自动产生轴向移动而造成自动挂档或自动脱档。大多数变速器的自锁装置都是采用定位钢球对拨叉轴进

行轴向定位锁止。如图 3-21 所示的自锁装置是在变速器盖的前端凸起部钻有三个深孔，在孔中装入自锁钢球及自锁弹簧，其位置处于拨叉轴的正上方，每根拨叉轴对着钢球的表面沿向设有三个凹槽，槽的深度小于钢球的半径。中间的凹槽对正钢球时为空档位置，前边或后边的凹槽对正钢球时则处于某一工作档位置，相邻凹槽之间的距离保证齿轮处于全齿长啮合或是完全退出啮合。凹槽对正钢球时，钢球便在自锁弹簧的压力作用下嵌入该凹槽，拨叉轴的轴向位置便被固定，其拨叉及相应的接合套或滑动齿轮便被固定在空档位置或某一工作档位置，而不能自行挂档或自行脱档。当需要换档时，驾驶员通过变速杆对拨叉轴施加一定的轴向力，克服弹簧的压力而将自锁钢球从拨叉轴凹槽中挤出并推回孔中，拨叉轴便可滑过钢球进行轴向移动，并带动拨叉及相应的接合套或滑动齿轮轴向移动，当拨叉轴移至其另一凹槽与钢球相对正时，钢球又被压入凹槽，此时拨叉所带动的接合套或滑动齿轮便被拨入空档或被拨入另一工作档位。

（2）互锁装置　互锁装置的作用是阻止两个拨叉轴同时移动，即当拨动一根拨叉轴轴向移动时，其他拨叉轴都被锁止，均在空档位置不动，从而可以防止同时挂入两个档位。

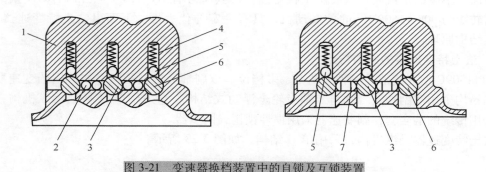

图 3-21　变速器换档装置中的自锁及互锁装置
1—盖　2—互锁钢球　3—互锁顶销　4—弹簧　5—钢球　6—拨叉轴　7—互锁销

以图 3-22 所示的钢球式为例说明其互锁原理如下：当变速器处于空档位置时，所有拨叉轴的侧面凹槽同钢球、顶销都在同一直线上。在移动拨叉轴 B 时（图 3-22a），拨叉轴 B 两侧的钢球从其侧面凹槽被挤出，两侧面外钢球分别嵌入拨叉轴 A 和拨叉轴 C 的侧面凹槽中，将轴锁止在空档位置。若要移动拨叉轴 C；必须先将拨叉轴 B 退回到空档位置，拨叉轴 C 移动时钢球从凹槽挤出，通过顶销推动另一侧两个钢球移动，拨叉轴 A 和拨叉轴 B 均被锁止在空档位置上（图 3-22b）。拨叉轴 A 的工作情况与上述相同（图 3-22c）。

由上述互锁装置工作情况可知，当一根拨叉轴移动的同时，其他两根拨叉轴均被锁止。但有的变速箱互锁装置没有顶销，当某一拨叉轴移动时，只要锁止与之相邻的拨叉轴，即可防止同时换入两个档。

（3）倒档锁　倒档锁的作用是使驾驶员必须对变速杆施加较大的力，才能挂入倒档，起到提醒作用，防止误挂倒档，提高安全性。只要换入倒档，其拨叉轴就接通变速器壳上的倒档开关，警告灯亮、报警器响，有效地防止误挂倒档。

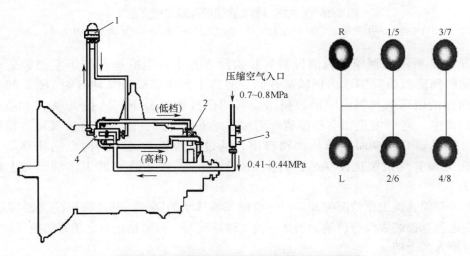

图 3-22　钢球式互锁装置工作原理图

1—互锁钢球　2—互锁顶销　3—拨叉轴 A　4—拨叉轴 B　5—拨叉轴 C　6—变速杆下端球头

7—拨叉 A　8—拨叉 B　9—拨叉 C

（四）法士特变速器结构及工作原理

目前，不少的重汽底盘选装法士特变速器，其型号有 RT11509C 型和 6J90TA 型，适用于输出转矩为 900～1500N·m 的发动机，具有一定的代表性。下面以法士特变速器为例，介绍其结构原理。

1. 法士特变速器的结构特点

RT11509C 型变速器是一种大功率、多档位、双副轴、主副箱组合式范围档变速器。其主、副箱均采用双副轴及二轴与二轴齿轮全浮动式结构。它采用单 H 换档操纵机构，主变速器采用传统的啮合套，副变速器采用惯性锁销式同步器。

法士特变速器操纵机构，采用单 H 结构，如图 3-23 所示。

图 3-23　主副箱结构变速器气路流程图及排档图

1—预选阀（操纵手球）　2—范围档气缸　3—空滤器　4—换向气阀

RT11509C 型变速器，其外形简图及结构示意图如图 3-24 所示。

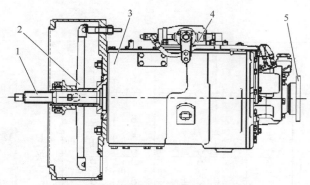

图 3-24　RT11509C 型变速器外形简图

1—主箱一轴　2—离合器壳及分离机构　3—主、副箱体　4—选、换档机构　5—输出法兰

2. 变速器档位特点

如图 3-25 所示，RT11509C 型变速器由一个具有五个前进档、一个倒档的主变速器和一个具有高、低两档的副变速器组合而成的一个具有九个前进档（含一个爬行档）和一个倒档的整体式变速器。

RT11509C 型变速器其主箱和副箱都采用双副轴结构，他们共用一个变速器壳体，壳体内有一中间隔板将前箱和后箱划分为主箱与副箱。主箱两个副轴支承在变速器前壳与中间隔板之间，主箱二轴前端插在一轴孔内，后端支承在中间隔板上。变速器输出端有一个整体式端盖与变速器壳体相连接，在变速器壳体后端面上有两个定位销钉，以确保后端盖与壳体的同轴度。副箱两根副轴即支承在中间隔板与后端盖之间，副箱输出轴用两盘锥轴承悬臂支承在端盖上。

主变速器是一个具有五个前进档（含一个爬行档）和一个倒档的双副轴变速器。

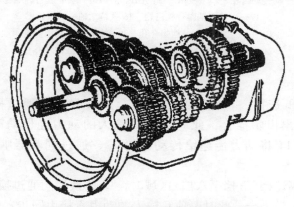

图 3-25　RT11509C 型变速器结构示意图

如图 3-26 所示，主箱一轴 A 与离合器从动盘花键配合，副箱输出轴 E 与传动轴通过带端面花键齿的法兰联接，实现动力传递。其换档机构是传统的啮合套而没有同步器。副箱也称高、低档换档机构，是由高、低档换档气缸控制的惯性锁销式同步器来实现的。

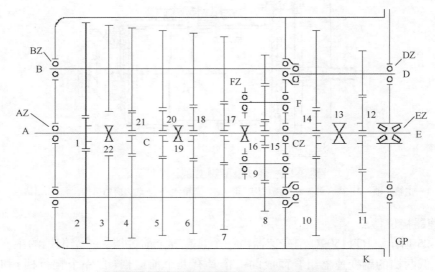

图 3-26　RT11509C 型双副轴变速器传动简图

A—主箱一轴　B—主箱副轴　C—主箱二轴　D—副箱副轴　E—副箱输出轴　F—主箱倒档中间轴

AZ—主箱一轴轴承　BZ—主箱副轴轴承　CZ—主箱二轴轴承　DZ—副箱副轴轴承

EZ—副箱输出轴双联锥轴承　FZ—主箱倒档中间轴　K—变速器壳　GP—副箱后端盖

1—主箱一轴主动传动齿轮　2—主箱副轴被动传动齿轮　3—主箱副轴取力齿轮

4—主箱副轴三档齿轮　5—主箱副轴二档齿轮　6—主箱副轴一档齿轮

7—主箱副轴爬行档齿轮　8—主箱副轴倒档齿轮　9—主箱倒档中间齿轮

10—副箱副轴被动传动齿轮　11—副箱副轴输出传动齿轮　12—副箱输出

轴输出传动齿轮　13—副箱高、低档同步器式挂档装置　14—副箱输入

轴主动传动齿轮　15—主箱二轴倒档齿轮　16—倒档/爬行档啮合套

17—主箱二轴爬行档齿轮　18 主箱二轴一档齿轮

19——、二(五、六)档啮合套　20—主箱二轴二档齿轮

21—主箱二轴三档齿轮　22—三、四(七、八)档啮合套

3. 换档原理

当操纵变速杆在低速档(一档至四档)区时，单 H 换档阀通过换档气缸推动同步器啮合套向后与副箱输出齿轮挂合，此时由轴 C 输入的动力经传动齿轮 14 和 10 传递给轴 D，再由传动齿轮 11 将动力传递给传动齿轮 12，通过同步器啮合套 13 再将动力传递给轴 E 输出。

当操纵变速杆置高速档(五档至八档)区域时，单 H 换档阀通过换档气缸推动同步器啮合套向前与副箱输入一轴啮合，此时由轴 C 输入的动力直接由同步器啮合套 13 传递给轴 E 输出，实现直接档即高速档。所谓单 H 换档阀即是高、低档换档气阀。由图 3-26 可见，假设变速器挂三档时，动力由一轴 A 输入，通过主动齿轮 1 和两根副轴的被动齿轮 2，"一分为二"地分别传递给两根副轴 B1 和 B2。然后再通过两根副轴三档齿轮 4 和二轴三档齿轮 21 及啮合套 22，将动力"合二为一"地传递给二轴 C 输出。

显然，在主、被动齿轮 1 和 2 啮合时，两根副轴齿轮给一轴产生的径向力刚好大小相等、方向相反，能相互抵消，此时一轴仅承担传递转矩而没有径向力作用，因此一轴可以仅根据传递的最大输入转矩来设计轴径的尺寸，而无需考虑径向力产生弯曲变形的影响，这样轴就可以设计得较细，同时支承轴承也可选择较小的型号。同样，两根副轴上的两个三档齿轮通过二轴三档齿轮对二轴产生的两个径向力也是大小相等、方向相反，能相互抵消，因此二轴也不承担径向力，设计轴径时可根据传递最大输出转矩来决定，而无需再考虑径向力作用产生弯曲变形的问题。所以二轴也可较细、支承轴承也可以选择较小的型号（两根副轴依然存在径向力，因此副轴的轴径仍然保留较粗的设计以保证有较大的抗弯曲刚度，同时副轴轴承也较大）。与此同时，由于有了两根副轴、两套副轴齿轮，因此在啮合传递动力时第一对啮合的齿上仅承担了一半的动力。也就是说对一轴和二轴齿轮来讲，动力被两面对称啮合的齿分担了，每一侧啮合的齿仅承担了一半动力，所以法士特变速器的各档齿轮的厚度要比传递同样大小动力的常规变速器减少许多（理论上讲要减薄一半，实际上约减薄三分之一）。因此法士特变速器外形短而粗。由于有了双副轴，使变速器传动非常平稳，噪声也低。打一个比方：一般常规结构变速器好像我们人用一根扁担把两桶水挑在一头，是十分费力的。而法士特变速器则相当于用一根扁担把两桶水分别放在两头担起，显然是十分轻松和平稳的。由于传动平稳，无需采用斜齿齿轮，直齿齿轮已完全能够满足要求。由于传动平稳，除了副箱高、低档换档机构使用同步器之外，法士特变速器主箱仍采用最简单的啮合套式换档机构而不需使用同步器，在满足操作使用的条件下大大地降低了制造成本。

4. 法士特变速器使用应注意的问题

法士特变速器由于采用了双副轴传动，还带来许多结构上的特点和使用维修方面应注意的问题。

1）为了保证充分发挥双副轴传动所带来的优点，二轴上各档齿轮不仅是空套在二轴上，而且齿轮的轴孔与二轴的径向还必须有径向间隙。换句话说：二轴上各档齿轮是极松旷的套在二轴上。这在结构上与常规结构的变速器是完全不同的。这也是确保双副轴同时传递动力所必需的。由于齿轮在加工过程中不可能保证所有齿轮的尺寸加工误差完全一致。如图3-27所示，虽然理论上动力随时会由一轴一分为二地传递给两根副轴，再由两根副轴合二为一地传递给二轴输出。但由于齿轮加工的误差不同，使通过第1根副轴传动齿轮的齿侧间隙累积的偏差与通过第2根副轴传动齿轮的齿侧间隙累积的偏差不同，如果二轴齿轮与二轴没有径向旷量而完全是同心的，就会造成在某一瞬间第1根副轴齿轮与二轴齿轮啮合传力，而第I根副轴齿轮与二轴齿轮有可能存在齿侧间隙而啮合不上。

在另一瞬间第2根副轴齿轮与二轴齿轮啮合传力而第1根副轴齿轮与二轴齿轮啮合不上。这样动力一会由第1根副轴传递、一会又由第2根副轴传递，实际上每根副轴还是传递全部动力，没有发挥出双副轴的特点。为了确保二轴齿轮随时随地地同时被两个副轴齿轮啮合传递动力，换句话说，为了使动力在任何时候都要分两路两根副轴同时传给二轴，就必须使二轴齿轮相对于二轴有一定的径向旷量，使二轴齿轮能自由地对中，随时夹在两个副轴齿轮中间，使副轴齿轮与二轴齿轮随时都处于啮合位置。二轴上的啮合套与二轴是通过花键对中连接的，在挂档后啮合套与齿轮啮合传力过程中，齿轮相对啮合套来讲是处于平面运动状态，因此润滑要严格保证。

2）为保证二轴各档齿轮均随时地与两根副轴上所有齿轮同时啮合，不仅二轴所有齿轮与二轴有一定的径向间隙，而且二轴与一轴孔也采用浮动式结构。如图3-27所示，二轴插入一轴轴孔，不仅取消了支承轴承，而且有足够的径向间隙用以二轴浮动。这又是与常规变速器结构的主要区别。同样道理，副箱的输出轴传动齿轮与输出轴之间也取消了滚针轴承，而且轴孔与轴颈有一足够的径向间隙。副箱输出轴采取双联锥轴承支承的悬臂式结构。

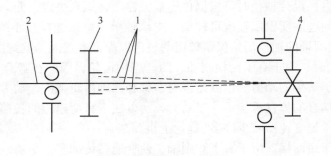

图 3-27　主轴浮动示意图

1—二轴　2—输入轴　3——轴齿轮　4—变速器副箱驱动齿轮

3）采用了双副轴传动方式，在维修时也与常规变速器有较大的区别。特别是在解体后组装时，只有在一个固定的位置上才能使二轴各档齿轮与两根副轴各档齿轮同时全部处于啮合状态，在其他任何位置都无法啮合到位。因此，在变速器主箱或副箱解体后重新组装时需进行"对齿安装"。

如图 3-28 所示，变速器主箱在安装前，将两副轴传动齿轮 1 和 3 在通键对应的齿端面上打一安装标记，然后与一轴主动齿轮 2 对称啮合后（使两副轴通键在一条轴线上）在主动齿轮与两副轴打有标记的相邻两齿端面上也同时打上对齿标记，在安装一轴、副轴和二轴时必须将对齿标记对齐，所有齿轮才能全部啮合到位，否则无法到位。在两个副箱传动齿轮和输出轴齿轮上刻有对齿标记，安装时只需将刻有标记的齿对齿啮合即可安装就位。在实际维修中往往发生这样的情况：即安装

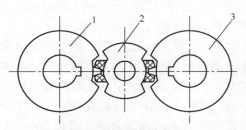

图 3-28　组装变速器总成对齿示意图

1—左中间轴传动齿轮　2——轴主动齿轮

3—右中间轴传动齿轮

时也没有注意对齿标记，结果将各轴、齿组装就位了，而变速器像"乱档"一样不能旋转。由于长期使用，齿轮磨损，轴承松旷，变速器没有按"对齿安装"的程序安装。对齿标记错一个牙偶尔也能装上，但变速器各档齿轮咬合后无法旋转。

4）由于双副轴传动平稳的特点，再加上档位多、各档速比的级差较小，主箱无需采用同步器换档机构，啮合套换档机构完全能够满足要求。啮合套和各档齿轮接合齿端处有相同大小的 35°锥角，其整个锥面能起到一定的自动定心和同步作用。

5）泵车在正常行驶时，换档是十分便利的，但泵车起步时却不是这样。泵车在起步前，发动机、离合器、变速器一轴是持续旋转的。由于一轴旋转带动副轴旋转，副轴上各档齿轮显然带动二轴上所有齿轮都在旋转。而此时泵车在停驶位置，输出二轴是静止不动的。起步挂档时，虽然离合器使变速器与发动机的动力脱开。然而由于运动机件的惯性，使各档齿轮仍然在旋转状态，一个旋转的机件与一个完全静止的机件挂合显然是较难的。

因此，法士特变速器本身起步挂档较为困难。17T泵车底盘使用的6J90TA变速器配有惯性锁销式同步器。同步器结构如图3-29所示。

高档同步锥环和低档同步环基体为铁基粉末冶金锻造烧结而成，在高速档同步环的内锥面和低速档锥环的外锥面上分别粘接有盖伦（GYLON）SX-40摩擦带1和摩擦带5。

高、低档同步锥体均与副箱输入齿轮轴和输出齿轮轴一体，在副箱驱动齿轮和副箱主轴减速齿轮上分别有与之对应的外锥面和内锥面。盖伦摩擦带是一种以聚四氟乙烯为基体的合成摩擦材料，用特殊的粘结剂和粘接工艺粘接在基体上，然后在盖伦摩擦带表面加工出可排除出现油膜的轴向沟槽和螺纹槽。盖伦材料强度高，摩擦系数大，抗磨性好，使用寿命长，与常规的青铜相比性能更优，价格便宜。

高速档同步锥环2和低速档同步锥环6上各铆有三根锁止销4和锁止销7。滑移齿套通过花键与副箱主轴（输出轴）接合。

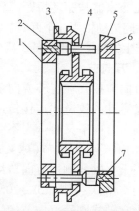

图3-29　副箱高、低档同步器

1—高速档同步锥环上的摩擦带
2—高速档同步锥环
3—滑移齿套　4—高速档锁止销
5—低速档同步锥环上的摩擦带
6—低速档同步锥环
7—低速档锁止销

四、万向传动装置

1. 万向传动装置的功用和组成

万向传动装置的功用是能在轴间夹角和相对位置经常变化的转轴之间传递动力。传动系统中的万向传动装置在变速器之后，把变速器输出转矩传递到驱动桥。

万向传动装置一般由万向节和传动轴组成；对于传动距离较远的分段式传动轴，为了提高传动轴的刚度，还设置有中间支承。

2. 万向传动装置

万向传动装置应用在发动机前置、后轮驱动的泵车上，变速器常与发动机、离合器连成一体支承在车架上，而驱动桥则通过弹性悬架与车架连接。变速器输出轴轴线与驱动桥的输入轴轴线难以布置得重合，并且在泵车行驶过程中，由于不平路面的冲击等因素，弹性悬架系统产生振动，使二轴相对位置经常变化。故变速器的输出轴与驱动桥输入轴不可能刚性连接，而必须采用由两个万向节和一根传动轴组成的万向传动装置。三一泵车底盘就是采用此种布置形式，如图3-30所示。

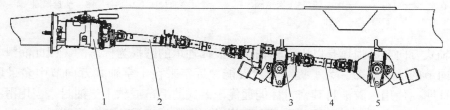

图3-30　泵车底盘变速器与驱动桥之间的万向传动装置

1—变速器　2—中桥传动轴　3—中驱动桥　4—后桥传动轴　5—后驱动桥

在变速器与驱动桥距离较远(车辆轴距较长)的情况下,应将传动轴分成两段,即主传动轴和中间传动轴用三个万向节,且在中间传动轴后端设置了中间支承。这样,可避免因传动轴过长而产生的自振频率降低,高转速下产生共振;同时提高了传动轴的临界转速和工作可靠性。

3. 万向节

万向节按其在扭转方向上是否有明显的弹性可分为刚性万向节和挠性万向节。前者的动力是靠零件的铰链式连接传递的;后者则靠弹性零件传递,且有缓冲减振作用。

刚性万向节又可分为不等速万向节(常用的为十字轴式)、准等速万向节(双联式、二销轴式等)和等速万向节(球叉式、球笼式等)。

因十字轴式刚性万向节结构简单,工作可靠,传动效率高,且允许相邻两传动轴之间有较大的交角(一般为15°~20°),故被普遍应用于泵车的传动系统中。

十字轴式刚性万向节的构造如图3-31所示,两万向节叉上的孔分别活套在十字轴的两对轴颈上。这样当主动轴转动时,从动轴既可随之转动,又可绕十字轴中心在任意方向摆动。为了减少摩擦损失,提高传动效率,在十字轴轴颈和万向节叉孔间装有由滚针和套筒组成的滚针轴承。然后用螺钉和盖板将套筒固定在万向节叉上,并用锁片将螺钉锁紧,以防止轴承在离心力作用下从万向节叉内脱出。

为了润滑轴承,十字轴钻有油道通向轴颈,如图3-32所示。润滑脂从滑脂嘴,注入十字轴内腔。为避免润滑脂流出及尘垢进入轴承,在十字轴的轴颈上套着装在金属座圈内的毛毡油封(或橡胶油封)。在十字轴的中部还装有带弹簧的安全阀;如果十字轴内腔的润滑脂压力大于允许值,安全阀即被顶开而润滑脂外溢,使油封不致因油压过高而损坏。

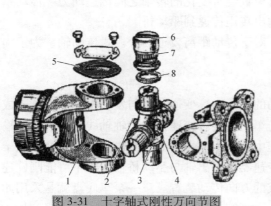

图3-31　十字轴式刚性万向节图

1—万向节叉　2—滑脂嘴　3—十字轴　4—安全阀
5—轴承盖　6—套筒　7—滚针　8—油封

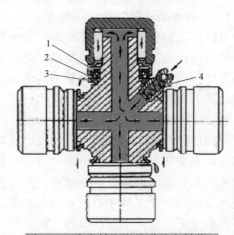

图3-32　十字轴润滑油道及密封装置

1—油封座　2—油封　3—油封挡圈　4—滑脂嘴

十字轴式万向节的损坏是以十字轴轴颈和滚针轴承的磨损为标志的,因此润滑与密封直接影响万向节的使用寿命。为了提高密封性能,近年来在十字轴式万向节中多采用橡胶油封。实践证明,使用橡胶油封其密封性能远优于老式的毛毡或软木垫油封,当用滑脂枪向十字轴内腔注入润滑脂而使内腔油压大于允许值时,多余的润滑油便从橡胶油封内圆表面与十字轴轴颈接触处溢出,故在十字轴无需安装安全阀。万向节中常见的滚针轴承轴向定位方式，除上述盖板式外，还应用内、外挡圈固定式。其特点是工作可靠、零件少、结构简单。

4. 传动轴与中间支承

（1）传动轴　传动轴是万向传动装置中的主要传力部件，通常用来连接变速器和驱动桥，在转向驱动桥和断开式驱动桥中，则用来连接差速器和驱动轮。

传动轴有实心轴和空心轴之分。为了减轻传动轴的质量，节省材料，提高轴的强度、刚度及临界转速，传动轴多为空心轴，一般用厚度为 1.5~3mm 且厚薄均匀的钢板卷焊而成，超重型货车则直接采用无缝钢管。转向驱动桥、断开式驱动桥或微型泵车的传动轴通常制成实心轴。

如图 3-33 所示。传动轴总成两端联接万向节，中间的滑动叉 7 套装在花键轴 6 上，可轴向滑动，适应变速器和驱动桥相对位置的变化；滑动部位用润滑脂润滑，并用防尘护套 5 防漏、防水、防尘，保证花键部位伸缩自由。

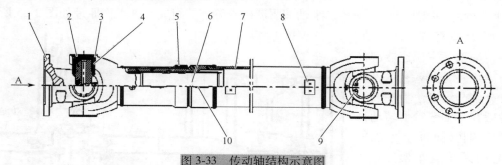

图 3-33　传动轴结构示意图

1—凸缘叉　2—万向节十字轴　3—万向节轴承座　4—万向节轴承　5—防尘护套　6—花键轴
7—滑动叉（轴管）　8—平衡片　9—挡圈　10—装配位置标记

传动轴两端的连接件装好后，应进行动平衡试验。在质量轻的一侧补焊平衡片，使其不平衡量不超过规定值。为防止装错位置和破坏平衡，防尘护套 5、滑动叉 7 上都应刻有带箭头的记号 10。为保持平衡，万向节的螺钉、垫片等零件不应随意改换规格。为加注润滑脂方便，万向传动装置的滑脂嘴应在一条直线上，且万向节上的滑脂嘴应朝向传动轴。

图中的连接法兰为端面齿结构，符合标准。该结构不但减少了连接螺栓组数量，同时提高了传动轴连接传动的可靠性，已为泵车底盘所采用。

（2）中间支承　因传动连接需要，传动轴过长时，自振频率降低，易产生共振，故将其分成两段并加中间支承。传动轴的中间支承通常装在车架横梁上，能补偿传动轴轴向和角度方向的安装误差，以及泵车行驶过程中因发动机窜动或车架变形等引起的位移。

图 3-34　中间支承结构示意图

1—支架　2—橡胶衬套　3—轴承座
4—轴承　5—卡环　6—带油封的盖
7—中间传动轴

中间支承常用弹性元件来满足上述要求，它主要由轴承、带油封的盖、支架、弹性元件等组成。如图 3-34 所示，中间支承通过支架与车架连接，轴承固定在中间传动轴后部的轴颈上。橡胶衬套（弹性元件橡胶）位于轴承座与支架之间，支架紧固时，橡胶垫环会径向扩张，其外圆被挤紧于支架的内孔。

☞ **五、驱动桥的结构与原理**

1. 驱动桥的功用

1）将万向传动装置（传动轴）传来的发动机动力（转矩）通过主减速器、差速器、半轴等传递到驱动车轮，实现降速、增矩。

2）通过主减速器锥齿轮轮副（传动副）改变转矩的传递方向。

3）通过差速器实现两侧车轮的差速作用，保证内、外侧车轮以不同转速转向。

4）桥（桥壳）有一定的承载能力（轴荷）。

2. 驱动桥类型、组成及工作原理

驱动桥有断开式驱动桥和非断开式驱动桥两种类型。泵车底盘采用的是非断开式驱动桥，驱动桥由主减速器、差速器、半轴和驱动桥壳等部分组成，其工作原理如图3-35所示。

动力从变速器（或分动器）→传动轴→主减速器（降速、增矩）→差速器→左、右半轴（外端凸缘盘法兰）→轮毂（轮毂在半轴套管上转动）→轮胎轮辋（钢圈）。驱动桥通过悬架系统与车架连接，由于半轴与桥壳是刚性连成一体的，因此半轴和驱动轮不能在横向平面运动。故称这种驱动桥为非断开式驱动桥，亦称整体式驱动桥。

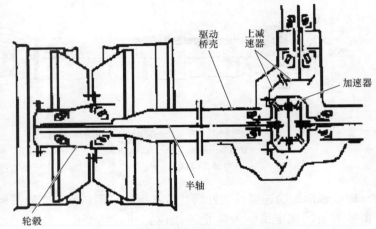

图3-35 非断开式驱动桥工作原理

为了提高泵车行驶的平顺性和通过性，有些轿车和越野车全部或部分驱动轮采用独立悬架，即将两侧的驱动轮分别采用弹性悬架与车架相联系，两轮可彼此独立地相对车架上、下跳动。与此相应主减速器固定在车架上。驱动桥半轴制成两段并通过铰链连接，这种驱动桥称为断开式驱动桥。

3. 主减速器

主减速器的功能是进一步降低转速，将传动轴输入转矩进一步增大，改变转矩的旋转方向，以满足驱动轮克服阻力矩，使泵车正常起动和行驶。

为满足不同的使用要求，主减速器的结构形式也是不同的。按减速齿轮副数，分单级式和双级式主减速器。按传动比档数，分单速式和双速式主减速器。按齿轮副结构，分圆柱齿轮式、锥齿轮式和准双曲面齿轮式主减速器。泵车底盘后桥采用单级主减速器，其构造如图3-36所示。

4. 差速器

（1）齿轮式差速器 齿轮式差速器的功用是当泵车转弯行驶或在不平路面上行驶时，使左右驱动车轮以不同的转速滚动，即保证两侧驱动车轮作纯滚动运动。

车轮对路面的滑动不仅会加速轮胎磨损，增加泵车的动力消耗，而且可能导致转向和制动性能的恶化。为此，在泵车结构上，必须保证各个车轮能以不同的角速度旋转，若主减速器从动齿轮通过一根整轴同时带动两侧驱动轮，则两轮角速度只能是相等的。

因此，为了使两侧驱动轮可用不同角速度旋转，以保证其纯滚动状态，就必须将两侧车轮的驱动轴断开（称为半轴），而且主减速器从动齿轮通过一个差速齿轮系统——差速器分别驱动两侧半轴和驱动轮。这种装在同一驱动桥两侧驱动轮之间的差速器称为轮间差速器。

　　多轴驱动的泵车，各驱动桥间由传动轴相连。若各桥的驱动轮均以相同的角速度旋转，同样也会发生上述轮间无差速时的类似现象。为使各驱动桥有可能具有不同的输入角速度，以消除各桥驱动轮的滑动现象，可以在各驱动桥之间装设轴间差速器。

　　图 3-36 所示为单级主减速及差速器总成构造图。当遇到左、右或前、后驱动轮与路面之间的附着条件相差较大的情况时，简单的齿轮式差速器将不能保证泵车得到足够的牵引力。因此经常遇到此种情况的泵车应当采用防（限）滑差速器。

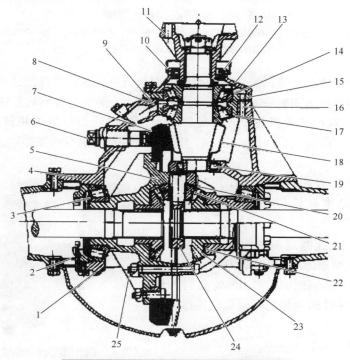

图 3-36　单级主减速器及差速器总成构造图

1—差速器轴承盖　2—轴承调整螺母　3、13、17—圆锥滚子轴承　4—主减速器　5—差速器壳　6—支承螺栓
7—从动锥齿轮　8—进油道　9、14—调整垫片　10—防尘罩　11—叉形凸缘　12—油封　15—轴承座
16—回油道　18—主动锥齿轮　19—圆柱滚子轴承　20—行星齿轮垫片　21—行星轮
22—半轴齿轮推力垫片　23—半轴齿轮　24—行星轮轴　25—螺栓

　　齿轮式差速器有锥齿轮式和圆柱齿轮式两种。齿轮式差速器构造如图 3-37 所示。

　　差速器不起差速作用时，左右车轮转速相同，行星轮本身不转动。差速器起差速作用时，行星轮转动，左右车轮转速不等。

　　十字轴固定在差速器壳内，与从动锥齿轮以相同的转速转动，并通过半轴齿轮带动左右半轴和驱动车轮转动。

　　行星轮一边随十字轴绕半轴齿轮（太阳齿轮）公转，一边绕十字轴轴颈自转时，左右半

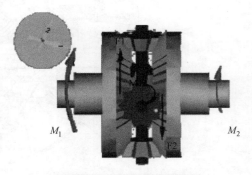

图 3-37　齿轮式差速器构造图

1、7—差速器壳　2—半轴齿轮推力垫片　3、5—半轴齿轮　4、9—行星齿轮　6—半轴齿轮推力垫片
8—螺栓　10—行星轮球面垫片　11—行星轮（十字轴）

轴齿轮的转速之和等于从动锥齿轮转速的两倍，而与行星轮本身的自转转速无关。差速器行星轮自转产生的内摩擦力矩的一半加到转速慢的车轮上，另一半加到转速快的车轮上。

转矩的分配：对称式锥齿轮差速器转矩的分配情况。当行星齿轮转动，左右车轮出现转速差。快转车轮获得的转矩略小，慢转车轮获得的转矩略大。其转矩分配如图3-38所示。

行星轮不自转，差速器无差速作用时，左右半轴齿轮平分从动锥齿轮传递的驱动转矩 M_0，即：$M_1 = M_2 = M_0/2$。

行星轮自转，差速器起差速作用，行星齿轮与半轴齿轮间产生摩擦力 F_1 和 F_2，并产生摩擦力矩 M_T。M_T 的一半使转速快的半轴齿轮获得的转矩 M_1 减小，另一半使转速慢的半轴齿轮获得的转矩 M_2 增大，即

$$M_1 = 1/2(M_0 - M_T)$$
$$M_2 = 1/2(M_0 + M_T)。$$

图 3-38　差速器转矩分配图

定义 $K = M_2/M_1$ 为差速器的锁紧系数。

普通锥齿轮差速器的 K 值较小（$K \approx 1$）。当泵车在良好路面直线行驶或转向行驶时，差速器的差速性能是能够满足要求的。但泵车在坏路面，比如泥泞或冰雪路面行驶时，则因某侧驱动轮行驶在摩擦力小的路面上，另一侧驱动轮获得的转矩仅有 $1/2M_0$ 稍多一点而严重影响泵车的行驶能力。

（2）强制锁止式差速器　当左右驱动轮与路面附着条件相差较大时，普通差速器不能使泵车获得足够牵引力。抗滑差速器能将输入转矩更多或全部给附着条件好、滑转程度低的车轮。

抗滑差速器有强制锁止式、自由轮式和高摩擦自锁式等类型，后者又有摩擦片式和滑块凸轮式等结构。

普通锥齿轮差速器加上差速锁就成为强制锁止式抗滑差速器，其结构如图3-39所示。

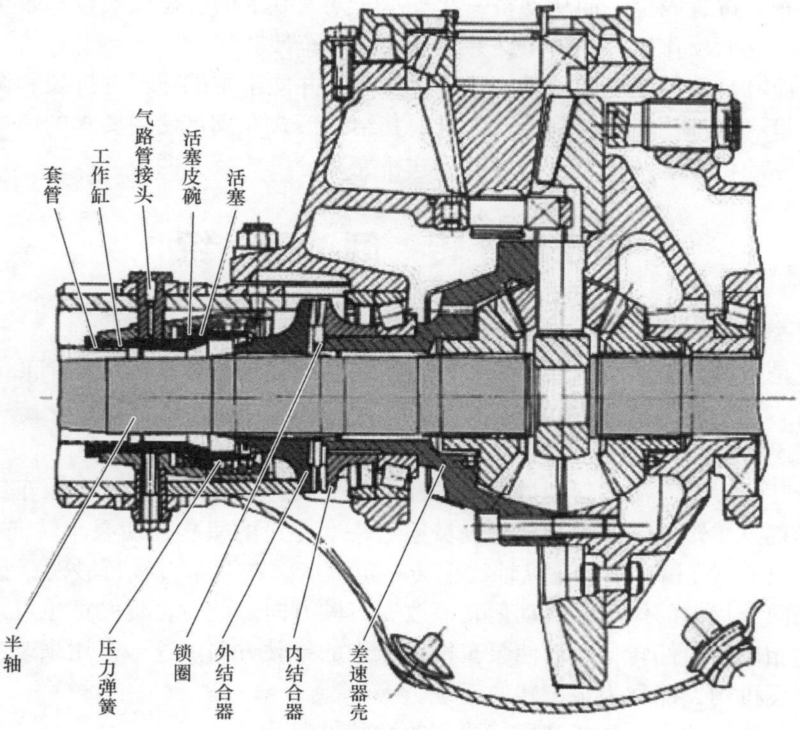

套管
工作缸
气路管接头
活塞皮碗
活塞

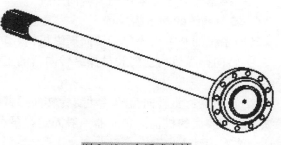

半轴
压力弹簧
锁圈
外结合器
内结合器
差速器壳

图 3-39　强制锁止差速器构造图

当一侧驱动车轮打滑，驾驶员接通压缩空气，使其进入差速锁的工作缸，推动活塞右移，使外、内结合器的齿面啮合在一起，半轴与差速器壳成为一体。普通锥齿轮差速器失去作用，不打滑驱动车轮获得主减速器从动锥齿轮传递的全部转矩。因此，此时普通锥齿轮差速器的锁紧系数 K 为无穷大。泵车驶入打滑路面时，要停车将差速锁结合，泵车再驶入正常路面时要及时解除差速锁，以保证车辆的正常行驶。

5. 半轴与桥壳

（1）半轴　半轴是在差速器与驱动轮之间传递动力的实心轴，其内端用花键与差速器的半轴齿轮连接，外端则用凸缘与驱动轮的轮毂相连。

现代泵车基本上采用全浮式半轴和半浮式半轴两种支承形式。搅拌车底盘采用全浮式半轴，由花键、杆部、凸缘等组成，如图 3-40 所示。在内端，作用在主减

图 3-40　全浮式半轴

速器从动齿轮上的力及弯矩全部由差速器壳直接承受，与半轴无关。因此，这样的半轴支承形式，使半轴只承受转矩，而两端均不承受任何反力和弯矩，故称为全浮式支承形式。"浮"即指卸除半轴的弯曲载荷而言。

（2）驱动桥壳　驱动桥壳的功用是支承并保护主减速器、差速器和半轴等，使左右驱

动车轮的轴间相对位置固定；同从动桥一起支承车架及其上的各总成质量；泵车行驶时，承受由车轮转来的路面反作用力和力矩，并经悬架传给车架。

驱动桥壳应有足够的强度和刚度，且质量要小，并便于主减速器的拆装和调整。由于桥壳的尺寸和质量一般都比较大，制造较困难，其结构形式在满足使用要求的前提下，要尽可能便于制造。驱动桥壳从结构上可分为整体式桥壳和分段式桥壳两类。

第二节 转 向 系 统

1. 转向系统概述

转向系统是通过对左、右转向车轮不同转角之间的合理匹配来保证泵车能沿着设想的轨迹运动的机构。

2. 转向系统的功用

泵车在行驶过程中，需按驾驶员的意志经常改变其行驶方向，即所谓泵车转向。就轮式泵车而言，实现泵车转向的方法是，驾驶员通过一套专设的机构，使泵车转向桥（一般是前桥）上的车轮（转向轮）相对于泵车纵轴线偏转一定角度。在泵车直线行驶时，往往转向轮也会受到路面侧向干扰力的作用，自动偏转而改变行驶方向。此时，驾驶员也可以利用这套机构使转向轮向相反方向偏转，从而使泵车恢复原来的行驶方向。这一套用来改变或恢复泵车行驶方向的专设机构，即称为泵车转向系统。

泵车转向系统的功用是改变和保持泵车的行驶方向。

3. 转向系统的分类

按转向能源的不同，转向系统可分为机械转向系统和动力转向系统。

机械转向系统：机械转向系统是以人力作为唯一的转向动力源，其中所有传动件都是机械的；动力转向系统：兼用驾驶员体力和发动机（或电机）的动力为转向动力的转向系统，它是在机械转向系统的基础上加设一套转向加力装置而形成的。在正常情况下，泵车转向所需能量只有一小部分由驾驶员提供，而大部分是由发动机（或电机）通过转向加力装置提供的，但在转向加力装置失效时，一般还能由驾驶员独立承担泵车转向任务，保证泵车安全行驶。

三一泵车底盘全部采用动力转向系统。

4. 转向系统的基本组成

转向系统的基本组成包括转向操纵机构、转向器和转向传动机构三大部分。

① 转向操纵机构：驾驶员操纵转向器的工作机构，主要由转向盘、转向轴、转向管柱等组成。

② 转向器：将转向盘的转动变为转向摇臂的摆动或齿条轴的直线往复运动，并对转向操纵力进行放大的机构。转向器一般固定在泵车车架或车身上，转向操纵力通过转向器后一般还会改变传动方向。

③ 转向传动机构：将转向器输出的力和运动传给车轮（转向节），并使左、右车轮按一定关系进行偏转的机构。

5. 泵车转向系统的基本参数与概念

两侧转向轮偏转角之间的理想关系式：为了避免泵车在转向时产生路面对泵车行驶的附加阻力和轮胎过快磨损，要求泵车转向时所有车轮均做纯滚动。这只有在所有车轮的轴线都交于一点时方能实现，如图 3-41a 所示。对于只用前桥转向的三轴泵车，由于中轮和后轮的轴线总是平行的，并不存在理想的转向中心，可以用一根与中、后轮轴线等距的平行线为假想的与原三轴泵车相当的双轴泵车的后轮轴线。此交点 O 称为转向中心，如图 3-41b 所示。由图可见，内转向轮偏转角 β 应大于外转向轮偏转角 α。假设在车轮为绝对刚体的条件下，角 α 与 β 的理想关系式应是：$\cot\alpha = \cot\beta + B/L$。式中，$B$ 为两侧主销轴线与地面相交点之间的距离；L 为泵车轴距；e 为外转向轮外胎面中心与主销轴延长线和地面相交点之间的距离。

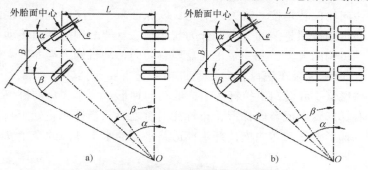

图 3-41　两侧转向轮偏转角之间的理想关系

　　泵车前轮处于最大转角状态行驶时，泵车前轴离转向中心 O 最远点车轮胎面中心在地面形成的轨迹圆半径，称为前外轮最小转弯半径 $R_{外min}$：$R_{外min} = L/\sin\alpha_{max} + e$ 泵车底盘内侧转向轮的最大偏转角 α_{max} 一般为 35°~42°，泵车底盘的前外轮最小转弯半径约为 10~12m。

　　转向系统角传动比：转向盘转角增量与转向垂臂转角的相应增量之比 $i_{\omega1}$ 称为转向器角传动比。转向垂臂转角增量与转向盘同侧的转向节的转角相应增量之比 $i_{\omega2}$ 称为转向传动机构角传动比。转向盘转角增量与转向盘同侧的转向节的转角相应增量之比 i_{ω} 称为转向系统传动比。显然 $i_{\omega} = i_{\omega1} \times i_{\omega2}$。转向系统角传动比越大，则为了克服一定的地面转向阻力矩所需的转向盘上的转向力矩便越小。但过大，将导致转向操纵不够灵敏，即为了得到一定的转向节偏转角所需的转向盘转角过大。所以，选取时应适当兼顾转向省力和转向灵敏的要求。

　　机械转向系统同时满足转向省力和转向灵敏要求的程度是有限的，因此，三一泵车底盘全部采用动力转向系统。

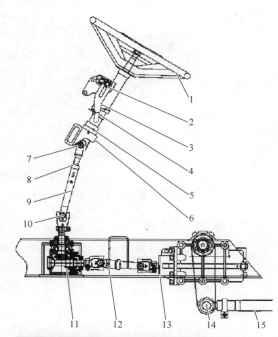

图 3-42　泵车底盘操纵机构与转向器布置图

1—转向盘　2—转向柱管支架　3—锁止手柄　4—转向柱管
5—导向销　6—转向操纵机构支架　7—上万向节　8—花键轴
9—花键套　10—下万向节　11—角转向器　12—中间传动轴
13—动力转向器　14—转向垂臂　15—转向直拉杆

　　图 3-42 所示为泵车底盘操纵机构与转向器布置图。转向操纵机构包括转向盘 1、转向柱

管 4、花键轴 8、花键套 9、上万向节 7、下万向节 10 等。转向柱管 4 通过转向操纵机构支架 6 和转向柱管支架 2 固定在驾驶室内前围板上。

逆时针旋转锁止手柄 3，用力向上拉动或向下推动转向盘 1，可调整转向盘 1 的上下位置；向外拉动转向盘 1 或向内推动转向盘 1 可调整前后位置。调整完毕后，顺时针旋转锁止手柄 3 直到锁紧为止。

转向传动机构的功用是将转向器输出的力和运动传到转向桥两侧的转向节，使两侧转向轮偏转，且使两转向轮偏转角按一定关系变化，以保证泵车转向时车轮与地面的相对滑动尽可能小。转向传动机构按照悬架的分类可分为与非独立悬架配用的转向传动机构和与独立悬架配用的转向传动机构两大类，三一泵车底盘现有转向传动机构为与非独立悬架配用的转向传动机构。图 3-43 所示为泵车底盘转向传动机构，它主要包括转向垂臂 2、转向直拉杆 6、转向节臂 5 及由梯形臂 3 和转向横拉杆 4 组成的转向梯形。泵车底盘前桥仅为转向桥，由转向横拉杆和左、右梯形臂组成转向梯形，布置在前桥之后，当转向轮处于与泵车直线行驶相应的独立位置时，梯形臂 3 与转向横拉杆 4 在道路平行的水平面内的交角 $\theta < 90°$。

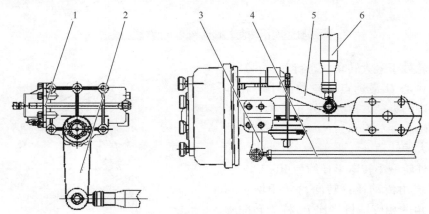

图 3-43　转向传动机构

1—动力转向器　2—转向垂臂　3—梯形臂　4—转向横拉杆　5—转向节臂　6—转向直拉杆

6. 转向传动机构

以泵车向左转向为例：通过转向操纵机构和动力转向器使转向垂臂 2 向前摆动，带动转向直拉杆 6 前移，再通过转向节臂促使左车轮绕主销中心向左偏转。通过转向梯形使右车轮按一定角度关系向左偏转，实现泵车向左转向行驶。下面具体介绍转向传动机构主要组成零件的结构。

（1）转向垂臂　转向垂臂的功用是把转向器输出的力和运动传给直拉杆，进而推动转向轮偏转。图 3-44 所示为泵车底盘采用的转向垂臂与转向臂轴结构。它采用 40Cr 钢锻造加工而成，上端加工出带细齿花键的锥孔与转向臂轴连接，下端通过球头销与转向直拉杆连接。为了保证转向垂臂轴在中间位置时从转向垂臂起始的全套转向传动机构也处于中间位置，在转向臂轴的外端面和转向垂臂锥孔外端面上刻有短线，作为装配标志，装配应使两个零件上标记对齐。

（2）转向直拉杆　转向直拉杆的功用是将转向垂臂传来的力和运动传给转向节臂。它所受的力既有拉力也有压力。如图 3-46 所示为泵车底盘转向直拉杆结构。在转向轮偏转或因悬架弹性变形而相对车架跳动时，转向直拉杆、转向垂臂及转向节臂的相对运动都是空间运动，为了不发生运动干涉，三者间的连接都采用球头销。中间杆 1 是一根钢管，其前、后端加工有螺纹（图中分别为左、右端），将活动接头 3 旋入一定长度，并用卡箍将其可靠锁紧，有效防止螺纹松脱。因为有了活动接头，可以在小范围内调整转向直拉杆的总长度，单边调整范围一般为±15mm，向伸长方向调整时，应特别注意保证活动接头的螺纹超过卡箍最内边 15mm，以防止连接不可靠。球头销 5 的尾端用开槽螺母 6 固定在转向垂臂的下端。中间杆的后端与活动接头连接，活动接头同样装有球头销，并和转向节臂相连。

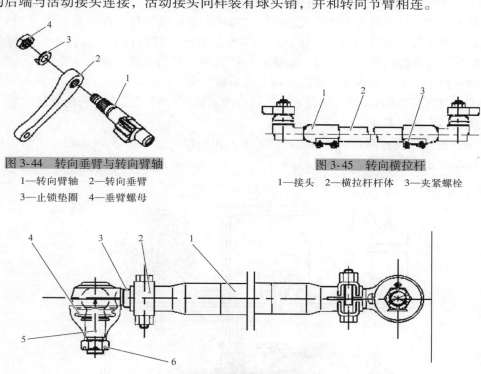

图 3-44　转向垂臂与转向臂轴

1—转向臂轴　2—转向垂臂
3—止锁垫圈　4—垂臂螺母

图 3-45　转向横拉杆

1—接头　2—横拉杆杆体　3—夹紧螺栓

图 3-46　转向直拉杆

1—中间杆　2—卡箍　3—活动接头　4—端盖　5—球头销　6—开槽螺母

（3）转向横拉杆　转向横拉杆的功用是联系左、右梯形臂并使其协调工作。它在泵车行驶过程中反复承受拉力和压力，因此多用高强冷拉钢管制作。

它在泵车行驶过程中反复承力，因此多用高强冷拉钢管制作。如图 3-45 所示，转向横拉杆由横拉杆体 2 和旋装在两端的接头 1 组成。两端接头结构相同（但螺纹的旋向相反），接头旋装到横拉杆体上后，用夹紧螺栓 3 夹紧。横拉杆体两端的螺纹，一为右旋，一为左旋，因此在旋松夹紧螺栓以后，转动横拉杆体 2，即可改变转向横拉杆的总长度，从而调整转向轮前束。

7. 动力转向系统与动力转向器

泵车底盘动力转向系统是在驾驶员的控制下，借助于发动机带动转向油泵产生的液体压力来实现车轮转向。相对于机械转向系，对动力转向系统的要求是：在保证转向灵敏性不变的条件下，有效地提高转向操纵轻便性，提高响应特性，保证高速行车安全，减少转向盘的冲击。

（1）动力转向系统的功用

① 泵车转弯时，减少驾驶员对转向盘的操纵力。

② 限制转向系统的减速比。

③ 在原地转向时，能提供必要的助力。

④ 限制车辆高速或在薄冰上的助力，具有较好的转向稳定性。

⑤ 在动力转向系统失效时，能保持机械转向系统的有效工作。

（2）动力转向系统的分类

① 动力转向系统按控制方式不同可分为普通动力转向系统和电控动力转向系统。

② 其中普通动力转向系统按传动介质的不同，可以分为气压式和液压式两种，其中液压式按液流形式，又可分为常压式和常流式两种。常压式的优点在于有储能器积蓄液压能，可以采用流量较小的转向油泵，而且还可以在油泵不运转的情况下保持一定的转向加力能力，使泵车有可能续驶一定距离。常流式的优点则是结构简单，油泵寿命较长，泄漏较少，消耗功率较小。泵车底盘采用常流式动力转向器。

③ 按转向控制阀阀芯的运动方式，可分为滑阀式和转阀式动力转向系统，泵车底盘采用转阀式动力转向系统。

（3）液压常流转阀式动力转向系统基本工作原理　图 3-47 所示为泵车底盘采用的液压常流转阀式动力转向系统工作原理图。

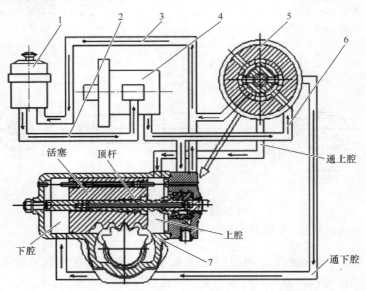

图 3-47　液压常流转阀式动力转向系统工作原理

1—转向油罐　2—转向油泵进油管　3—回油管　4—转向油泵
5—转阀　6—转向油泵出油管　7—动力转向器

系统主要由转向油泵 4、动力转向器 7、转向油罐 1、油管等组成。转阀 5 集成在动力转向器内（图 3-47 箭头所示）。动力转向油泵内集成了流量控制阀及压力控制阀。转向油泵借助发动机的动力，产生高压油，转动方向盘可带动转阀动作，高压油进入动力转向器的上腔或下腔，推动活塞向上腔或向下腔运动，活塞上加工有齿条，齿条与转向臂轴上的齿扇相配合，带动转向臂轴旋转，将力传给转向传动机构。

转阀工作原理：

① 泵车直线行驶。当泵车直线行驶时，转阀处于中间位置，如图 3-48b 所示，来自转向油泵的工作油液向阀套 8 的两个进油口同时进油，油液通过预开隙进入阀芯 9 的凹槽，再通过阀芯 9 的回油孔进入阀芯 9 与扭力杆 6 间空腔 A，再经过阀套 8 的回油孔通过回油管流回油罐 1，形成油路循环。另一回路是转向油泵 4 压入阀套 8 的油经过预开隙进入阀套 8 左右两侧的出油孔，其中一路进入转向器上腔，另一路进入转向器的下腔。由于转向器上下腔均进油，且油压相等，更由于油路连通回油管道而建立不起高压，因此动力转向器不起助力作用。

② 泵车左转弯。当泵车左转弯时，转向盘带动转向轴转动并带动扭力杆 6，扭力杆 6 端头与阀芯 9 用销 7 连接，因而带动阀芯 9 转动一个角度，这时阀套 8 的进油口一侧的预开隙被关闭，另一侧的预开隙开度打开，压力油经扭力杆 6 与螺杆轴 10 的间隙，通过孔 B 和螺杆轴 10 与活塞 11 的间隙通到转向器下腔，活塞向上移动，已就是说转向臂轴顺时针转，带动转向垂臂前摆，起到助力作用，泵车向左转弯，如图 3-48a 所示。

活塞上腔的油液被压出，通过阀套与阀芯间间隙流回转向油罐。

③ 泵车右转弯。当泵车右转弯时，转向盘带动转向轴转动并带动扭力杆，扭力杆 6 端头与阀芯 9 用销 7 连接，因而带动阀芯转动一个角度，这时阀套的进油口一侧的预开隙被关闭，另一侧的预开隙开度打开，压力油通过阀套与阀芯间间隙压入上腔，活塞 11 向下移动，已就是说转向臂轴逆时针转，带动转向垂臂后摆，起到助力作用，泵车向右转弯。活塞下腔的油液通过螺杆轴 10 与活塞 11 的间隙和孔 B，再通过阀芯 9 与扭力杆 6 间空腔 A 进入回油孔，流回转向油罐 1，如图 3-48c 所示。

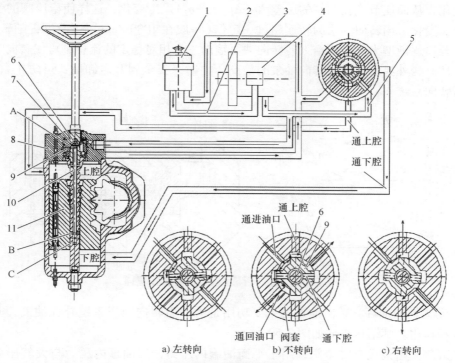

图 3-48　转阀工作原理

1—转向液罐　2—转向液泵进液管　3—回液管　4—转向液泵　5—转向液泵出液管

6—扭力杆　7—销　8—阀套　9—阀芯　10—螺杆轴　11—活塞

当转向盘停在某一位置不再继续转向时，阀芯9在液力和扭力杆的作用下，沿转向盘转动方向旋转一个角度，使之与阀套8相对角位移量减小，上、下腔油压差减小，但仍有一定的助力作用。此时的助力转矩与车轮的回正力矩相平衡，使车轮维持在某一转向位置上。

在转向过程中，如果转向盘转动速度也加快，阀套8与阀芯9的相对角量也大，上、下腔的油压差也相应加大，前轮偏转的速度也加快，如转向盘转动的慢，前轮偏转的也慢，或转向盘转在某一位置不变，对应着前轮也在某一位置上不变。此即称"渐进随动作用"。

如果驾驶员放松转向盘，阀芯回到中间位置，失去了助力作用，转向轮在回正力矩的作用下自动回位。

一旦液压助力装置失效，该动力转向器即变为机械转向器。此时转向盘转动，带动阀芯转动，阀芯下端边缘有缺口，转过一定角度后，带动螺杆轴10转动，而活塞11上加工有螺纹槽，通过钢球与螺杆轴形成运动副，实现纯机械转向操作。

（4）动力转向油泵　动力转向油泵是泵和控制阀有机的组合，泵车底盘采用双作用叶片式转向油泵。

① 双作用式叶片转向油泵工作原理。在转子每旋转一周的过程中，每个工作空间（或容腔）完成两次吸油和两次压油，故属双作用式。该泵有两个吸油区和两个压油区，且它们所对应的中心角是对称的。

② 流量、安全控制阀的工作原理。流量、安全控制阀的工作原理如图3-49所示，转向油泵在发动机的驱动下，给动力转向系统供油，随着发动机转速的变化，使通过节流孔的流量发生变化，从而使节流孔两端的压差 Δp（$\Delta p = p_1 - p_2$）发生变化，这样使稳流阀的受力随转速的变化而变化。当转向油泵的转速超过一定值（一般在1000r/min左右）后，随转速增加，稳流阀的开口逐渐增大，溢流增大使转向油泵输出一个相对稳定的流量，可使转向盘保持良好的稳定性。当外界负荷超过转向油泵的最高压力时，安全阀开启卸荷，可防止系统过载，保护液压转向系统。

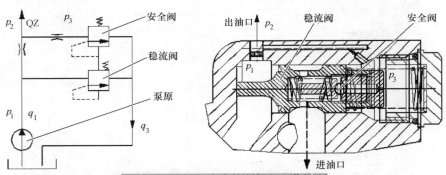

图3-49　流量、安全控制阀的工作原理

（5）动力转向油罐　转向油罐的主要功用是为动力转向液压系统补充油液，并且对系统起到冷却作用。其结构组成如图3-50所示。

加油口盖4内集成有安全阀，用于平衡油罐内压力，当油罐内压力与大气压力差达到0.1~0.18MPa时，此阀开启。通过滤芯9的过滤，能有效防止有害固体污染物再次进入系统循环，滤芯的绝对过滤精度应高于20μm。在向动力转向系统补充油液时，加油滤网7能有效过滤固体污染物。

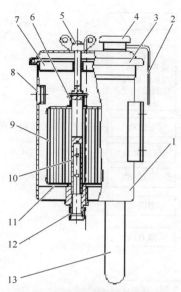

图 3-50 动力转向油罐装置

1—罐体 2—排气管 3—罐盖 4—加油口盖 5—蝶形螺母 6—弹簧 7—加油滤网
8—视镜 9—滤芯 10—中心杆 11—网孔板 12—进油接头 13—出油管

第三节 制 动 系 统

一、制动系统功能与分类

1. 制动系统的功能

1）泵车高速或转向行驶的主动安全措施。

2）强制行驶中的泵车减速或停车。

3）使下坡行驶的泵车车速保持稳定。

4）使已停驶的泵车在原地（包括在斜坡上）驻留不动。

2. 制动系统的分类

制动系统分类方法如图 3-51 所示。

1）按制动能源分类有人力、动力和伺服制动系三种类型，又可细分为七种制动方式：人力机械式、人力液压式、气压制动系、气顶液制动系、全液压制动系、增压式、助力式。

2）按能量传输分类有机械、液压、气压等。

3）按制动回路分类有单、双回路系统。当一条回路出现故障，另一回路仍保证泵车有一定的制动效果，因此更安全。

4）按泵车运行状态分类是指在泵车运行中实现制动还是泵车停驶状况下实现制动，分为行车制动系统、驻车制动系统、第二制动系统、辅助制动系统。

泵车底盘行车制动属于气压双回路型，作用于前、中、后轮制动器；驻车制动为弹簧储能型，作用于中、后轮制动器；驻车制动兼起应急制动作用；辅助制动为排气制动。

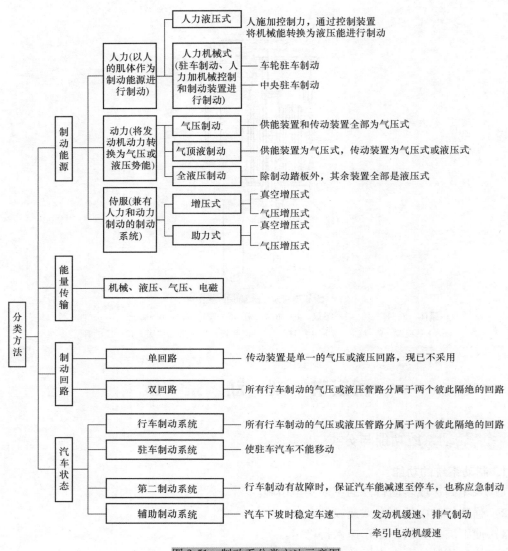

图 3-51　制动系分类方法示意图

☞ 二、制动装置的基本结构与工作原理

制动系统由供能装置、控制装置、传动装置、制动器、缓速装置、制动管路、辅助装置组成。

1. 供能装置

供能装置是制动系中供给、调节制动所需的能量，必要时还可以改善传能介质状态的部件。分为制动能源与制动力调节装置两种，制动能源为空气压缩机压缩气源；制动力调节装置有限压阀、比例阀、感载阀、惯性阀、制动防抱死系统（ABS）。

2. 控制装置

控制装置是指制动系统中初始操作及控制制动效能的部件或机构，三一搅拌车装有脚踏操纵的行车制动、手动操纵的驻车制动及电控气操纵的排气制动。

3. 传动装置

传动装置是制动系统中用以将控制制动器的能量输送到制动促动器的部件，三一搅拌车装有气压式双回路行车制动系统。一条为从四回路阀经储气筒、继动阀至中、后桥制动气室；另一条为从四回路阀经储气筒、快放阀（或前桥继动阀）至前桥制动气室。

另外，装有经四回路阀、储气筒、差动继动阀至中、后桥弹簧制动气室的驻车制动系统回路。这三条回路在气压高于 0.67MPa 时，储气筒气压相互连通，而在气压低于 0.67MPa 时，各储气筒之间气压相互断开，保证在其中一条回路失效的情况下，泵车不会失去制动能力。

4. 制动器

制动器是制动系统中产生阻止车辆运动或运动趋势的力的机构，以摩擦产生制动力矩的制动器为摩擦制动器。摩擦制动器有鼓式和盘式两大类。鼓式制动器有内张型和外束型两种。盘式制动器有钳盘式和全盘式两种。三一泵车系列底盘装的凸轮式鼓式制动器，其结构如图 3-52 所示。

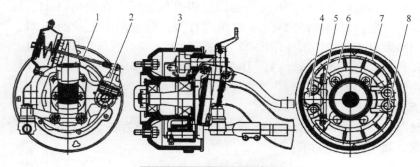

图 3-52　凸轮式鼓式制动器

1—膜片式制动气室　2—制动调整臂　3—制动鼓　4—制动凸轮
5—回位拉簧　6—制动蹄　7—摩擦片　8—定位销

凸轮式鼓式制动器工作原理：制动时，制动调整臂在制动气室推杆推动下，使凸轮轴转动，凸轮推动两制动蹄张开，压紧在制动鼓上，制动鼓与摩擦片之间产生制动力，使泵车减速。

解除制动，压缩空气从气管回到制动控制阀，排入大气。制动蹄在回位弹簧拉动下离开制动鼓，车轮又可转动。

5. 缓速装置

缓速装置是用以使行驶中的泵车速度降低或稳定在一定的速度范围内的机构。

6. 制动管路

制动管路为部分钢管加尼龙管及制动软管组成，

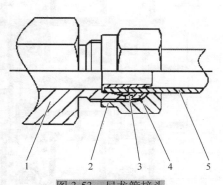

图 3-53　尼龙管接头

1—管接头体　2—联管螺母　3—衬套
4—卡套　5—尼龙管

尼龙管管子规格（外径/mm×壁厚/mm）为 8×1、12×1.5、14×1.5，尼龙管总成与管接头体采用卡套连接，如图 3-53 所示。

7. 辅助装置

辅助装置是为改善制动性能和使用的方便性在制动系中增加的装置，包括报警装置、压力保护装置、制动力调节装置及车轮防抱死装置等。

☞ **三、主要制动元件结构与工作原理**

下列为主要阀类零件的结构、工作原理及用途。

1. 四回路保护阀

四回路保护阀用于多回路气制动系统。其中一条回路失效时，该阀能够使其他回路的充气和供气不受影响。

四回路保护阀的工作原理如图 3-54 所示，压缩空气从 1 口进入，同时达到 A、B 和 C、D 腔，达到阀门的开启压力时，阀门被打开，压缩空气经 21、22、23、24 口输送到储气筒。当 22 口回路失效时（或用气），其他回路由于阀门的单向作用，保证不致经该回路完全泄漏掉，仍维持在一定压力（即保护压力约 0.67MPa，在此压力之上，各回路之间互相连通，可以互相补偿）。空压机再次供气时，未失效的回路因有气压作用在输出口 21、23、24 的膜片上，使得 1 口的气压容易将 21、23、24 口阀门打开，继续向未失效回路 21、23、24 口供气。失效的回路因没有气压作用在输出 22 口的膜片上，仅有气压作用在阀门上而无法打开。当充气压力再升高，达到或超过开启压力时，压缩空气的多余部分将从失效回路 22 口漏掉，而未失效回路的气压仍能保证。

2. 双腔串联制动阀

双腔串联制动阀如图 3-55 所示，在双回路主制动系统的制动过程和释放过程中实现灵敏的随动控制。其工作原理如下：

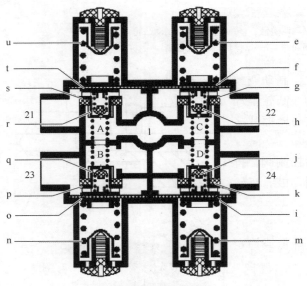

图 3-54　四回路保护阀

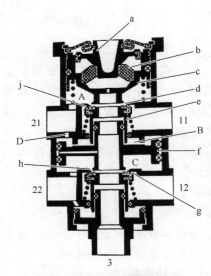

图 3-55　双腔串联制动阀

在顶杆座 a 施加制动力，推动活塞 c 下移，关闭排气门 d，打开进气门 j，从 11 口来的压缩空气到达 A 腔，随后从 21 口输出到制动管路 1。同时气流经孔 D 到达 B 腔，作用在活塞 f 上，使活塞 f 下移，关闭排气门 h，打开进气门 g，由 12 口来的压缩空气到达 c 腔，从 22 口输出送到制动管路 Ⅱ。解除制动时，21、22 口的气压分别经排气门 d 和 h 从排气口 3 排向大气。当第一回路失效时，阀门总成 e 推动活塞 f 向下移动，关闭排气门 h，打开进气门 g，使第二回路正常工作。当第二回路失效时，使第一回路正常工作。

3. 手控阀

手控阀如图 3-56 所示，用于操纵具有弹簧制动的紧急制动和停车制动，起开关作用。在行车位置至停车位置之间，操纵手柄能够自动回到行车位置，处于停车位置时能够锁止。

手控阀工作原理：当手柄处于 0°～10° 时，进气阀门 A 全开，排气阀门 B 关闭，气压从 1 口进，从 2 口输出，整车处于完全解除制动状态。

制动状态：当手柄处于 10°～55° 时，在平衡活塞 b 和平衡弹簧 g 的作用下，2 口压力 p_2 随手柄转角的增加而呈线性下降至零；当手柄处在紧急制动止推点时，整车处于完全制动状态；当手柄处于 73° 时手柄被锁止，整车完全处于制动状态。

4. 空气干燥器

空气干燥器如图 3-57 所示，其功能是除去空气压缩机排出的压缩空气中所含的水分，以避免管路和阀门锈蚀、冻结，从而提高制动系的可靠性和减少维护工作量。装设空气干燥器后，就不需要装油水分离器、湿储气筒和防冻器之类的元件。

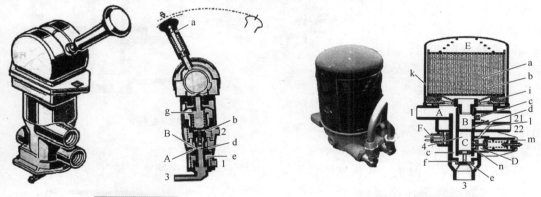

图 3-56　手控阀　　　　　　　　　　　图 3-57　空气干燥器

空气干燥器工作原理：空气压缩机排出的压缩空气从 1 口进入 A 腔时，由于湿度下降产生的冷凝水经通道 C 积聚在排气门 3 处。压缩空气接着穿过过滤器 i 和环形通道 k，到达装满分子筛颗料干燥剂的干燥筒 b 上部，水分子被吸附在分子筛颗粒 a 表面上，而干燥空气则经单向阀 c 从 21 口流入四回路保护阀，同时也经节流孔 Ⅰ 从 22 口流入再生储气筒。

当系统压力升高到切断压力时，来自调压阀的气流从 n 口进入 C 腔，推动活塞 e 下移打开排气门 3。与此同时，再生储气筒中的干燥空气也从 22 口回流到干燥筒。干燥空气自下而上地膨胀，带走滞留在分子筛颗粒表面的水分，连同积聚在排气门周围的冷凝水从 3 口排出。通过这个过程使干燥剂得到再生，恢复其吸附能力；此时，压缩空气从 4 口到达空气压缩机，实现空气压缩机卸荷。当系统的压力降达 0.7MPa 时，n 口关闭，排气门随之关闭，空气压缩机恢复供气，空气干燥器重新工作。加热器 F 的作用是防止活塞 e 等运动件冻结，它由泵车蓄电池供给的 24V 直流电加热，一般在环境温度低于 7℃ 时自动接合，高于 29℃ 时断开；调压阀 m 用于调节系统最高气压。

5. 快放阀总成

在长轴距和制动气室容积较大的泵车上，一般在前轴加装快放阀，如图3-58所示，其功能是在放松制动过程中使制动气室压缩空气从该阀直接排放到大气中，起快速放气的作用。

6. 继动阀总成

继动阀如图3-59所示，其功用是使制动过程中制动气室能直接从储气筒获得所需气压，从而缩短操纵气路中的制动反应时间和解除制动时间，起加速和快放的作用。继动阀工作原理：制动时，从气制动阀来的压缩空气由4口进入A腔，使活塞1下行关闭排气门3，继而打开进气门2，来自储气筒的压缩空气即从1口进入B腔，再经2口输往制动气室。在达到平衡状态时，进、排气门同时关闭。解除制动时A腔气压下降，于是活塞上行使进气门关闭而排气门开启，制动气室压缩空气即从3口迅速排入大气。

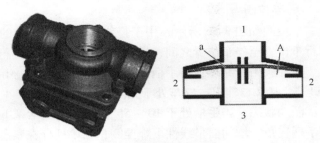

图3-58　快放阀

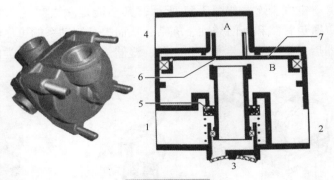

图3-59　继动阀

7. 差动继动阀总成

差动继动阀如图3-60所示，其功用是防止行车及停车制动系统同时操纵时，组合式弹簧制动缸及弹簧制动室中力的重叠，从而避免机械件超负荷，使弹簧制动缸迅速充、排气。

1）差动继动阀工作原理：行车状态下，手制动阀经42口不断向A腔供气。活塞a及活塞b受压向下，关闭排气阀门e，并推动阀杆c向下，打开进气阀门d，通过1口从储气筒来的压缩空气经2口输出，与2口相连的弹簧制动室从而被提供压缩空气，弹簧制动得以解除。行车制动系统单独动作操纵主制动时，压缩空气经41口进入B腔，将活塞b压下，由于A腔、C腔的反作用力，使到达B腔的压力对差动式继动阀的工作并无影响，压缩空气继续流向弹簧制动室的弹簧制动部分，从而解除制动；同时，直接来自制动阀的压缩空气使

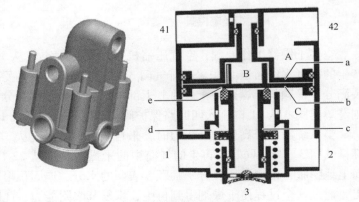

图3-60　差动继动阀

膜片部分重新作用。

2）驻车制动系统单独动作操纵手制动阀时，A腔全部或部分排空。活塞a不受压力，被暴露于C腔储气筒气压的活塞b向上推，排气阀门e打开，同时阀杆c上升，关闭进气阀门d。这样，弹簧制动缸就根据手制动阀手柄的位置使气体经2口、阀杆c和排气阀门3排出，从而实现弹簧制动。

部分制动时，排气阀门e在排气后关闭，A腔、C腔气压平衡上升。差动式继动阀处于平衡位置。

3）行车制动系统与驻车制动系统同时动作时，弹簧制动室排空，如果行车制动也在工作，压缩空气经41口入B腔，作用于活塞b，由于C腔排空，活塞b向下移动，通过阀杆c关闭排气阀门e，同时打开进气阀门d，来自1口的压缩空气经C腔到达2口，并进入弹簧制动室。弹簧制动按行车制动力上升的程度解除，从而避免了两种力的重叠作用。2口压力上升，高于B腔压力时，C腔压力推动活塞b上升，进气阀门d关闭，差动式继动阀处于平衡状态。

8. 弹簧制动气室

弹簧制动气室是在使用行车制动时压缩空气从11口进入A腔，作用在膜片a上，将推杆b推出，对车轮产生制动作用，其工作原理如图3-61所示。

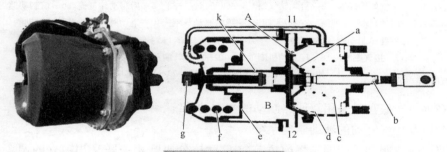

图3-61　弹簧制动气室

使用应急制动或驻车制动时，压缩空气从12口全部或部分排空，储能弹簧f也随之全部或部分地释放能量，通过膜片e、推杆k、b及制动臂，作用在车轮制动器上。当解除制动时，压缩空气从12口进入B腔，通过膜片e将弹簧f压缩，当B腔气压达到（520±30）kPa时完全放松制动。如果储气筒压力不够，可拧出放松螺钉g，用手动方式解除制动。

9. 双回路气压制动装置和管路布置

泵车的制动系统与全车气路，根据车型不同略有不同。如图3-62所示是三一26T泵车底盘制动系统原理图。值得指出的是制动系统气路元件的各个气路接口都用数字标明了它的用途。其标号含义如下："1"—该阀件的进气口；"2"—该阀件的出气口；"3"—该阀件的排气口；"4"—该阀件的控制口。

凡标有两位数字的表示某一接口的顺序。例如"11"—该阀件的第一进气口；"12"—第二进气口；"21"—该阀的第一出气口；"22"—第二出气口等等。在某些阀件接口处往往还标有"+"和"-"号，标有"+"号的接口表示与出气口气压成正比关系，标有"-"号则表示该接口与出气口气压成反比关系。为了便于识别，实际装车的各个阀件壳体的各气路接口处也同样标有上述标记。

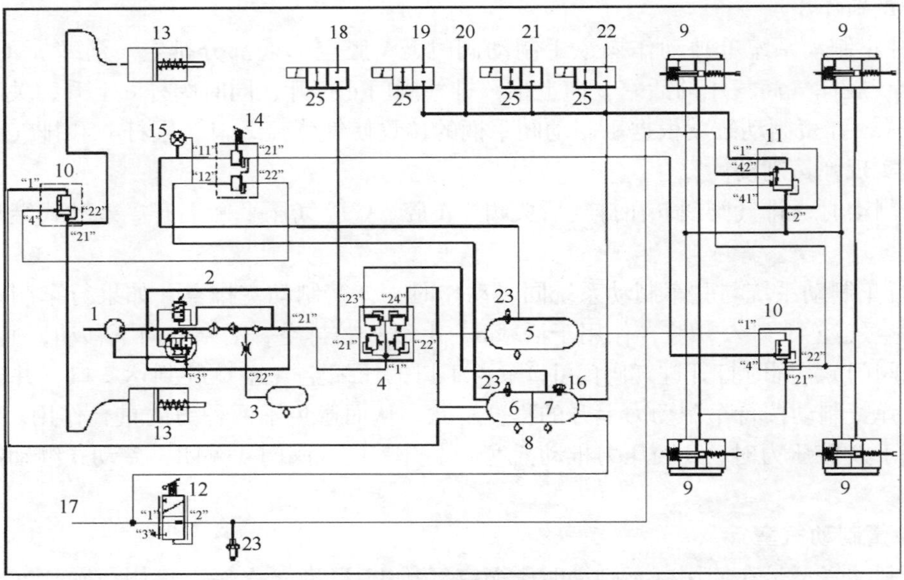

图 3-62　三一 26T 泵车底盘制动系统原理图

1—空压机　2—空气干燥器　3—再生储气筒　4—四回路保护阀　5—后制动储气筒　6—前制动储气筒
7—驻车制动+辅助储气筒　8—放水阀　9—弹簧制动气室　10—继动阀　11—差动式继动阀
12—驻车制动阀　13—制动气室　14—气制动总阀　15—气压表　16—测试接头
17—接气喇叭　18—接发动机断油缸　19—接排气制动缸　20—接离合器分泵
21—接变速器　22—接轴间差速锁　23—压力感应塞

三一系列泵车底盘是采用双回路制动的主制动系统、弹簧储能放气制动的驻车制动、应急制动系统以及排气制动的辅助制动系统。

所谓双回路主制动系统即是将前桥与(中)后桥分成既相关联又相独立的两个回路,当其中任一回路出现故障时不影响另一回路的正常工作,以确保制动的可靠。

如图 3-62 所示,空气压缩机将压缩空气输向组合式空气干燥器,空气干燥器将空气中的油水进行分离,并将全车气路最高气压通过发动机内卸荷限定在 0.70~0.91MPa,且干燥器装有加热器防止活塞等运动件冻结。经过干燥的空气由干燥器通向四回路气压保护阀,从而使全车气路分成即相关联又相独立的四个回路。四回路气压保护阀的作用就是当其中任何一个回路发生故障(例如断、漏)时,不影响其他回路的正常工作和充气。

10. 前桥制动回路

通过四回路气压保护阀的"24"出口向前制动储气筒充气。再由储气筒通向双回路气制动阀的下腔"12"接口中。当踩下制动踏板时,双回路气制动阀打开,空气将由"22"接口通向前桥继动阀"4"口,继动阀由前桥储气筒直接供气,当双回路气制动阀动作时,继动阀打开,前桥储气筒气压经继动阀向制动缸提供与制动踏板行程成比例的制动气压。

11. (中)后桥制动回路

由四回路气压保护阀的"22"出口向(中)后制动储气筒充气。再由储气筒向双回路气制动阀的上腔"11"接口供气。经双回路气制动阀"21"出口通向继动阀,继动阀由中、后桥储气筒直接供气,当双回路气制动阀动作时,继动阀打开,分别向中桥和后桥的组合式制动缸提供与制动踏板行程成比例的制动气压。部分车上装有感载阀，感载阀的作用是随泵车载重量的变化自动调节其输入与输出气压的比值，以适应载荷小制动力小、载荷大制动强度大的需要，达到防抱死的目的(因感载阀是一个最简单的防抱死装置，因此不能达到任何工况下完全防抱死之目的，只是从制动防抱死的角度改善制动效果)。继动阀的作用是缩短制动反映时间，起"快充"和"快放"的作用。(中)后桥气制动缸是主制动与驻车制动为一体的复合式分室。双针气压表跨接在前、(中)后制动储气筒之间，因而它分别指示两储气筒的气压值。

另一方面，操纵主制动时，压缩空气经继动阀向差动式继动阀的"41"口供气，使差动阀处于向弹簧制动室供气的状态，压缩空气继续流向弹簧制动室的弹簧制动部分，从而解除弹簧制动，防止驻车制动与行车制动力的重叠。

12. 驻车制动回路

由四回路气压保护阀"23"出口通向驻车制动储气筒(后)，从驻车制动储气筒一路通向驻车制动阀(手制动阀)1口，经驻车制动阀"2"口出来通向差动式继动阀"42"口控制差式继动阀的通断气。另一路为从储气筒经六通接头通向差式继动阀"1"口，向差式继动阀供气。

驻车制动阀控制继动阀，在驻车制动时，继动阀的控制气压通过驻车制动阀排空、(中)后桥驻车气制动缸的空气通过差式继动阀放空，分室弹簧迫使活塞和顶杆伸出产生制动作用，制动强度大小取决于贮能弹簧的预紧力。当驻车制动阀置"行驶"位置时，手制动阀给差式继动阀一控制气压从而打开差式继动阀，由储气筒直接提供的压缩空气快速进入(中)后桥弹簧制动缸，压缩空气压力大于0.52MPa时即可克服弹簧力将活塞连同顶杆完全顶回，从而解除制动。

13. 辅助用气回路

一条气路从四回路保护阀"21"口出来经电磁阀通发动机熄火气缸。

其余用气回路都从手制动储气筒与差动阀之间的六通上接出。其中一条气路经电磁气阀通向差速锁开关，一条气路通离合器助力器三通后分两路各通向离合器助力器与排气制动电磁阀后通向排气制动阀，一条气路通向变速器助力。

储气筒上装有测试接头，它是用来检测时接装压力表与向轮胎或其他车充气以及用其他泵车或外接气源给本车充气。

第四节　行　驶　系　统

行驶系统包括车桥(转向桥、驱动桥)、车架、车轮、悬架。

1. 泵车行驶系统的功用

泵车行驶系统的功用是接受发动机经传动系统传来的转矩，并通过驱动轮与路面间附着作用，产生路面对泵车的牵引力，以保证整车正常行驶；此外，它应尽可能缓和不平路面对车身造成的冲击和振动，保证汽车与泵车转向系统很好地配合工作，实现泵车行驶方向的正确控制，以保证泵车操纵稳定性。行驶系统由车架、车桥、悬架和车轮等部分组成。

泵车专用底盘与通用底盘的最大差别就是在行驶部分，其中最为明显的是车架。因为泵车底盘的车架不仅是整个底盘及泵车作业系统的承载体，同时也是泵车作业系统的工作平台。不仅要承受行驶状态各种工况的负荷，还要承受泵车起重作业各种工况的负荷。所以车架必须有足够的强度和刚度。泵车专用底盘车架也称底架，其结构后面有叙述。

2. 转向桥

转向桥能使装在前端的左、右车轮偏转一定的角度来实现转向，还应该能承受垂直载荷和由道路、制动等力产生的纵向力和侧向力以及这些力所形成的力矩。因此，转向桥必须有足够的强度和刚度；车轮转向过程中相对运动的部件之间摩擦力应该尽可能小；保证车轮正确的安装定位，从而保证泵车转向轻便和方向的稳定性。

泵车的转向桥结构大致相同，主要由前轴、转向节和主销等部分组成。按前轴的断面形状分为工字梁式和管式两种。搅拌车底盘前桥采用工字梁结构，如图3-63所示。

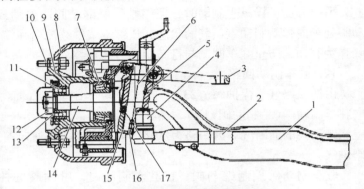

其前轴的断面形式是工字形。前轴1在两端加粗的拳部有通孔，通过主销6与转向节14连接。转向节前端用内轮毂轴承7和外轮毂轴承11与轮毂9和制动毂8连接，并通过开槽螺母与转向节14安装成一体。前轴两端均安装有转向节，转向节两耳部有通孔，通过主

图3-63　泵车底盘工字梁式转向桥

1—前轴　2—转向横拉杆　3—转向节臂　4—梯形臂
5—楔形锁销　6—主销　7—内轮毂轴承　8—制动毂
9—轮毂　10—前轮螺栓　11—外轮毂轴承
12—开槽螺母　13—垫圈　14—转向节
15—减摩衬套　16—螺套　17—止推轴承

销与前轴相接。主销通过楔形锁销进行轴向定位。车轮通过转向节可绕主销偏转，从而实现泵车转向。转向节内端两耳部通孔内压入减摩衬套15，销孔端部用油封密封，并通过装在螺套上的滑脂嘴注入润滑脂。下耳与前轴拳部之间装有止推轴承，减少转向阻力。

3. 转向车轮定位

转向桥在保证泵车转向功能的同时，应使转向轮有自动回正的作用，以保证泵车直线行驶的稳定性。当转向轮偶遇外力作用发生偏转时，一旦外力消失能立即自动回到直线行驶状态。这种自动回正作用是由转向轮的定位参数来实现的，即泵车的每个转向车轮、转向节和前轴与车架的安装应保持一定的相对位置。车轮定位参数包括主销后倾、主销内倾、前轮外倾和前轮前束。通常车轮定位是指前轮定位，现在也有许多车辆除前轮定位外还有后轮定位，即四轮定位。

① 主销后倾。在泵车的纵向平面内（泵车侧面），主销上部向后倾一个角度 γ，称为主销后倾角，如图3-64所示。主销后倾角通过底盘总布置来确定。

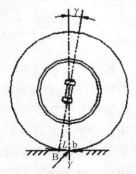

主销轴线与路面交点将位于车轮与路面接触点 b 前面，当泵车直线行驶时，若转向轮偶然受到外力作用而稍有偏转（例如向右偏转，如图中箭头所示），将使泵车行驶方向向右偏离，这时由于泵车

图3-64　主销后倾角作用示意图

本身离心力的作用，在车轮与路面接触点 b 处，路面对车轮作用着一个侧向反力作用 Y。反力 Y 对车轮形成绕主销轴线作用的力矩 Y_L，其方向正好与车轮偏转方向相反。在此力矩作用下，将使车轮回复到原来中间位置，从而保证泵车能稳定地直线行驶，故此力矩称为回正的稳定力矩。但此力矩也不宜过大，否则在转向时为了克服此稳定力矩，驾驶员须在转向盘上施加较大的力。因稳定力矩的大小取决于力臂 L 的数值，而力臂 L 取决于后倾角 γ 的大小，因此，为了不使转向沉重，主销后倾角 γ 不宜过大，现在，γ 角一般不超过 $2° \sim 3°$。

　　② 主销内倾。在泵车的横向平面内，主销上部向内倾一个角度，主销轴线与路面垂线之间的夹角 β 称为主销内倾角，如图 3-65a 所示。

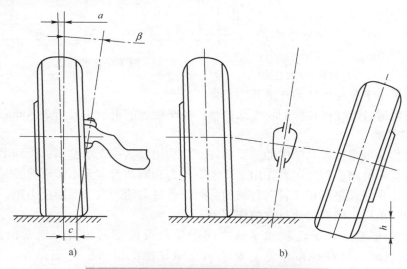

图 3-65　主销内倾角作用示意图及前轮外倾角

　　主销内倾角也具有使车轮自动回正的作用，如图 3-65b 所示。当转向车轮在外力作用下由中间位置偏一个角度时，车轮的最低点将陷入路面以下 h 处，但实际上车轮下边缘不可能陷入路面以下，而是将转向轮连同整个泵车前部向上抬起一个相应的高度 h，这样泵车本身的重力(势能)有使转向轮回复到原来中间位置的效应，即能自动回正。

　　主销内倾角越大，泵车前部被抬起得越高，转向轮自动回正的作用就越大。此外主销内倾角的另一个作用是使转向轻便。由于主销的内倾，使主销轴线与路面的交点至车轮中心平面的距离即主销偏移距 c 减小，从而可减小转向时需加在方向上的力，使转向轻便，同时也可减小转向轮传到方向盘上的冲击力。但内倾角也不宜过大，即主销偏移距不宜过小，否则在转向过程中车轮绕主销偏转时，随着滚动将伴随着沿路面的滑动，从而增加轮胎与路面间的摩擦阻力，使转向变得很沉重，而且加速了轮胎的磨损。故一般内倾角多不大于 $8°$，主销偏移距 c 一般为 $40 \sim 60$mm。

　　③ 前轮外倾。前轮外倾角是指通过车轮中心的轮胎中心线与地面垂线之间的夹角 α，如图 3-65a 所示。它可以避免泵车重载时车轮产生负外倾即内倾，同时也与拱形路面相适应。由于车轮外倾使轮胎接地点向内缩，缩小了主销偏移距，从而使转向轻便并改善了制动时的方向稳定性。

④ 前束。具有外倾角的车轮在滚动时犹如滚锥，因此当泵车向前行驶时，左右两前轮的前端会向外滚开。由于转向横拉杆和车桥的约束使车轮不可能向外滚开，车轮将在地面上出现边滚边向内滑移的现象，从而增加了轮胎的磨损。为了消除泵车在行驶中因车轮外倾导致的车轮前端向外滚开的不良后果，在安装车轮时使泵车两前轮的中心平面不平行，两轮前边缘距离小于后边缘距离，俯视车轮，泵车的两个前轮的旋转平面并不完全平行，而是稍微带一些角度，A 与 B 之差（即 $A-B$）称为前轮前束，如图 3-66 所示。

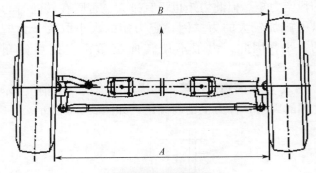

图 3-66　前轮前束

前轮前束给车轮一个向内滚动的趋势，保证车轮在每一瞬时滚动方向接近于向着正前方，从而在很大程度上减轻和消除了由于车轮外倾向外滚开的趋势。

前轮前束可通过改变横拉杆的长度来调整，泵车底盘前束值一般为 2~4mm。

4. 车轮与轮胎

车轮与轮胎是泵车行驶系统中的重要部件，其功用包括：支承整车；缓和由路面传来的冲击力；通过轮胎同路面间的附着作用来产生驱动力和制动力；泵车转弯行驶时产生平衡离心力的侧抗力，在保证泵车正常转向行驶的同时，通过车轮产生自动回正力矩，使泵车保持直线行驶方向；承担越障提高通过性的作用等。

（1）车轮　车轮是介于轮胎和车轴之间承受负荷的旋转组件，通常由两个主要部件轮辋和轮辐组成。轮辋是在车轮上安装和支承轮胎的部件，轮辐是在车轮上介于车轴和轮辋之间的支承部件。轮辋和轮辐可以是整体式的或可拆卸式的。车轮有时还包含轮毂。

按轮辐的构造，车轮可分为两种：辐板式和辐条式。按车轴一端安装个数分为单式车轮和双式车轮。

① 辐板式车轮如图 3-67 所示。用以连接轮毂和轮辋的钢质圆盘称为辐板。辐板大多是专用滚压设备冲压制成的，少数是和轮辋制成一体机加工制成的。此种车轮主要用于载货泵车。

② 车轮的规格。车轮的规格表示了车轮的重要尺寸参数，如图 3-68 所示。在选用时注意该规格的车轮是否与车轴、轮胎相匹配。

如车轮 8.00V-20。其规格含义是："8.00"表示轮辋的名义宽度代号 B(in)；"20"表示轮辋名义直径代号 D(in)；"-"表示是分体式车轮。

（2）轮胎　现代泵车一般采用充气轮胎。轮胎安装在轮辋上，直接与路面接触，泵车轮胎应满足如下的使用要求：

① 能承受足够的负荷和使用车速并能保证有足够的可靠性与安全性和侧偏能力。

② 具有良好的纵向和侧向路面附着性能，有利于泵车的通过性和操纵稳定性。

③ 滚动阻力小、行驶噪声低。

④ 额定轮胎气压的保持时间长、具有良好的气密封性能。

⑤ 具有良好的径向柔顺性、缓冲特性和吸振能力，有利于乘坐舒适性和平顺性等。

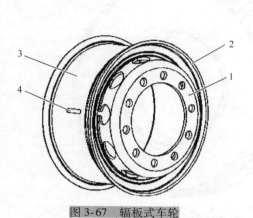

图 3-67 辐板式车轮

1—辐板 2—挡圈 3—轮辋 4—气门嘴孔

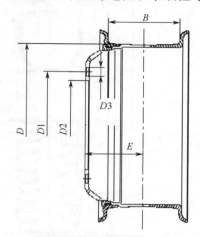

图 3-68 车轮的规格尺寸

D—轮辋直径 B—轮辋宽度 E—偏置量（距）

$D1$—螺栓孔分布圆直径 $D2$—轮毂直径

$D3$—螺栓孔直径

⑥ 磨耗均匀、耐磨性好，耐刺扎、耐老化，使用寿命长，价格低廉。

⑦ 质量和转动惯量小并有良好的均匀性和质量平衡。

⑧ 互换性好，拆装方便，车轮内有足够的安装制动器的空间。

⑨ 越野泵车的轮胎还需其接地面积的比压低，应能适应对轮胎气压的调节要求。

（3）轮胎的类型 充气轮胎按组成结构不同，又分为有内胎和无内胎两种；充气轮胎按胎体中帘线排列方向不同，还可分为普通斜交胎和子午线胎。

① 有内胎的充气轮胎。这种轮胎由外胎、内胎和垫带三部分组成。内胎中充满着压缩空气；外胎是用以保护内胎不受外来损害的强度高而富有弹性的外壳；垫带放在内胎与轮辋之间，防止内胎被轮辋及外胎的胎圈擦伤和磨损。目前，普通斜交胎和子午线胎在泵车上得到广泛应用。

载重泵车轮胎系列 GB/T2977—1997 标准规定了轮胎的规格、基本参数、主要尺寸、气压负荷对应关系等，其规格含义如图 3-69 所示。

中型载货、重型载货普通断面斜交轮胎：11.00—20，其中 11.00—轮胎名义断面宽度 $B(in)$；20—轮辋名义直径 $d(in)$ 中型载货、重型载货普通断面子午线轮胎：11.00R20，其中 R 为子午线结构代号，其余表示相同。

② 无内胎的充气轮胎。无内胎充气轮胎近年来在轿车和一些货车上的使用日益广泛。它没有内胎，空气被直接压入外胎中，因此要求外胎和轮辋之间有很好的密封性。

5. 悬架

悬架是车架（或承载式车身）与车桥（或车轮）之间的一切传力连接装置的总称。随着泵车工业的不断发展，现代泵车悬架有着各种不同的结构形式。其基本组成有弹性元件、导向装置、减振器和横向稳定杆。

（1）悬架的功用 悬架的功用是把路面作用于车轮上的垂直反力（支承力）、纵向反力（牵引力和制动力）和侧向反力以及这些反力所造成的力矩都传递到车架（或承载式车身）上，

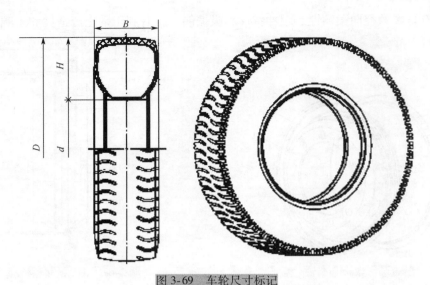

图 3-69　车轮尺寸标记

D—外径　*B*—断面宽度　*d*—内径　*H*—断面高度

以保证泵车的正常行驶。

（2）悬架的类型　泵车悬架可分为两大类：非独立悬架（图 3-70a）和独立悬架（图 3-70b）。

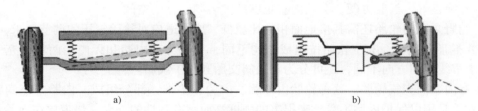

　　　　　　　a)　　　　　　　　　　　　　　　　　　　b)

图 3-70　悬架的类型

① 非独立悬架。其结构特点是两侧的车轮由一根整体车桥相连，车轮连同车桥一起通过弹性悬架与车架（或车身）连接。当一侧车轮因道路不平而发生跳动时，必然引起另一侧车轮在泵车横向平面内摆动，故称为非独立悬架。

非独立悬架因其结构简单，工作可靠，而被广泛应用于货车的前、后悬架。在轿车中，非独立悬架仅用于后桥。

悬架的结构，特别是导向机构的结构，随所采用的弹性元件不同而有差异，而且有时差别很大。采用螺旋弹簧、气体弹簧时需要有较复杂的导向机构。而采用钢板弹簧时，由于钢板弹簧本身可兼起导向机构的作用，并有一定的减振作用，使得悬架结构较为简化。因而在非独立悬架中多数采用钢板弹簧作为弹性元件。

② 独立悬架。其结构特点是车桥做成断开的，每一侧的车轮可以单独地通过弹性悬架与车架（或车身）连接，两侧车轮可以单独跳动，互不影响，故称为独立悬架。

随着高速公路网的发展，泵车速度的不断提高，使得非独立悬架已不能满足泵车行驶平顺性和操纵稳定性等方面的要求。因此，在泵车悬架系统中采用独立悬架已备受关注，尤其是在轿车的前悬架中已无例外地采用了独立悬架。

（3）悬架的组成　现代泵车的悬架尽管有各种不同的结构形式，但是一般都由弹性元件、减振器、导向机构三部分组成，如图 3-71 所示。

图 3-71　泵车悬架组成示意图

由于泵车行驶的路面不可能绝对平坦，路面作用于车轮上的垂直反力往往是冲击性的，特别是在坏路面上高速行驶时，这种冲击力将达到很大的数值。冲击力传到车架和车身时，可能引起泵车机件的早期损坏，传给乘员和货物时，将使乘员感到极不舒适，货物也可能受到损伤。为了缓和冲击，在泵车行驶系统中，除了采用弹性的充气轮胎之外，在悬架中还必须装有弹性元件，使车架（或车身）与车桥（或车轮）之间做弹性联系。

但弹性系统在受到冲击后，将产生振动。持续的振动易使乘员感到不舒适和疲劳。故悬架还应具有减振作用，使振动迅速衰减（振幅迅速减小）。为此，在许多结构形式的泵车悬架中都设有专门的减振器。

车轮相对于车架和车身跳动时，车轮（特别是转向轮）的运动轨迹应符合一定的要求，否则对泵车行驶性能（特别是操纵稳定性）有不利的影响。因此，悬架中的传力构件同时还承担着使车轮按一定轨迹相对车架和车身跳动的任务，这些传力构件还起导向作用，故称导向机构。

由此可见，上述这三个组成部分分别起缓冲、减振和导向的作用，然而三者共同的任务则是传力。在多数的轿车和客车上，为防止车身在转向行驶等情况下发生过大的横向倾斜，在悬架中还设有辅助弹性元件——横向稳定器。悬架只要具备上述各个功能，在结构上并非一定要设置上述这些单独的装置不可。

例如常见的钢板弹簧，除了作为弹性元件起缓冲作用外，本身安装形式就具有导向作用，因此就没有必要另行设置导向机构。此外，钢板弹簧是多片叠成的，其本身具有一定的减振能力，因而在对减振要求不高时，也可以不装减振器（例如一般中、重型载货泵车可不装减振器）。

（4）悬架系统的自然振动频率　由悬架刚度和悬架弹簧支承的质量（簧载质量）所决定的车身自然振动频率（亦称振动系统的固有频率）是影响泵车行驶平顺性的悬架重要性能指

标之一。

在悬架所受垂直载荷一定时，悬架刚度愈小，则泵车自然振动频率低。但悬架刚度愈小，在一定载荷下悬架垂直变形就愈大，即车轮上下跳动所需要的空间愈大，这对于簧载质量大的货车，在结构上是难以保证的。当悬架刚度一定时，簧载质量愈大，则悬架垂直变形也愈大，而自然振动频率愈低。故空车行驶时的车身自然振动频率要比满载行驶时的高。簧载质量变化范围愈大，则频率变化范围也愈大。

为了使簧载质量从相当于泵车空载到满载的范围内变化时，车身自然振动频率保持不变或变化很小，就需要将悬架刚度做成可变的，即空车时悬架刚度小，而载荷增加时，悬架的刚度随之增加。有些泵车采用变刚度的悬架。

（5）钢板弹簧　钢板弹簧是泵车悬架中应用最广泛的一种弹性元件，它是由若干片等宽但不等长（厚度可以不等）的合金弹簧片组合而成的一根近似等强度的弹性梁，泵车用钢板弹簧一般构造如图 3-72 所示。

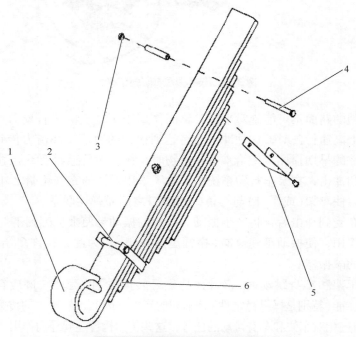

图 3-72　泵车用钢板弹簧构造图

1—圈耳　2—套管　3—紧固螺母　4—紧固螺栓　5—弹簧夹　6—钢板弹簧

钢板弹簧的第一片（最长的一片）称为主片，其一端弯成卷耳环，内装青铜或塑料、橡胶、粉末冶金制成的衬套，以便用弹簧销与固定在车架上的支架或吊耳作铰链连接。另一端成自由状，以便钢板弹簧在重冲击力时可伸缩。钢板弹簧的中部一般用 U 形螺栓固定在车桥上。

当钢板弹簧安装在泵车悬架中，所承受的垂直载荷为正向时，各弹簧片都受力变形，有向上拱弯的趋势。这时，车桥和车架便互相靠近。当车桥与车架互相远离时，钢板弹簧所受的正向垂直载荷和变形便逐渐减小，有时甚至会反向。

（6）钢板弹簧式非独立悬架　泵车钢板弹簧都是纵向安置的。这种用铰链和吊耳将钢板弹簧两端固定在车架上的结构是目前广泛采用的一种连接形式，图 3-73 所示为 26T 泵车底盘前悬架，即为纵置板簧式非独立悬架的典型结构。

当有弹性悬架，而道路不平度较小时，虽然不一定会出现车轮悬空的现象，但各个车轮间的垂直载荷分配比例会有很大的改变。在车轮垂直载荷变小甚至为零时，则车轮对地面的附着力随之变小甚至等于零。转向车轮遇此情况将使泵车操纵能力大大降低以致失去操纵（即驾驶员无法控制泵车的行驶方向）；驱动车轮遇此情况将不能产生足够的（甚至没有）牵引力。此外，还会使其他车桥及车轮有超载的危险。

如上节所述，全部车轮采用独立悬架，可以保证所有车轮与地面的良好接触，但将使泵车结构变得复杂，对于全轮驱动的多轴泵车尤其如此。

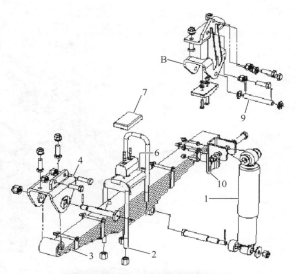

图 3-73　26T 泵车底盘前悬架

1—减振器　2—U 形螺栓　3—前钢板弹簧
4—前簧前支架总成　5—前簧前吊耳销　6—前簧盖板
7—前簧限位块　8—前簧后支架总成
9—前簧后吊耳销　10—减振器支架

若将两个车桥（如三轴泵车的中桥与后桥）装在平衡杆的两端，而将平衡杆中部与车架作铰链式连接。这样，一个车桥抬高将使另一车桥下降。而且，由于平衡杆两臂等长，则两个车桥上的垂直载荷在任何情况下都相等，不会产生如图 3-74 所示的情况。

这种能保证中后桥车轮垂直载荷相等的悬架称为平衡悬架。

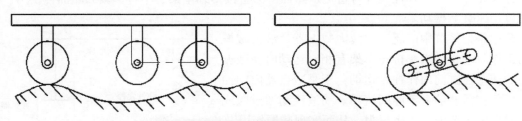

图 3-74　三轴泵车在不平道路上行驶情况示意图

泵车底盘的平衡悬架结构如图 3-75 所示。钢板弹簧的一端成卷耳状，安装在后簧前吊耳上；另一端自由地支承在中、后桥半轴套管上的滑板式支架内。

这种平衡悬架结构的优点如下：①减少了非悬架质量，有利于提高整车平顺性；②结构形式简单，易于布置；③车架载荷得到了分散，对车架强度有利。为保证轴承毂与悬架心轴之间的润滑，在毂内设有油道和压力加注润滑脂的滑脂嘴。在盖上有加油孔螺塞，加油时，将螺塞拧下，即可加注变速器用齿轮油，使油面高度升至加油孔下边缘。而在心轴轴承毂下方的滑脂嘴是供新车装配时用压力加注润滑脂用的，而不用于平时维护加油。

（7）减振器　为加速车架和车身振动的衰减，以改善泵车行驶平顺性，在大多数泵车

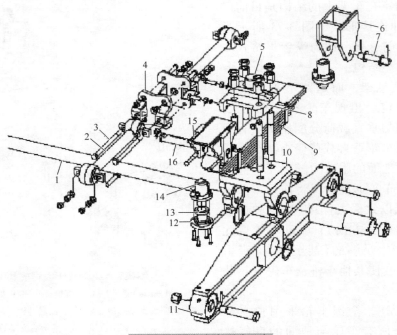

图 3-75　泵车底盘平衡悬架

1—中心轴　2—推力杆总成　3—对拉螺栓　4—推力杆支架　5—后簧限位块（上）　6—后簧后支架总成
7—后簧后吊耳销　8—后钢板弹簧盖板　9—后钢板弹簧　10—中心支座总成
11—平衡梁总成　12—中后桥限位板　13—中后桥减振垫　14—中后桥限位块
15—后簧前支架总成　16—后簧前吊耳销

的悬架系统内都装有减振器。减振器和弹性元件是并联安装的（图 3-76）。悬架系统的减振器与弹性元件并联，弹性元件可避免道路冲击力直接传到车架、车身，缓和路面冲击力。减振器可迅速衰减振动。

　　泵车悬架系统中广泛采用液力减振器。液力减振器的工作原理是，当车桥与车架有相对运动时，减振器中的活塞在缸筒内作往复运动，于是减振器内的油液也反复在活塞的上下腔间流动。油液流动通过阀或小孔时，由于节流产生阻尼力，从而实现减振作用。

　　减振器起到迅速衰减振动的作用。

　　① 一般减振器要求在悬架压缩行程内，阻尼力应较小，充分利用弹性元件的弹性缓和冲击力；在悬架伸张行程内，减振器的阻尼力应大，以求迅速减振；当车桥与车架的相对速度过大时，减振器应当能

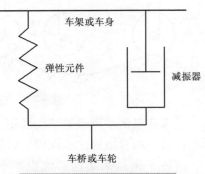

图 3-76　减振器的安装示意图

自动加大液流通道截面积，使阻尼力始终保持在一定限度之内，以避免承受过大的冲击载荷。

　　② 压缩和伸张两行程内均能起减振作用的减振器称为双向作用筒式减振器。减振器仅在伸张行程内起作用，称为单向作用式减振器。目前泵车上广泛采用双向作用筒式减振器。

双向作用筒式减振器的工作原理如图3-77所示，有压缩和伸张两个行程。

压缩行程：当减振器受压缩时，减振器活塞3下移。活塞下腔容积减小，油压升高，油液经流通阀8流到活塞上腔。由于上腔被活塞杆1占去一部分，上腔内增加的容积小于下腔减小的容积，故还有一部分油液推开压缩阀6，流回储油缸5。阀对油液的节流便造成对悬架压缩运动的阻尼力。

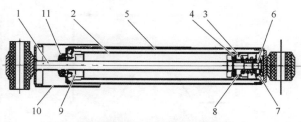

图3-77 双向作用筒式减振器

1—活塞杆 2—工作缸筒 3—活塞 4—伸张阀
5—储油缸 6—压缩阀 7—补偿阀 8—流通阀
9—导向座 10—防尘罩 11—油封

伸张行程：当减振器受拉伸。此时减振器活塞向上移动。活塞上腔油压升高，流通阀8关闭。上腔内的油液便推开伸张阀4流入下腔。同样，由于活塞杆的存在，自上腔流来的油液还不足以充满下腔所增加的容积，下腔内产生一定的真空度，这时储油缸中的油液便推开补偿阀7流入下腔进行补充。此时，这些阀的节流作用即造成对悬架伸张运动的阻尼力。

6. 车架

车架是泵车的骨架，是泵车三大结构件中的一个重要部件。泵车车架多采用由钢板焊接而成的多室箱形薄壁结构，构造复杂。它不仅承受着泵车的自身载荷，还传递着路面的支承力和冲击力。在不平路面上行驶时，车架在载荷作用下可能产生扭转变形以及在纵向平面内产生弯曲变形，当一边车轮遇到障碍时，还可能使整个车架扭曲变形。在工作中，它是整个机器的基础，其强度和刚度对保证整车正常工作具有重要意义。

泵车车架由车架前段、车架后段、前固定支腿箱总成、后固定支腿箱总成等拼焊而成，如图3-78所示。下面主要以26T车架结构为例重点介绍。

车架前段为槽形梁结构（图3-79a），由第一横梁、左右前小纵梁、第二横梁、左右纵梁、驾驶室支承、吊臂支架等焊接而成。它在起吊重物时不起直接作用，但由于其上安装固定有驾驶室、发动机

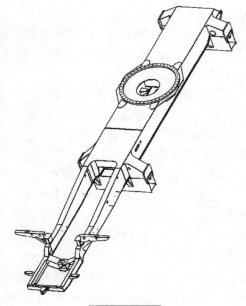

图3-78 车架

系统、转向系统等零部件，车架前段除了要承受各种部件的自重，还要承受转向时的扭转变形等。

车架后段即车架主体部分采用倒凹字形薄壁封闭大箱形结构（图3-79b），主要由上盖板、左右腹板、槽形下盖板等组成大箱形结构。其承受着泵车的自重、吊重和相应的转矩。为加强其抗扭刚度，中间还加了横向的立板和筋板，为保证回转支承的刚性，转台部位加设多块纵向和横向的筋板和斜撑板。根据理论和实践得知，转台座圈与上盖板连接处周围为应力较大处。

前后固定支腿箱在泵车起吊重物时起支承整车和重物的作用，其除了承受垂直的作用力

外，还承受上部转台回转时的转矩。它主要由上下盖板、侧板、加强板及油缸支架等组成。

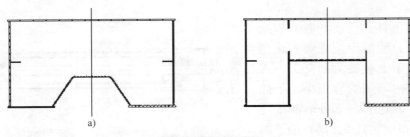

图 3-79　车架截面

7. 驾驶室

（1）驾驶室概述　驾驶室结构包括：车身壳体、车前钣制件、车门、车窗、车身内外装饰件、车身附件、座椅以及通风、暖气、空调装置等。泵车驾驶室一般分为全宽和半宽两种形式。

泵车底盘采用的是全宽驾驶室，图 3-80 所示为 26T 泵车的驾驶室侧面图。

（2）驾驶室悬置　驾驶室悬置是驾驶室总成与车架之间的联结桥梁，是重要的减振件。驾驶室悬置为四点式悬置，其横向稳定性好。

（3）车门　车门是一个相对独立且比较复杂的总成，用铰链将其与门框连接在一起，铰链安装在车门的一侧，车门可以围绕铰链轴以向外旋转的方式进行开启。

图 3-80　26T 泵车驾驶室

1—保险杠总成　2—仪表板总成　3—转向盘
4—前挡风玻璃　5—后视镜　6—车门窗玻璃
7—车门　8—壳体　9—座椅　10—脚踏板

车门的组成主要有车门玻璃总成、玻璃升降器总成、车门锁及操纵机构总成、内外手柄、铰链总成、车门限位器总成、车门密封条总成、车门内饰板总成及车门壳体等零部件。

车门的结构要求如下：

① 有足够的刚度，不易变形下沉，行车时不振动。

② 安全可靠，行车时车门不会自动打开。

③ 具有必要的开度，在最大开度时，能保证上下车方便。

④ 开关轻便，玻璃升降方便。

⑤ 具有良好的密封性。

（4）车门门锁　门锁是车门中主要附件之一，是保证泵车在行驶中，车门被固定在车身上而不自行打开的主要部件，也是保证泵车停车驾驶室人员离开车辆后，不被外人打开进入驾驶室的重要零件。

门锁的要求如下：

① 操纵内外手柄，车门能轻便打开，关闭门锁装置具有对车门运动的导向和定位作用。

② 门锁装置应具有全锁紧和半锁紧两种位置，以防泵车行驶时车门突然打开，关闭时起到保险作用。

③ 当车门处于锁止状态时，在车外只能用钥匙或遥控器才能打开，在车内必须先解除锁止状态才能打开车门。

（5）玻璃升降器　车门玻璃升降器作为车门附件，其作用是保证车门玻璃平稳升降，门窗能随时并顺利地开启和关闭，并能使玻璃停留在任意位置，不随外力作用或泵车的颠簸而上下跳动。

通过操作玻璃升降器带动玻璃托架作上下运动，从而使车门玻璃沿着车门窗框的导槽或导轨作升降运动。

（6）座椅　座椅是驾驶室内部的重要装置。泵车座椅造型的主要特点是必须符合人机工程学原理，座椅的作用是支承人体，使驾驶操作方便和乘坐舒适，并具有一定的安全性能。泵车座椅总成一般由座垫、靠背、靠枕、骨架、调节机构、减振装置等部分组成。

座椅骨架常用轧制型材（钢管、型钢）或冲压成形地零部件焊接而成，使座椅具有良好地强度。座垫和靠背、靠枕一般是由海绵采用冷固化发泡成型技术制造，其密度、刚度、阻尼等可按需要进行调配。座垫和靠背的尺寸和形状应与人体相适应，以使人体与座椅接触的压力合理分布，保证乘坐舒适，为避免人体在泵车行驶时左右摇晃而引起疲劳，座垫和靠背中部略为凹陷并在其表面制成凹入的格线以提高人体的附着性能且改善透气性。座垫和靠背、靠枕的覆饰材料均采用高档面料，具有美观、强度高、耐磨、耐脏、阻燃等性能，还可根据需要灵活拆换，面料的颜色应与整个驾驶室内的颜色和谐统一。

座椅调节机构的作用是方便、迅速地改变座椅与操纵机构的最佳相对位置以适应不同身材驾驶员的要求。图 3-81 所示为三一泵车底盘驾驶室驾驶人座椅的调节装置。

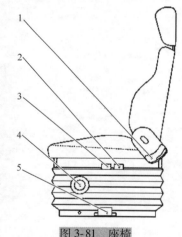

图 3-81　座椅

1—靠背仰角调整手柄　2—后端高度调整手柄
3—前端高度调整手柄　4—刚度调整手柄
5—前后位置调整手柄

（1）靠背仰角调整手柄

① 调节范围：$80° \sim 80° + 41°$。

② 方法：向上搬动手柄，转动靠背至需要角度松开手柄。

（2）后端高度（倾角）调整手柄

① 调节范围：$0 \sim 65mm$（$-9° \sim 0°$）七档可调。

② 方法：向上搬动手柄，给座垫后端向下（上）适当加（减）力，使座垫后端降低（升高）至需要位置，放开手柄即可。

（3）前端高度（倾角）调整手柄

① 调节范围：$0 \sim 65mm$（$-9° \sim 0°$）七档可调。

② 方法：向上搬动手柄，给座垫前端向下（上）适当加（减）力，使座垫前端降低（升高）至需要位置，放开手柄即可。

（4）刚度调整手柄

① 调节范围：40～130kg。

② 方法：旋转手轮，根据路况和驾驶员体重将预置力调至需要数值。

提示：不得将红色指针旋入小于40和大于130的位置内。

（5）前后位置调整手柄

① 调节范围：0～±75mm各五档可调。

② 方法：向上搬动手柄，向前（后）移动座椅至需要位置，放开手柄。

现在为了进一步提高驾乘人员的舒适性，泵车座椅的底座上都装配了减振装置，如机械减振、空气悬浮式减振等，能有效地降低有害振动，减轻驾驶疲劳，从而使驾驶员安全操作。

上车部分的结构组成与工作原理

混凝土泵车与其他机械最大的区别是上车部分，它主要由上车的机械结构部分、液压系统和电气控制系统组成。而上车机械结构部分又由臂架系统、转塔、泵送机构组成。

第一节　上车机械结构与工作原理

一、臂架系统的基本构造

（一）作用

臂架系统用于混凝土的输送和布料。通过臂架液压缸伸缩、转台转动，将混凝土经附在臂架上的输送管，直接送达臂架末端所指位置即浇注点。

图 4-1 所示是 37m 混凝土泵车臂架在一个固定点的某一平面内的工作范围图，因为有回转机构，实际上可以形成一个立体空间。

（二）结构和组成

臂架系统由多节臂架、连杆、液压缸和连接件等部分组成，具体结构如图 4-2 所示。

（三）臂架的折叠形式

臂架系统主要由多节臂架、连杆、液压缸、连接件铰接而成的可折叠和展开的平面四连杆机构组成，根据各臂架间转动方向和顺序的不同，臂架有多种折叠形式，如：R 型、Z 型（或 M 型）、综合型等。各种折叠方式都有其独到之处。R 型结构紧凑；Z 型臂架在打开和折叠时动作迅速；综合型则兼有前两者的优点而逐渐被广泛采用。由于 Z 型折叠臂架的打开空间更低，而 R 型折叠臂架的结构布局更紧凑等特点，臂架的 Z 型、R 型及综合型等多种折叠方式均被广泛采用。具体结构形式如图 4-3 所示。

（四）臂架典型部件特点

1. 臂架

臂架可简化为一个细长的悬臂梁，其主要载荷为自重。它要求臂架强度大、刚性好、重量轻。因此，臂架的结构一般设计成四块钢板围焊而成的箱形梁，材料选用高强度细晶粒合

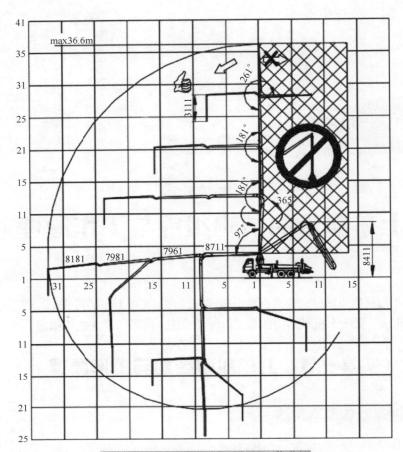

图 4-1　37m 混凝土泵车臂架的工作范围

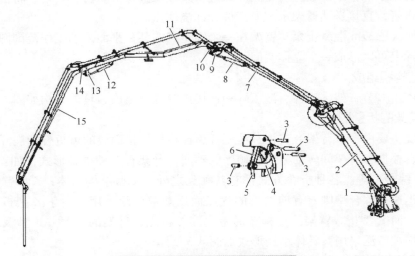

图 4-2　37m 混凝土泵车臂架简图

1—1#臂架液压缸　2—1#臂架　3—铰接轴　4—连杆一　5—2#臂架液压缸　6—连杆二　7—2#臂架

8—3#臂架液压缸　9—连杆三　10—连杆四　11—3#臂架　12—4#臂架液压缸

13—连杆五　14—连杆六　15—4#臂架

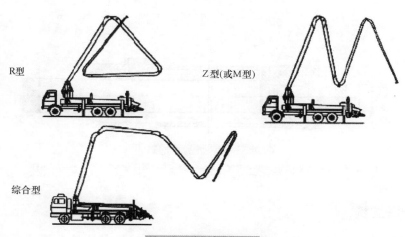

图 4-3　臂架折叠形式

金结构钢。为充分利用高强度钢优良的力学性能，借助现代化的有限元分析计算，按梁上各处应力趋于一致的原则，将梁设计成渐变梁。具体形式如图 4-4 所示。

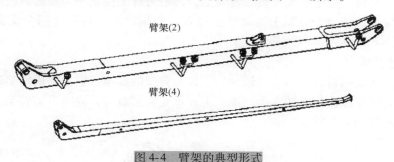

图 4-4　臂架的典型形式

2. 连杆

连杆一般为直杆或弓形的二力杆，也有三角结构的连杆，具体形式如图 4-5 所示。

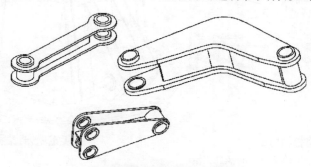

图 4-5　连杆的几种典型形式

3. 液压缸

各节臂之间用液压缸支承，液压缸为臂架转动提供动力，它由压力油推动活塞前后运动，从而驱动平面四连杆机构中的臂架转动。缸体的进油口应设有液压锁，以防止液压软管破裂时发生臂架坠落事故。具体结构如图 4-6 所示。

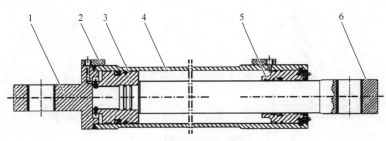

图 4-6　液压缸的结构简图

1—端盖　2—阀安装板　3—活塞　4—缸筒　5—液压缸密封件　6—活塞杆

☞ **二、转塔结构**

转塔主要由转台、回转机构、固定转塔(连接架)和支承结构等几部分组成。转塔安装在汽车底盘中部，行驶时其载荷压在汽车底盘上；而泵送时，底盘轮胎脱离地面，底盘和泵送机构也挂在转塔上，整个泵车(包括底盘、泵送机构、臂架系统和转塔自身)的载荷由转塔的四条支腿传给地面。臂架系统安装在转塔上，转塔为臂架提供一个稳固的底座，整个臂架可以在这个底座上旋转365°，每节臂架还能绕各自的轴旋转，转塔的四个支腿直接支承在地面上。如图 4-7 所示。

（一）转台结构

转台是由高强度钢板焊接而成的结构件，作为臂架的基座，它上部用臂架连接套与臂架铰接，下部用高强度螺栓与回转支承相连，主要承受臂架载荷，同时可随臂架一起在水平面内旋转。其结构如图 4-8 所示。

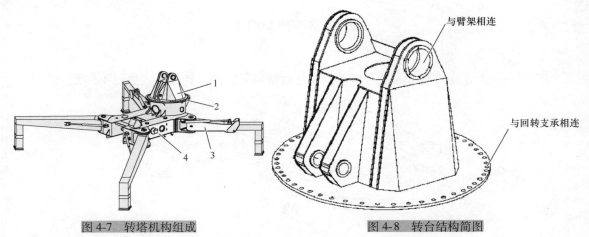

图 4-7　转塔机构组成

1—转台　2—回转机构　3—右前支腿　4—支腿支承

图 4-8　转台结构简图

（二）回转机构

回转机构集支承、旋转和连接功能于一体，它由高强度螺栓、回转支承、回转减速机、主动齿轮和过渡齿轮(某些车型无此件)组成。其结构如图 4-9 所示。

工作原理：回转减速机带动主动齿轮，经过渡齿轮(某些车型无此件)驱动回转支承外圈，实现回转支承内外圈之间的慢速旋转。回转支承的外圈与上部转台、内圈与下部固定转

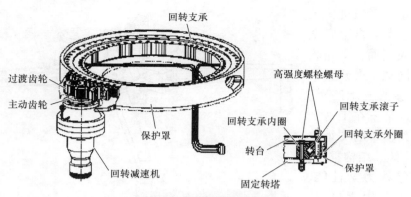

图 4-9　回转机构结构简图

塔用高强度螺栓相连，内外圈之间由交叉滚子（或钢球）连接。因此，它上部连接的臂架、转台与固定转塔之间即可实现低速旋转，而臂架、转台的工作载荷通过回转支承传给固定转塔。

常用的混凝土泵车臂架的回转支承还有另一种驱动方式：带齿条的旋转驱动油缸往复运动，驱动与转台联成一体的齿圈，从而使臂架随转台一起转动。

（三）固定转塔结构

固定转塔是由高强度钢板焊接而成的箱形受力结构件，是臂架、转台、回转机构的底座。混凝土泵车行驶时主要承受上部的重力，而混凝土泵车泵送时主要承受整车的重力和臂架的倾翻力矩。同时高强度钢板围焊的空间，又可作液压油箱或水箱。因此，它既要有足够的强度和刚度，又要有良好的密封性。由于液压油要保持高的清洁度，油箱内要作特殊处理。其结构如图 4-10 所示。

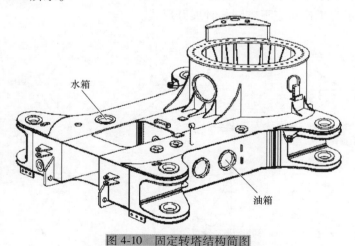

图 4-10　固定转塔结构简图

（四）支承结构

支承结构的作用是将整车稳定的支承在地面上，直接承受整车的负载力矩和重量。

如图 4-11 所示为常用的后摆伸缩型支腿的支承结构，由四条支腿、多个液压缸组成。其中四条支腿、前后支腿展开液压缸、前支腿伸缩液压缸和支承液压缸构成大型框架，将臂架的倾翻力矩、泵送机构的反作用力和整车的自重安全地由支腿传入地面。支腿收拢时与底盘同宽，展开支承时能保证足够的支承跨距。工作状态下，泵车在工地上的占地空间和整车的支承稳定性由负载力矩、结构重量、支承宽度、结构力学性能、支承地面状况等因素决定。因此，它应具有合理的结构形式、足够的结构力学性能和有效的支承范围，保证其承载能力和整车的抗倾翻能

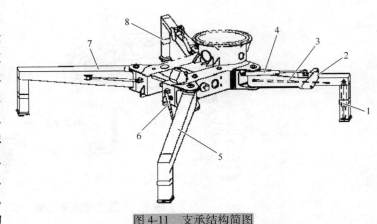

图 4-11　支承结构简图

1—支承液压缸　2—右前支腿　3—前支腿伸缩液压缸　4—前支腿展开液压缸
5—右后支腿　6—后支腿展开液压缸　7—左后支腿　8—左前支腿

力，确保泵车工作时的安全稳定性。同时，应将支腿支承在有足够强度的或用其他材料按一定要求垫好的地面上，且整车各个方向倾斜度不超过 3°，为此在混凝土泵车左右两侧各装有一个水平仪来辨别倾斜度。

支承结构形式有前摆伸缩型、后摆伸缩型、X 型、XH 型、V 型（三一专利）、SX 型（弧型）等，混凝土泵车常见的支承结构是后摆伸缩型支腿，其前支腿采用旋转后伸缩展开，后支腿直接旋转展开，支承支腿的液压缸垂直向下装在坚实的方管内，方管即起保护作用，又起导向和防折弯的作用。支腿臂设计成四块高强度钢板围焊而成的箱形梁，高度按受力大小由大渐变小，可充分利用钢材的力学性能，使各处受力趋于均匀。

如图 4-12 所示为工作状态下支腿各种展开形式。

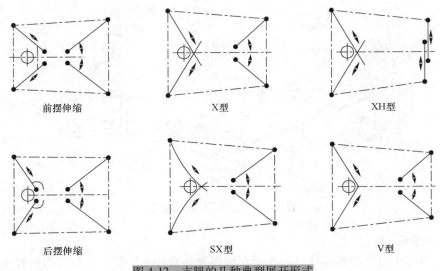

前摆伸缩　　　　　　X 型　　　　　　XH 型

后摆伸缩　　　　　　SX 型　　　　　　V 型

图 4-12　支腿的几种典型展开形式

支腿形式的灵活设计，使混凝土泵车适应多种工地工况成为可能。摆动支腿占地面积大，稳定性好；X 型伸缩式支腿，其直线的运动轨迹，便于在狭窄工地支承。SX 形，在节约泵车施工空间和减重两方面有一定优势。V 形，三一专利结构，前支腿呈 V 形伸缩结构，一般为 2~4 级，后支腿摆动。伸缩支腿的驱动，主要是采用液压缸及液压马达带动链条拖动两种形式。后支腿腔可以分别用做水箱及备用柴油箱：一方面避免水箱可能与液压油箱的串通；另一方面增大了柴油储备从而确保了大方量连续施工。

针对不同的用户，三一混凝土泵车在不同系列混凝土泵车上也采用了新型的 X 形支腿、V 形支腿、前摆多级伸缩支腿。前支腿直接伸缩展开（前摆多级伸缩支腿先摆动再伸缩展开），后支腿采用旋转展开。X 形支腿、V 形支腿相对于后摆伸缩型支腿而言，具有重量轻、施工时展开空间小和展开速度快等优点。X 形支腿驱动的方式主要有液压缸驱动和液压马达带动链条驱动两种形式。其具体结构如图 4-13 所示。

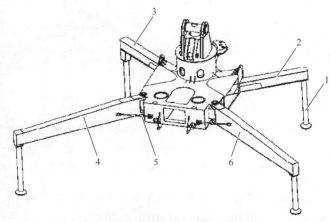

图 4-13　X 形支腿的结构简图

1—支承液压缸　2—右前支腿　3—左前支腿
4—左后支腿　5—后支腿展开液压缸　6—右后支腿

三、泵送机构的基本构造

泵送机构是混凝土泵车的执行机构，用于将混凝土沿输送管道连续输送到浇注现场，如图 4-14 所示。泵送机构由主液压缸、水箱、输送缸、混凝土活塞、料斗、S 阀总成、摆摇机构、搅拌机构、出料口、配管等部分组成。

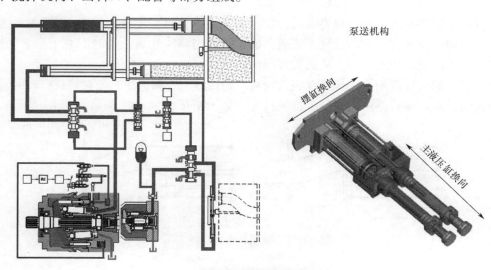

图 4-14　泵送机构

工作原理：其泵送机构如图4-15所示。泵送机构由两个主液压缸1和2、水箱3、两个混凝土输送缸4和5、两个混凝土活塞6和7、摆摇机构8、分配阀9（S形阀）、搅拌机构10、料斗11和出料口12组成。

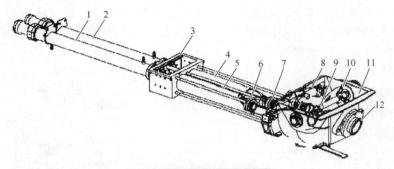

图4-15　泵送机构结构简图

1、2—主油缸　3—水箱　4、5—输送缸　6、7—砼活塞　8—摆摇机构

9—分配阀（S阀总成）　10—搅拌机构　11—料斗　12—出料口

双列液压活塞式混凝土泵的两个主液压缸交替工作，使混凝土的输送工作比较平稳、连续而且排量也增加，它充分利用了原动机的功率，是目前应用最为广泛的混凝土泵形式。其工作原理根据分配阀和控制方式的不同也有所不同，其主要区别在换向动作的实现上。下面以S管阀混凝土泵为例介绍其工作原理。

混凝土活塞（6、7）分别与主液压缸（1、2）活塞杆连接，在主液压缸的作用下，作往复运动，一缸前进，另一缸后退；输送缸出口与料斗和S阀连通，S阀出料端接出料口，另一端通过花键轴与摆摇机构的摆臂连接，在摆摇机构的摆动液压缸作用下，可以左右摆动。

泵送混凝土料时，在主液压缸作用下，混凝土活塞7前进，混凝土活塞6后退，同时在摆动液压缸作用下，S阀9与输送缸4连通，输送缸5与料斗连通。这样混凝土活塞6后退，便将料斗内的混凝土吸入输送缸，混凝土活塞7前进，将输送缸内混凝土料送入分配阀泵出。

当混凝土活塞6后退至行程终端时，控制系统发出信号，主液压缸1、2换向，同时摆动液压缸换向，使S阀9与输送缸5连通，输送缸4与料斗连通，这时混凝土活塞7后退，混凝土活塞6前进。依次循环，从而实现连续泵送。

反泵时，通过反泵操作，使处在吸入行程的输送缸与S阀连通，处在推送行程的输送缸与料斗连通，从而将管路中的混凝土抽回料斗，如图4-16所示。

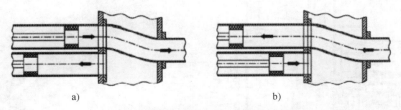

a)　　　　　　　　　　　　　　　　b)

图4-16　泵送机构工作状态简图

a）正泵状态　b）反泵状态

泵送机构通过分配阀的转换完成混凝土的吸入与排出动作，因此分配阀是混凝土泵中的关键部件，其形式会直接影响到混凝土泵的性能。

高低压泵送状态切换是混凝土泵最重要的操作方式之一。传统泵车采用调换泵送液压缸连接胶管的办法，不仅浪费时间和液压油，而且会污染液压系统。针对以上问题，三一重工率先采用逻辑分析法将两个泵送液压缸的高低压泵送油路拆分为六个开关逻辑，用大通径的插装阀作为逻辑阀实现了泵送机构的高低压状态，并采用电磁换向阀进行控制，创造了独一无二的自动高低压切换专利技术。

采用自动高低压切换技术，使高低压切换无需停机、无需拆管、没有任何泄漏，操作仅在一瞬间完成，在泵送过程中都可以随意切换，大大丰富了混凝土泵车的操作技巧。

自动退混凝土活塞技术是三一重工的专利技术。混凝土泵车的混凝土活塞作为最主要的易损件，对其进行维护更换的方便性直接影响着混凝土泵车的可维护性。

自动退混凝土活塞技术利用液压系统直接完成将混凝土活塞退回至泵送机构的洗涤室内这一工作过程，不仅可以很方便拆卸、安装混凝土活塞，还可以在平时查看混凝土活塞磨损和润滑的情况，更好地维护混凝土活塞，延长其使用寿命。

自三一泵车采用自动退混凝土活塞技术，已使该技术成为混凝土泵车配置中的一项重要标准，同时也将三一泵车推向了世界先进水平。

（一）泵送系统

泵送系统是泵送机构的核心部件，它能把液压能转换为机械能，通过液压缸的推拉交替动作，使混凝土克服管道阻力输送到浇注部位。它主要由主液压缸、输送缸、水箱、混凝土活塞和拉杆等几部分组成，如图4-17所示。

1. 主油缸

主液压缸由缸体、活塞、活塞杆、活塞头及缓冲装置组成。缓冲装置是混凝土泵设计的关键技术之一。由于活塞杆不仅与油液接触，而且还与水等其他物质接触，因此，为了改善活塞杆的耐磨和耐腐蚀性，在其表面一般要镀一层硬铬。

2. 输送缸

输送缸后端与水箱连接，前端与料斗连接，并通过料斗座与副梁固定，通过拉杆固定在料斗和水箱之间。主液压缸活塞杆伸入到输送缸内，前端与混凝土活塞连接。

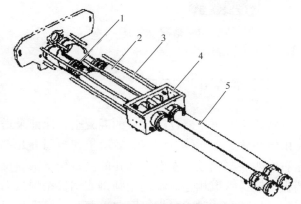

图4-17　泵送系统结构简图

1—混凝土活塞　2—输送缸　3—拉杆　4—水箱　5—主液压缸

输送缸一般用无缝钢管制造，由于输送缸内壁与混凝土、水长期接触，承受着剧烈的摩擦和化学腐蚀，因此，在输送缸内壁镀有硬铬层，或经过特殊处理以提高其耐磨性和抗腐蚀性。

3. 混凝土活塞

混凝土活塞由活塞体、导向环、密封体、活塞头芯和定位盘等组成。如图4-18所示各个零件通过螺栓固定在一起。活塞密封体一般用耐磨的聚氨酯制成，其起导向、密封和输送混凝土的作用。

4. 水箱

水箱用钢板焊成，它既是储水容器，又是主液压缸与输送缸的支持连接件，具体结构如图 4-19 所示。其上面有盖板，打开盖板可以清洗水箱内部，且可以观测水位。在推送机构工作时，水在输送缸活塞后部随着输送缸活塞来回流动，其所起的作用主要如下：

1）清洗作用：清洗输送缸壁上每次推送后残余物，以减少输送缸体与混凝土活塞的磨损。

2）密封作用：增加活塞的密封性，提高泵送吸入效率。

3）冷却润滑作用：冷却润滑混凝土活塞、活塞杆及活塞杆密封部位。

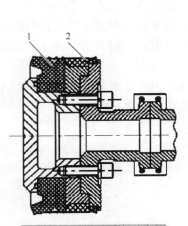

图 4-18 混凝土活塞示意图

1—活塞密封体 2—导向环

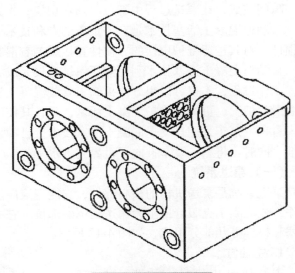

图 4-19 水箱结构简图

（二）料斗和 S 阀总成

1. 料斗

料斗主要用于储存一定量的混凝土，保证泵送系统吸料时不会吸空和连续泵送。料斗主要由料斗体、上斗体、筛网、后墙板和料门等几部分组成。料斗体用钢板焊接而成，其前后左右有四块厚钢板。左右带圆孔的侧板用来安装搅拌装置，其后墙板与两个输送缸连通，前墙板与输送管道相连。筛网用圆钢或钢板条焊接而成，用两个铰点同料斗连接。当检修料斗内部或清理料斗时，可把筛网向上翻起。筛网可以防止混凝土中大于规定尺寸的骨料或其他杂物进入料斗，减少泵送故障，同时保护操作人员的安全。在停止泵送时，打开料门，可以排除余料和清洗料斗。具体结构如图 4-20 所示。

2. S 阀

S 阀是混凝土泵的关键部件，它位于料斗内连接输送缸和输送管，是协调各部件动作的机构，它直接影响混凝土泵的使用性能，而且也直接影响混凝土泵的整体设计。S 管阀的管体有变径和不变径两种形式。其特点是可以靠混凝土的压力推动切割环自动密封管口，密封性能好，使混凝土泵具有较强的输送能力，而且流道通畅，不易阻塞。S 阀结构如图 4-21 所示。

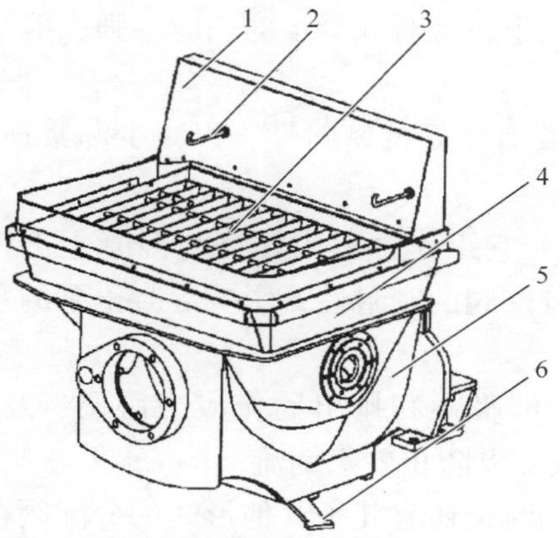

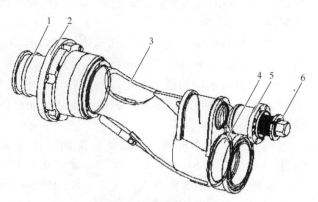

图 4-20　料斗结构简图

1—后墙板　2—止动钩　3—筛网
4—上斗体　5—料斗体　6—料门

图 4-21　S 阀结构简图

1—出料口　2—大端轴承座　3—S 管体
4—切割环　5—小端轴承座　6—螺母

S 阀之所以被广泛应用，在于 S 阀最大的优点：切割环的浮动、自密封及橡胶弹簧自动补偿间隙。浮动指切割环在 S 阀上轴向没有固定，可以自由窜动；自密封指高压混凝土作用在切割环的环面上，将切割环与眼镜板贴紧。

橡胶弹簧自动补偿间隙：由于拧紧螺母的预紧力，将切割环紧紧地贴紧眼镜板，眼镜板对切割环产生反作用力，使橡胶弹簧受压产生一个将切割环紧贴眼镜板的力。橡胶弹簧可自动保证眼镜板与切割环的紧密贴合，消除磨损间隙。使用一段时间需对 S 管进行检查，当弹簧的自动补偿达不到要求时，可拧紧螺母，S 管往后拉紧，切割环对橡胶弹簧产生一个预紧力，并压紧橡胶弹簧，使眼镜板与切割环贴紧，间隙得到补偿。浮动与自紧的结果就是眼镜板、切割环磨损后，切割环在混凝土压力的作用下自动补偿间隙，保证与眼镜板的紧密贴合，保证其密封性能，而且混凝土压力越高，密封越好。

S 阀装配后必须规定眼镜板和切割环之间的自由间隙，否则容易造成切割环的早期磨损，缩短使用寿命。有的用户错误地认为眼镜板和切割环间隙越小，密封越好，实际上，高压混凝土作用在环上的压力非常巨大，不必人为加力，否则反而容易造成切割环的早期磨损，缩短使用寿命。

三一 S 管阀积累长期的泵送经验，优化设计变径的 S 管，S 管线两端采用抛物线，中间段直线混合而成，减少了反推力，并利用计算机技术，用最恶劣的工况环境进行模拟试验，验证了泵送混凝土的流动性更好。三一专利的硬质合金结构眼镜板、切割环等耐磨件，提高了使用寿命，解决超高压混凝土泵的耐磨问题。如图 4-22 所示，眼镜板由硬质合金环和眼镜板本体两部分组成，硬质合金材质为 SD15，具有超强的硬度和耐磨性。

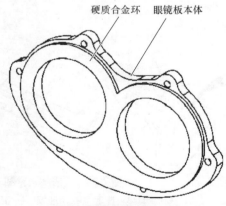

硬质合金环　　眼镜板本体

图 4-22　眼镜板结构简图

对分配阀设计一般有以下特殊的要求：

（1）良好的集、排料性能　欲使混凝土泵具有良好的集、排料性能，能平滑地通过分配阀，分配阀的流道就必须短且流畅，截面和形状变化小；且对混凝土的适应性强，能泵送不同坍落度的混凝土。

（2）良好的密封性　阀门和阀体的相对运动部位要有良好的密封性，以减少漏浆现象，否则会影响混凝土的使用性能和泵送性能。

（3）良好的耐磨性　分配阀的工作条件相当恶劣，它工作过程中始终与混凝土进行强烈的摩擦，如果耐磨性不好，将极易损坏，而且破坏分配阀的密封性，影响混凝土泵的泵送性能指数。

（4）换向动作灵活、可靠　分配阀的换向动作，即吸入和排出动作应当协调、及时、迅速。一般换向动作应在0.1~0.5s（最好0.2s）内完成，以防止砂浆倒流。

各种分配阀中S阀在混凝土泵车应用最为广泛，同时也还有几种其他形式的分配阀在混凝土泵车上有一定的应用。

几种其他形式的分配阀介绍：

（1）C形阀　如图4-23所示，它是一种立式管形分配阀。其工作原理同S形管阀，但出料端垂直布置，阀管呈C形，由于管阀在水平面内摆动，与输送缸接口要做成圆弧面。C形阀置于料斗内，一端与混凝土泵出口接通，另一端在两个液压缸活塞杆的作用下做往复摆动，分别与两个输送缸接通，实现吸料和排料过程。该阀具有下列特点：清除残余混凝土容易，泵送混凝土后清洗整个输送系统时，无须打开输送管就可以把海绵球反泵吸入用来清理输送管道；C形阀更换方便；耐磨板与C形阀之间的接触面可由自动密封环自动补偿磨损量；C形阀采用锰钢材质，耐磨损；C形阀轴承位于混凝土区域之外，可免除经常维护；对骨料的适应性较强等。

（2）斜置式闸板阀　如图4-24所示，它是在泵车上应用较少的一种分配阀，是靠快速往返运动的闸板，周期性的开闭输送缸的进料口和出料口，从而切换混凝土在料斗和输送缸之间的流向，实现混凝土的反复泵送。

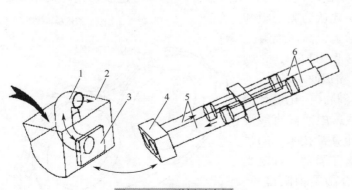

图4-23　C形阀示意图

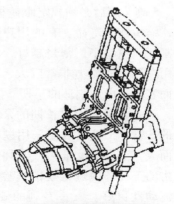

图4-24　闸板形阀示意图

1—C形阀　2—料斗　3—耐磨板　4—混凝土缸连接座
5—输送缸　6—主液压缸

这种分配阀的优点在于：不占用料斗空间，混凝土流动性好；关闭通道时，像一把刀子在切断混凝土流，所以比较省力；另外，闸板是由液压缸、活塞直接带动而不像管阀要通过一套杠杆来驱动阀体，所以开关迅速、及时。

该阀流道合理、进料口大。两个液压缸各有一个闸板阀，在液压缸活塞的作用下做往复运动，完成打开或关闭混凝土的进、出料口的动作。此阀对混凝土的适应性强，但结构复杂。更换此阀时需拆下料斗，故维修不便。

由于闸板承压面积大，故泵送混凝土的额定压力小。

（3）裙形阀　如图4-25所示，裙形阀具有裙子形状的特点，进料口小，出料口大。此种阀具有一个显著的优点，维护方便，持久耐用。混凝土泵送时，裙形阀有一半填充着混凝土，减少了磨损。

另外由于流道变短，料斗在设计时吸料性更好；混凝土泵送时管道阻力也相应减少。

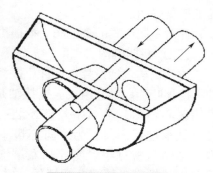

图4-25　裙形阀示意图

（三）摆摇机构

S阀的摆摇机构主要由摆缸固定座、左右摆阀液压缸、摇臂和摆缸卡板等部分组成，具体机构如图4-26所示，一般安装在料斗的后方。摆摇机构的工作原理是在液压油的作用下推动左右两个摆阀液压缸的活塞杆，活塞杆驱动摇臂，摇臂带动S阀左右摆动，从而实现S阀的换向。在换向动作过程中要求换向迅速，动作有力。

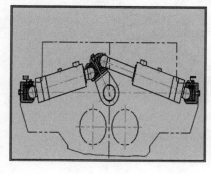

a)

b)

图4-26　摆摇机构示意图

1—摇摆固定座　2—摆阀液压缸　3—摇臂　4—摆缸卡板

由于摆摇机构一般动作都比较迅速，换向有力，所以存在冲击较大的问题。三一重工在S阀的摆阀液压缸的极限位置设有缓冲设计，这样尽管换向迅速，冲击却较小。另外左右摆阀液压缸的球头用ZCuAL10Fe3材料制成的轴承包络，不但起缓冲作用，还能减少球头的磨损。在摆缸固定座上设有旋盖式油杯，在泵送过程中，应每4h旋盖润滑一次，使球形摩擦面处于良好的润滑状态。

针对不同形式的分配阀，摆摇机构也有不同的方式，如单液压缸作用在摇臂上等。

（四）搅拌机构

搅拌机构包括搅拌轴部件、搅拌轴承及其密封件，如图4-27所示。搅拌轴部件由搅拌轴、搅拌叶片、轴套组成。搅拌轴是靠两端的轴承、轴承座（马达座）支承的，搅拌轴承采用调心轴承，轴承座外部还装有滑脂嘴的螺孔，其孔道通到轴承座的内腔，工作时可对轴承进行润滑。为了防止料斗内的混凝土浆进入搅拌轴承，搅拌轴左右两端装有J型防尘圈和密封圈。搅拌轴左端通过花键套和液压马达连接，工作时由液压马达直接驱动搅拌轴带动搅拌叶片搅拌。搅拌机构的主要作用是对料斗里的混凝土进行二次搅拌，防止其离析。

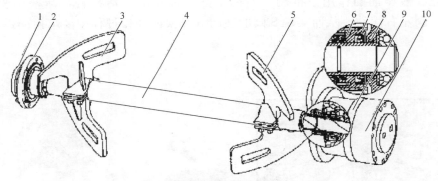

图4-27　搅拌机构示意图

1—端盖　2—轴承座　3—左搅拌叶片　4—搅拌轴　5—右搅拌叶片　6—J型防尘圈

7—密封圈　8—轴承　9—马达座　10—液压马达

（五）配管

配管由一系列弯管、直管、管卡和输送管支承组成，如图4-28所示。配管总的要求是在输送阻力尽量小的情况下，管道布置美观大方，与整车协调一致。

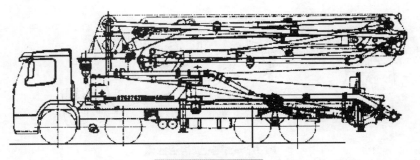

图4-28　配管示意图

臂架输送管附在臂架的臂侧，长度与臂长相配，各臂中部为直管，而各臂两端头各为一个 90°弯管。两管之间可相互旋转，两节相连臂架端头的 90°弯管绕两臂架铰接轴轴线旋转，即可实现输送管随臂架转动而转动。

两输送管与管夹间连接的结构如图 4-29 所示。

由于各管安装位置不同，它们受到的冲击和磨损也不同，一般弯管比直管磨损大，越往臂末端走输送管磨损越小。也有例外，如倒数第二个弯管的磨损就最大，它除受到一般的磨损外，还受到混凝土下掉的重力冲击。因此，应根据磨损大小，各输送管采用不同的壁厚或耐磨措施，尽量使整套输送管寿命趋于一致。

输送管支承在臂架上，其重量、冲击和偏心力矩都由臂架承受，原则上臂架左右交替布管，并应尽量靠近臂架，以减小偏心力矩，在保证一定输送通径、强度和磨损余量的基础上应尽量轻。由于输送管的重量是臂架载荷的一部分，输送管不允许增加壁厚和外径，否则会降低臂架的使用寿命，也影响泵车的稳定性。

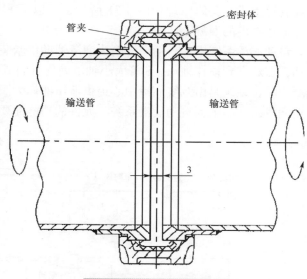

图 4-29　输送管连接示意图

输送管必须在臂架不受张力的状态下安装，如每节臂都自由地平置（各节臂架被支承好）或每节臂被支承时未折叠或臂架完全收回并放到支承上时，臂架即不受张力。否则输送管上可能出现应力，造成管支架和臂架损坏，在泵送作业时，末端软管甚至可能剧烈摇动、脱出。

☞ 四、润滑系统的基本构造及工作原理

润滑是有运动部件的机械设备中不可缺少的一部分，泵车的润滑系统有手动润滑和自动润滑两个部分，如图 4-30 所示。

（一）手动润滑

（1）采用压注式油杯　利用油枪人工将润滑脂压到摩擦面，如臂架之间的销轴配合。

（2）采用旋盖式油杯　先向油杯内加满润滑脂，靠旋紧杯盖产生的压力将润滑脂压到摩擦面上，如两个摆阀液压缸座上各有一个旋盖式油杯，在泵送过程中，应每 4h 旋盖润滑一次，使球形摩擦面处于

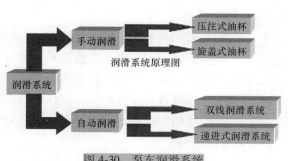

图 4-30　泵车润滑系统

良好的润滑状态。

（二）自动润滑

此润滑系统结合了双线润滑系统和递进式润滑系统的优点，能分别以润滑脂和液压油进行润滑。自动润滑系统手动润滑泵、干油过滤器、单向四通阀、递进式分配阀、双线润滑中心和管道组成，具体原理如图 4-31 所示，对以下润滑点进行润滑：搅拌轴承、S 管大小轴承、输送缸内的混凝土活塞。

自动润滑系统中，手动润滑泵为润滑辅助供脂装置，每次开机泵送前应扳动润滑脂泵的手柄，在观察到搅拌轴承、S 管大小轴承处均有润滑脂溢出后，即可停止手动泵油；在泵送混凝土时，系统是由双线润滑中心提供液压油作为润滑剂自动为机械提供润滑，不需再使用手动润滑泵。以下为自动润滑系统各元件的功能简要：

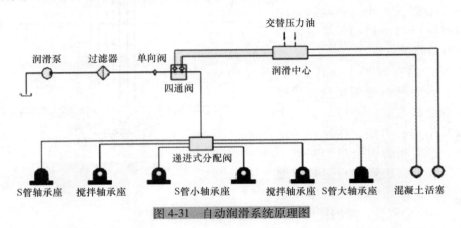

图 4-31　自动润滑系统原理图

1）手动润滑泵油脂夏季用非极压型"00"号半流体锂基润滑脂，冬季用非极压型"000"号半流体锂基润滑脂。

2）双线润滑中心的工作原理是建立在两条管路上的压力交替作用的基础上，本双线润滑中心的交替压力油来源于泵送机构中主液压缸换向的信号压力油，这样不仅满足使用要求，而且还能准确地对输送缸内混凝土活塞进行润滑；同时可调整分配阀中的柱塞位移量，从而精确地控制润滑油量。

3）递进式分配器为整体式，它的作用是把压力润滑剂推送经特殊设计排列的各组柱塞，依次递进定量地分配到各个润滑点。

4）单向四通阀的作用是当混凝土泵工作时，保证润滑脂不通过润滑中心进入液压系统。

5）干油过滤器对润滑脂进行过滤，防止杂质进入润滑点。三一结合自己在混凝土泵车行业多年的经验，在自动润滑系统的基础上开发了一种全新的全自动润滑系统，润滑泵选用了液压同步润滑泵，免除了手动润滑泵每次混凝土泵送前需人工操作的要求，输送缸内混凝土活塞的润滑选用林肯双线分配阀，液压油直接控制混凝土活塞的润滑。相比以前的润滑系统，自动润滑系统结构更加简单，润滑效果更好，其原理如图 4-32 所示。

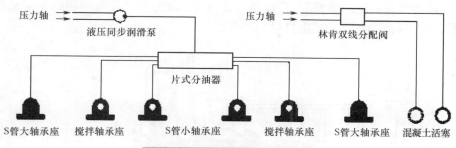

图 4-32 全自动润滑系统原理图

第二节 液压系统的基本构造及工作原理

混凝土泵车的液压系统由泵送系统液压回路、辅助液压回路以及臂架系统液压回路三部分组成。

其中泵送系统液压回路根据主回路通流能力的大小，可分为小排量泵送系统液压回路和大排量泵送系统液压回路。

泵送系统液压回路有"正泵"和"反泵"两种操作功能，"高压"和"低压"两种工作方式，而这些都是通过液压和电气系统来控制完成的，如图 4-33 所示。正泵是将料斗中的混凝土通过泵送机构及管道源源不断地送达作业面，反泵是将管道中的混凝土吸回料斗，达到排堵的目的，同时也可作为清洗管道之用。

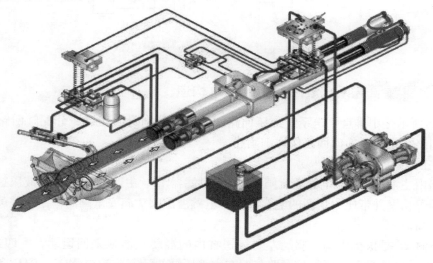

图 4-33 泵送系统液压回路

高低压泵送状态切换是混凝土泵最重要的操作方式之一。图 4-34 是"高压"和"低压"两种泵送状态的液压回路图，容易看出其根本区别在于是用液压缸的无杆腔还是有杆腔去驱动泵送作业。在相同的系统压力 p 下用无杆腔驱动混凝土泵出口压力高，即称为"高压"；反之，用有杆腔驱动就叫做"低压"。由于无杆腔的作用面积大于有杆腔的作用面积，则在主油泵输出流量一定的条件下，"高压"工况下主油缸在单位时间内的换向次数比"低压"工况要少，即混凝土泵的输出排量相对要少。

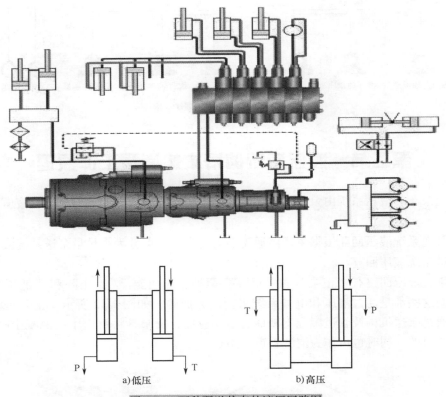

a)低压 b)高压

图 4-34　两种泵送状态的液压回路图

☞ **一、小排量泵送系统液压回路的基本构造**

　　图 4-35 所示是小排量泵送系统液压回路图，以下分别对主回路、分配阀回路、自动高低压切换回路、全液压换向回路作详细阐述。

（一）主回路

　　该回路由主液压泵 5、电磁溢流阀 7、高压过滤器 10、主四通阀 14、主液压缸 26 组成。主液压泵为恒功率并带压力切断的电比例泵，电磁溢流阀 7 起安全阀的作用，并可控制系统的带载和卸荷。

　　主液压缸 26 是执行机构，驱动左右输送缸内的混凝土活塞来回运动；主四通阀 14 的A1、B1 出油口则通过高低压切换回路与左右主液压缸的活塞腔油口 A1H、B1H 和活塞杆腔油口 A1L、B1L 连通，故它的换向最终使左右输送缸内混凝土活塞运动方向改变。

1. 主液压泵型号

　　混凝土泵车上使用的主液压泵是德国力士乐的闭式回路变量泵，由于受安装空间限制，故选用了两个串接在一起的泵，以满足流量要求，型号是
A4VG125HDMT1/32R-NSF02F691S+A4VG125HDMT1/32R-NSF02F021S

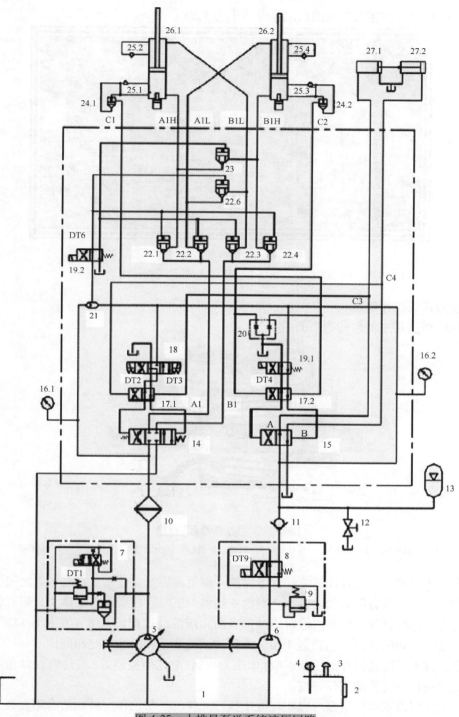

图 4-35　小排量泵送系统液压回路

1—油箱　2—液位计　3—空气滤清器　4—油温表　5—主液压泵　6—齿轮泵　7—电磁溢流阀　8、18、19—电磁换向阀
9—溢流阀　10—高压过滤器　11、25—单向阀　12—球阀　13—蓄能器　14—主四通阀　15—摆缸四通阀
16—压力表　17—小液动阀　20—泄油阀　21—梭阀
22、23—插装阀　24—螺纹插装阀　26—主液压缸　27—摆阀液压缸

图 4-36 所示为液压系统的四联泵，前两个为主泵。

图 4-36　液压系统的四联泵

1—主泵（前）　2—主泵（后）　3—恒压泵　4—齿轮泵

2. 主液压泵工作原理

图 4-37 所示是主油泵的剖面图。

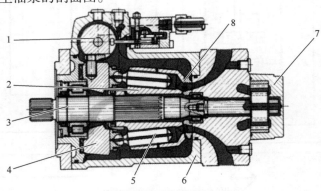

图 4-37　主液压泵结构组成

1—变量机构　2—缸体　3—传动轴　4—斜盘　5—柱塞　6—壳体　7—辅助泵　8—配流盘

工作时传动轴 3 带动缸体 2 旋转，当斜盘 4 倾角为零时，柱塞 5 与缸体 2 之间没有轴向相对运动，液压泵没有压力油输出；当斜盘 4 倾角为正时，柱塞 5 与缸体 2 之间有轴向相对运动，柱塞外伸时吸油，柱塞内缩时压油，吸油和压油经过配流盘 8 的配流窗口进行分配，分别通向吸油口和压油口；当斜盘 4 倾角为负时，吸油口和压油口互相颠倒。

变量机构 1 可以通过外部控制手段（如压力控制、电比例控制等）实现斜盘倾角的无级调节，从而控制执行元件的工作速度。

这种闭式回路双向变量泵可以实现液压执行元件的交替动作，特别适合用在泵送系统驱动主油缸往复交替工作。其特点如下（图 4-38，图 4-39）：

① 闭式系统液压泵的典型结构，由补油泵吸油和控制主泵，由低压溢流阀控制其压力。主泵为双向变量泵，高压溢流阀控制最高压力。

② 伺服阀两端的控制压力决定阀的开启程度和液流方向，影响伺服缸的移动位移和方

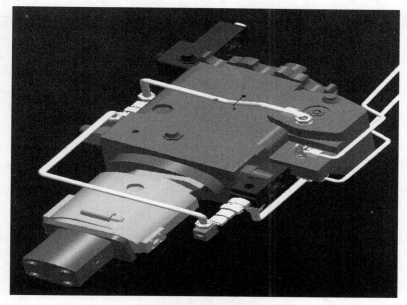

图 4-38　泵送机构示图

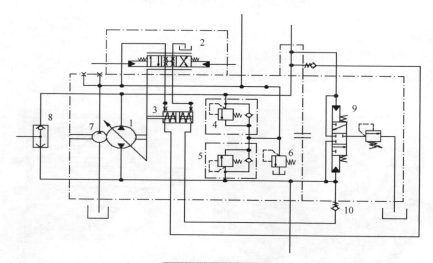

图 4-39　泵液压系统

1—柱塞泵　2—伺服阀　3—伺服缸　4、5—单向溢流阀
6—低压溢流阀　7—辅助泵　8—梭阀　9—冲洗阀　10—单向阀

向，从而改变油泵排量和方向。

③ 闭式系统油温较高，为了控制油温主泵上集成有冲洗阀，在每个行程中往油箱溢出部分流量，以减小温升。

④ 图 4-39 中位 10 所示的两个单向阀为 SN 控制，在每个行程终点时变量缸内的油液流出部分，减小主泵排量，达到缓冲的目的。同时可防止液压泵吸空。

▶▶▶▶▶▶▶▶▶▶

工作原理：当控制压力作用到伺服阀阀芯的另一侧时，斜盘反向倾斜，液压泵进出油口发生反转。这样就可以控制执行元件反向运动。液压泵的排量与控制压力如图 4-40 所示。

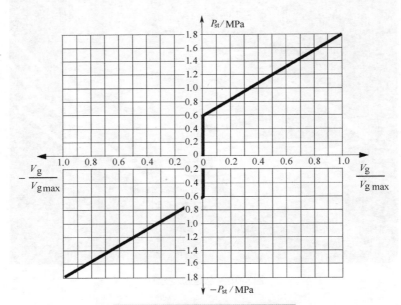

图 4-40　液压泵的排量与控制压力

3. 恒压泵

该泵主要用于向摆动液压缸提供动力。

图 4-41 所示恒压泵是德国力士乐的开式回路变量泵。

图 4-41　恒压泵结构图

（二）分配阀回路

该回路（参见图 4-35）由齿轮泵 6、电磁换向阀 8、溢流阀 9、单向阀 11、蓄能器 13、摆缸四通阀 15、摆阀液压缸 27 组成。其中由齿轮泵 6、电磁换向阀 8 和溢流阀 9 形成恒压油源，电磁换向阀 8 在泵送作业时一直处于得电状态；在待机状态下则进行得断电的循环，以保证蓄能器 13 的压力不掉为零，又不至于使齿轮泵压力油总处于溢流状态，消耗功能产生热量。

摆阀液压缸 27 是执行机构，驱动"S 管"分配阀左右摆动；摆缸四通阀 15 的 A、B 出油口分别与左右摆阀液压缸的活塞腔连通，故它的换向最终致使"S 管"分配阀换向。

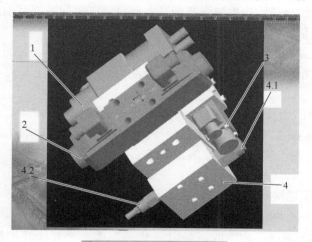

图 4-42 分配阀结构示意图

1—恒功率阀 2—泵送电磁阀 3—电比例减压 4—压力切断阀块

4.1—顺序阀 4.2—溢流阀

图 4-43 分配阀换向

1—摆动电磁阀 2—摆动大液动阀 3—摆动溢流阀

4—卸压球阀 5—蓄能器

摆动控制与大排量类似，由齿轮泵换成了控制更方便的恒压泵。如图 4-43 所示，恒压泵上一次调压，调节压力 19MPa，摆动阀块上溢流阀 3 二次调节，压力设定 21MPa，摆动电磁阀 1 的信号控制来自于主液压缸上接近开关。

控制球阀 6 是否打开及开口大小，取决于输送料的好坏。打开球阀，换向压力大，冲击大；关闭球阀，换向压力小，冲击小。

当需要拆卸元件时，必须先打开卸压球阀4，直至压力表显示为0，方可拆卸！

该阀块为油泵控制总成，控制主油泵的排量和压力，是系统中最重要的组件。

电比例减压阀的输出压力由电流无级调节，使得液压泵伺服阀两端压差可调，进而调节伺服缸内的油压和流量，控制液压泵排量。

恒功率阀通过双弹簧近似实现恒功率。当主油泵压力高于插装阀的弹簧调定压力时，使插装阀的阀芯开启，牵动顺序阀的调节弹簧，补油泵的压力油打开顺序阀溢流，调整压力大小，从而控制排量。

压力切断由两个压力阀实现，其中溢流阀的设定压力为34MPa，当泵送压力高于此值时，即打开溢流阀溢流，液流流过阻尼孔时产生压降，使得顺序阀两端产生压差，此时顺序阀处于全开状态，使得油泵控制油卸荷，油泵斜盘处于零位，即无排量，实现压力切断。

（三）自动高低压切换回路

该回路（参见图4-35）由插装阀22、插装阀23、电磁换向阀19和梭阀21组成。它的工作原理是利用插装阀的通断功能形成"高压"和"低压"两种工作回路，并用电磁换向阀以切换控制压力油的方式来切换这两种工作回路，其流程如图4-44所示。

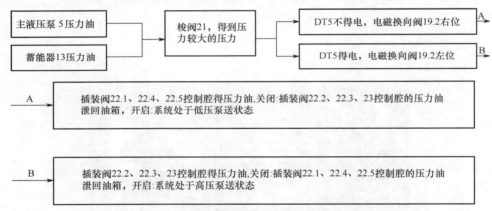

图4-44　高低压切换回路

（四）全液压换向回路

该回路（参见图4-35）的功能是实现"正泵"和"反泵"两种混凝土作业模式，并由液压系统本身自行完成主液压缸和摆阀液压缸的交替换向。其中包括小液动阀17、电磁换向阀18、电磁换向阀19、泄油阀20、螺纹插装阀24和单向阀25。正泵和反泵在控制上的区别在于得电的电磁铁不一样，从而使相关控制油路发生变化；正泵是电磁铁DT1和DT2得电，反泵是电磁铁DT1、DT3和DT4得电，以下仅以正泵为例介绍全液压换向的工作循环。

启动正泵作业，则电磁铁DT1和DT2得电，前半个工作循环如下：

1. 正泵前半个循环：

正泵前半个循环如图4-45所示，接着将自动进入以下的后半个循环。

2. 正泵后半个循环

正泵后半个循环如图4-46所示。

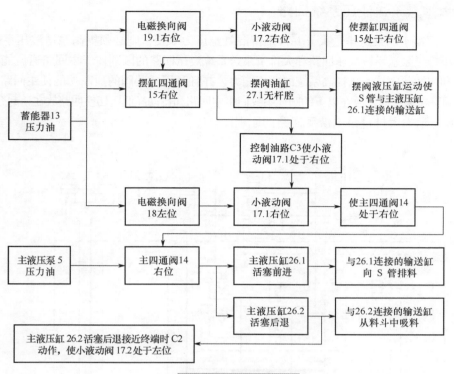

图 4-45　正泵前半循环

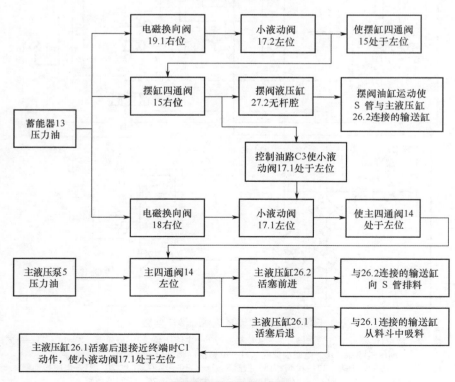

图 4-46　正泵后半循环

二、大排量泵送液压系统回路

为了保证混凝土的泵送排量大，并且维持混凝土压力不变，则必须提高泵送液压系统的流量。因此，小排量泵送系统液压回路和大排量泵送系统液压回路的区别在于主回路通流能力的大小。本系统利用插装阀技术来提高系统的通流能力，并且利用插装阀的通断功能使主回路和自动高低压切换回路融为一体，故在以下的阐述中我们将主回路和自动高低压切换回路放在一起介绍。

图 4-48 所示为大排量泵送液压回路的原理图。

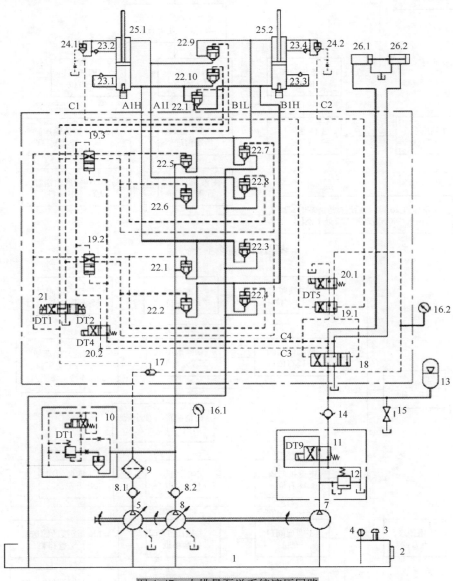

图 4-47　大排量泵送系统液压回路

1—油箱　2—液位计　3—空气滤清器　4—油温表　5、6—主液压泵　7—齿轮泵　8、14、23—单向阀
9—高压过滤器　10—电磁溢流阀　11—电磁换向阀　12—溢流阀　13—蓄能器
15—球阀　16—压力表　17—梭阀　18—摆缸四通阀　19—小液动阀　20、21—电磁换向阀
22—插装阀　24—螺纹插装阀　25—主液压缸　26—摆阀液压缸

（一）主回路和自动高低压切换回路

该回路由主液压泵 5、主液压泵 6、单向阀 8、高压过滤器 9、电磁溢流阀 10、梭阀 17、电磁换向阀 21、插装阀 22.1～22.11 和主液压缸 25 组成。主液压泵 5 和主液压泵 6 均为恒功率并带压力切断的电比例泵，其排量可以相同，也可不相同。主换向回路如图 4-49 所示。

该回路最大的特点是用 11 个相同通径的插装阀将主换向回路和自动高低压切换回路融为一体，其中插装阀 22.9～22.11 只承担高低压切换的功能，即只完成主液压缸 25.1 和 25.2 的活塞腔连通或活塞杆腔连通的功能；插装阀 22.1～22.8 则既承担高低压切换的功能，也承担主换向回路的功能，其中插

图 4-48　主换向回路

装阀 22.1～22.4 是高压状态下的换向插装阀，插装阀 22.5～22.8 是低压状态下的换向插装阀。高低压泵送状态的切换由电磁换向阀 21 来完成，具体流程如下：

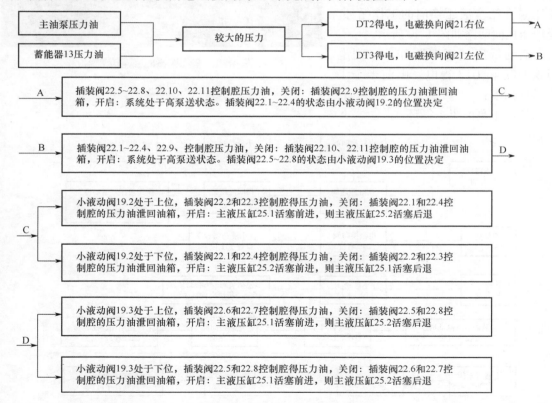

值得说明的是，当电磁换向阀 21 处于中位时，插装阀 22.1～22.11 全部处于关闭状态，目的是在待机状态下使主液压缸能承受输送管道中混凝土的反压，不至于在混凝土的反压作用下，与 S 管相连的主液压缸活塞退回到行程初始位置。

（二）分配阀回路

该回路（参见图4-47）由齿轮泵7、电磁换向阀11、溢流阀12、蓄能器13、单向阀14、摆缸四通阀18和摆阀液压缸26组成。其功能和原理与小排量泵送系统的分配阀回油完全一样，本节不再阐述。

（三）全液压换向回路

该回路（参见图4-47）由小液动阀19.1~19.3、电磁换向阀20.1~20.2、单向阀23和螺纹插装阀24组成。与小排量泵送系统液压回路一样，其也是通过电磁换向阀来使控制压力油发生变化，从而形成"正泵"和"反泵"两种作业模式；不同的是由于大排量泵送系统液压回路没有默认系统处于低压泵送状态，故高低压切换阀21必须参与控制才能进行泵送作业，即电磁铁DT1和DT2得电是高压正泵，电磁铁DT1和DT3得电是低压正泵，而DT1、DT2、DT4和DT5得电是高压正泵、DT1、DT3、DT4和DT5得电是高压反泵。以下仅以最常使用的低压正泵介绍全液压换向的工作循环。全液压换向回路如图4-49所示。

图4-49　全液压换向回路位置图

启动低压"正泵"作业，则电磁铁DT1和DT3得电，则前半个工作循环如下：

低压正泵前半个循环：

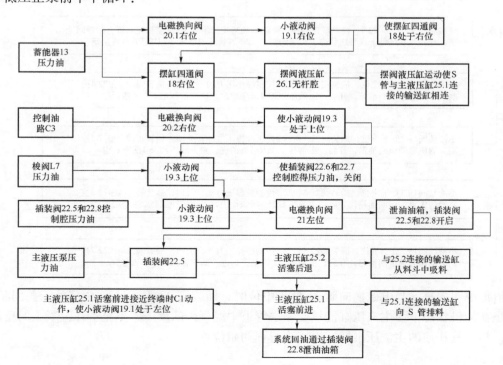

紧接着将自动进入以下的后半个循环。

低压正泵后半个循环：

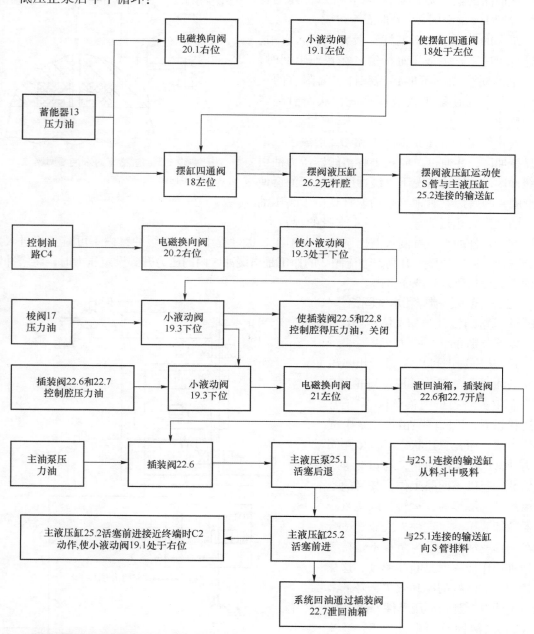

☞ **三、辅助液压回路的基本构造**

泵车的辅助液压回路包括主液压缸活塞杆防水密封液压回路、风冷回路、搅拌回路、水洗回路和自动退混凝土活塞液压回路。其中因风冷回路、搅拌回路和水洗回路均由同一个齿轮泵提供压力油，故放在一起进行阐述。

（一）主液压缸活塞杆防水密封液压回路

该回路的液压原理如图4-50所示，其主要由单向阀1、溢流阀2、Y形圈4组成。

泵车的主液压缸活塞杆一般完全浸入水中，在这种工况下，主液压缸活塞杆在快速退回时，主油缸的防尘圈并不能将活塞杆表面附着的一层水刮尽，往往被带入液压系统，从而引起液压油乳化。

在该回路中由Y形圈4.1和4.2形成了一个高压缓冲区，并通过单向阀1将蓄能器压力油引入缓冲区，在这种情况下，缓冲区内高压油会使Y形圈4的唇边紧紧地抱紧活塞杆，由于高压油产生的抱紧力远远大于Y形圈4本身的预紧力，使附在活塞杆的水不再侵入液压系统。由于在泵送过程中，高压缓冲区内不可避免将进入水分，致使缓冲区的压力升高，溢流阀2的作用是当缓冲区内的压力升到设定压力时，将缓冲区的油水混合物泄入到洗涤室内。

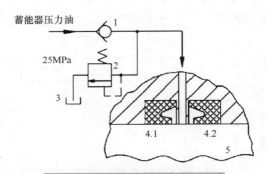

图4-50　主油缸活塞防水液压回路

1—单向阀　2—溢流阀　3—洗涤室
4—Y形圈　5—主液压缸活塞杆

（二）风冷、搅拌和水洗回路

该回路的液压原理如图4-51所示，以下分别介绍：

1）从原理图可以明显看出，该回路的油源由两部分组成：齿轮泵1压力油和多路阀压力油A1。在正常泵送状态下，该回路只由齿轮泵1提供压力油；而在怠速状态下，多路阀压力油A1进入该回路，与齿轮泵1压力油一起供该回路工作，其目的是让风冷马达继续高速运转，以使风冷却器冷却液压油。这种方式非常适合泵车的作业情况，因为泵车不是持续性地进行作业，而是断断续续，这样就达到了非常好的冷却效果，降低液压系统油温，延长液压元件寿命。

2）风冷回路由电磁阀3、溢流阀4、风冷马达5和风冷却器6组成。当装配在风冷却器6的温度传感器检测到液压油温达到设定的55℃时，电磁铁DT10得电，电磁阀3处于左位，则风冷马达在压力油的驱动下运转，以冷却液压油；当温度传感器检测到

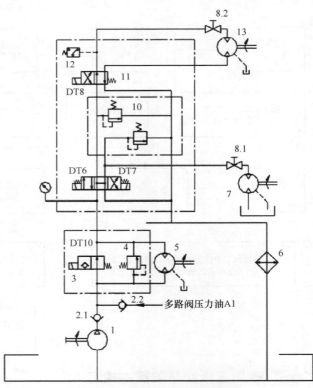

图4-51　风冷、搅拌和水洗回路

1—齿轮泵　2—单向阀　3—电磁阀　4—溢流阀
5—风冷马达　6—风冷却器　7—水泵马达
8—球阀　9—电磁换向阀　10—叠加式溢流阀
11—电磁换向阀　12—压力继电器　13—搅拌马达

液压油温低于设定的 38℃时，电磁铁 DT10 断电，电磁阀 3 处于右位，风冷马达停止运转。溢流阀 4 的作用是保证风冷马达的进出油口之间压力差不超过设定的压力值。

3）搅拌回路和水洗回路是并联的，由电磁换向阀 9 控制。当电磁铁 DT6 得电，电磁换向阀 9 处于左位，搅拌马达开始运转；当电磁铁 DT7 得电，电磁换向阀 9 处于右位，水泵马达开始运转。压力继电器 12 的作用是当检测到搅拌压力达到设定的 11MPa 时，则通知控制器让电磁铁 DT8 得电，电磁换向阀 11 处于左位，搅拌马达反转；并延时一定时间后，让电磁铁 DT8 断电，电磁换向阀 11 处于右位，搅拌马达恢复正转。叠加式溢流阀 10 的作用是分别设定搅拌和水洗的最高压力。

（三）自动退混凝土活塞液压回路

该回路的液压原理如图 4-52 所示，其主要由单向阀 1、电磁换向阀 2、限位液压缸 3 组成。当电磁铁 DT11 不得电时，电磁换向阀 2 处于右位，则蓄能器压力油通过电磁换向阀 2 进入到限位液压缸 3 内，并通过单向阀 1 将两个限位液压缸 3 的活塞固定在上位，这样主液压缸活塞只能运动正常行程位置；当需要更换或检查混凝土活塞时，在电控柜上启动"退混凝土活塞"，则系统处于憋压状态，并让电磁铁 DT11 得电，电磁换向阀 2 处于左位，当主液压缸活塞向后运动到正常行程位置后通过向限位液压缸活塞施加压力，促使相应的限位液压缸的液压油通过电磁换向阀 2 左位泄回油箱，主液压缸活塞得以继续向后运动，从而将混凝土活塞退回至洗涤室里去。主液压缸和限位液压缸的结构简图如图 4-53 所示。

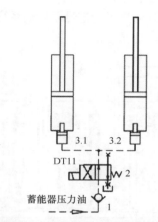

图 4-52　自动退混凝土活塞液压回路
1—单向阀　2—电磁换向阀　3—限位液压缸

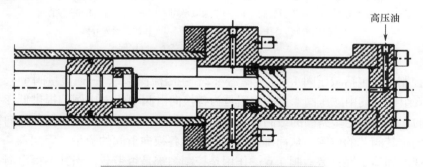

图 4-53　主液压缸和限位液压缸的结构简图

四、臂架系统液压回路的基本构造

臂架系统液压回路包括油源回路、臂架变幅回路、臂架回转回路和支腿动作回路，而油源回路又可分为定量泵供油系统和带负载敏感阀的变量泵供油系统，以下我们分别介绍。

（一）油源回路

如前所述，油源回路分为定量泵供油系统和带负载敏感阀的变量泵供油系统，但这两种系统均为负载敏感系统，其区别在于定量泵供油系统中的臂架泵提供固定的流量，而负载所需要的流量由多路阀控制块中三通流量阀来调节；而变量泵供油系统由变量臂架泵直接根据不同负载的需要，输出不同的流量。

在油源回路中是由多路阀的各片换向滑阀规定该滑阀 A、B 油口的最大流量，当然在应用中臂架泵的最大流量不可能大于等于各片换向滑阀流量的总和，这就意味着当多个臂架液压缸组合动作时，如需要的总流量大于了臂架泵的最大流量，则各片换向滑阀各油口不可能达到规定的流量，在这种工况下，流量优先流向负载小的臂架液压缸。

1. 定量泵供油系统

图 4-54 所示为定量泵供油系统的液压原理图，其中多路阀由控制块 4、换向滑阀 5~10 和终端块 11 组成。

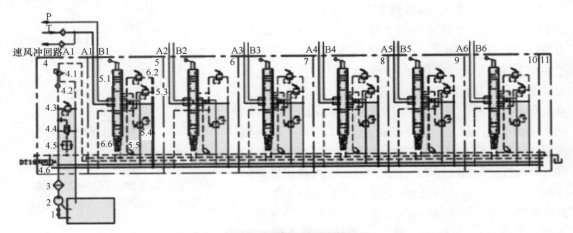

图 4-54　定量泵供油系统

9—3#臂架油缸换向滑阀　10—4#臂架油缸换向滑阀　11—终端块　4—控制块　4.1—减压阀
4.2—过滤器　4.3—主溢流阀　4.4—三通流量阀　4.5—阻尼器　4.6—旁通阀
5—换向滑阀　5.1—滑阀阀芯　5.2、5.3—二次溢流先导阀
5.4—二通流量阀　5.5—梭阀　5.6—电比例阀

多路阀控制块 4 包括减压阀 4.1、过滤器 4.2、主溢流阀 4.3、三通流量阀 4.4、阻尼器 4.5 和旁通阀 4.6 组成。其中减压阀 4.1 的作用是为各换向滑阀中的电比例阀提供低压控制油；主溢流阀 4.3 的作用是调定多路阀的最高压力；三通流量阀 4.4 的作用是根据各换向滑阀反馈来的最大压力确定其阀芯的位置，从而确定通过其到达各换向滑阀的流量；阻尼器 4.5 的作用是控制响应的速度和稳定性；旁通阀 4.6 的作用是控制系统是否带载，当其不得电时，各换向滑阀的动作不会导致输出流量和压力过大。

对于换向滑阀，我们以换向滑阀 5 来介绍，因为各换向滑阀区别只在于油口额定流量不一致。换向滑阀 5 包括滑阀阀芯 5.1、二次溢流先导阀 5.2 及 5.3、二通流量阀 5.4、梭阀 5.5 和电比例阀 5.6。其中滑阀阀芯 5.1 的作用是决定压力油的方向和对应油口流量的大小，二次溢流先导阀 5.2 及 5.3 的作用是决定油口 A、B 最大压力值，但其只是先导阀，而是通过调节三通流量阀 4.4 来最终调定压力；二通流量阀 5.4 的作用是保证滑阀阀芯 5.1 的进出油口的压差恒定，从而确保输出稳定的额定流量；梭阀 5.5 的作用是与其他滑阀的梭阀一起将最大的压力油反馈给三通流量阀 4.4，从而调节流量；电比例阀 5.6 的作用是提供电比例控制。

2. 带负载敏感阀的变量泵供油系统

图4-55所示为带负载敏感阀的变量泵供油系统的液压原理图，其中多路阀由控制块4、换向滑阀5~11和终端块12组成。

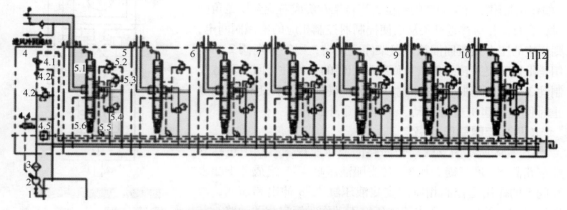

图4-55 带负载敏感阀的变量泵供油系统

1—球阀　2—定量臂架泵　3—高压过滤器　4—控制块　5—支腿换向滑阀　6—回转换向滑阀
7—1#臂架液压缸换向滑阀　8—2#臂架液压缸换向滑阀　9—3#臂架液压缸换向滑阀　10—4#臂架液压缸换向滑阀
11—5#臂架液压缸换向滑阀　12—终端块　4.1—减压阀　4.2—过滤器　4.3—主溢流
4.4—旁通阀　4.5—阻尼器　5.1—滑阀阀芯　5.2、5.3—二次溢流先导阀
5.4—二通流量阀　5.5—梭阀　5.6—电比例阀

多路阀控制块4包括减压阀4.1、过滤器4.2、主溢流阀4.3、旁通阀4.4、阻尼器4.5。从中不难看出，它与定量泵系统中多路阀控制块的区别在于无三通流量阀，实际上调节流量的三通流量阀只是与变量泵集成在一体而已。换向滑阀的功能和组成与前面讲过的一样，这里就不再阐述。

（二）臂架变幅回路

如图4-56所示为1#臂架液压缸平衡回路的液压原理图，其中包括平衡阀1、单向阻尼阀2、单向阻尼阀3和1#臂架液压缸4。平衡阀1的作用是在臂架液压缸运动过程中起平衡负载和控制及稳定运动速度，而在臂架液压缸不动作时起液压锁用；单向阻尼阀2和3的作用是调节臂架油缸的运动速度；臂架液压缸4是执行机构，其作用是推动臂架进行变幅。

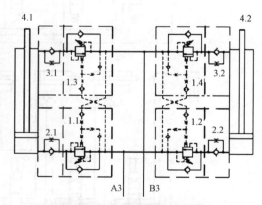

图4-56 1#臂架液压缸平衡回路

1—平衡阀　2、3—单向阻尼阀　4—1#臂架液压缸

在这里值得提醒的是单向阻尼阀2.1和2.2必须相同，即其中阻尼孔大小必须一致；而单向阻尼阀3.1和3.2必须相同，这样才能保证臂架液压缸4.1和4.2以相同的速度前进或后退。如果上述两个条件任一不满足，则臂架液压缸4.1和4.2的运行速度就会不一致，而这样的后果是非常严重的，不仅会造成臂架受强大侧向力的作用以致损坏；而且其中的一根臂架液压缸受到另一根臂架液压缸的强大作用力，致使活塞杆失稳而弯曲。

（三）臂架回转回路

图 4-57 所示为臂架回转回路的液压原理图，其中包括回转限位阀组 1、回转平衡阀 2 和回转马达及制动 3。回转限位阀组 1 的作用是限制臂架回转的角度，当臂架左旋或右旋至规定角度时，会触发相应接近开关从而使控制器控制相应的电磁阀断电，则相应的压力油泄回油箱，臂架停止旋转；回转平衡阀 2 的作用是平衡臂架回转的负载从而控制回转的平稳性；回转马达及制动 3 的作用是驱动减速机输出臂架回转所需的转矩以及在静止时保证减速机进行制动，不产生意外旋转。

（四）支腿动作回路

图 4-58 所示为支腿动作回路的液压原理图，其中包括支腿多路阀 1、液压锁 2 和 3、各支腿液压缸 4~8 组成。支腿多路阀 1 的作用是控制相应的支腿液压缸 4~8 伸出和缩回，液压锁 2 和 3 的作用是在支腿液压缸不动作时锁定相关油路。

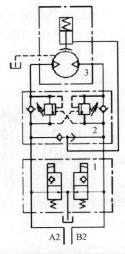

图 4-57　臂架回转回路
1—回转限位阀组　2—回转平衡阀
3—回转马达及制动

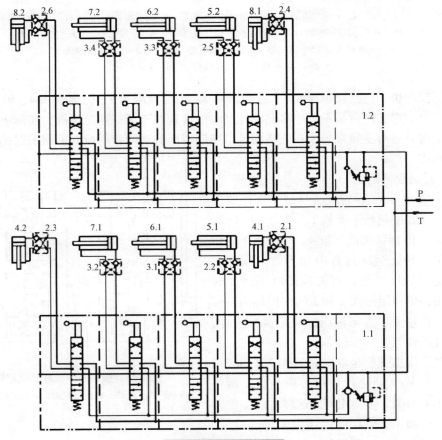

图 4-58　支腿动作回路
1—支腿多路阀　2、3—液压锁　4—右支腿下撑液压缸　5—前支腿伸缩液压缸
6—前支腿展开液压缸　7—后支腿展开液压缸　8—左支腿下撑液压缸

第三节　电气系统的基本构造

☞　一、电气系统简介

自 20 世纪 90 年代以来，国内外混凝土泵车进入了一个新的发展时期，在广泛应用高新技术的同时，电气系统以信息技术为先导，在发动机燃料燃烧、智能臂架、自动操纵、精确定位、故障监控诊断与节能环保等方面，进行了大量的研究，整体提升了泵车的高科技含量，促进了泵车的迅速发展。三一混凝土泵车继提高整机可靠性任务之后，技术发展的重点在于增加产品的电子信息技术含量，努力完善产品的标准化、系列化和通用化，改善操作人员的工作条件，向节能、环保方向发展。

国内以三一为首的厂家电气核心控制部分以采用可编程序控制器为主。国外泵车电气系统则以采用专用控制器为主，如普茨迈斯特、施维茵泵车与专业电气厂家合作定制控制器。三一电气系统采用德国西门子可编序控制器，在设计中综合应用网络、信息、通讯、定位等技术可实现远程 GPS 监控，通过公司监控中心可随时查询该机器的工作状况，了解相关工况数据；在国家 863 计划支持下，充分利用自有技术研制成功国内第一台智能臂架泵车，是国际上继德国普茨迈斯特之后第二家攻克并实现泵车大型臂架智能控制技术的企业，在技术上填补了国内空白，进入世界先进行列。控制器实物如图 4-59 所示。

图 4-59　控制器实物图

单机控制系统由电控柜、遥控器及各种传感器等零部件组成，其可靠性高并具有良好的人机界面，能实时显示各种工况技术参数，提示用户当前状态，进行监控报警。操作方便可靠，方式有近、遥控两种模式，近控在电控柜面板上操作，当切换到遥控状态后，则在遥控器上操作。

☞　二、电气系统构成

电气系统电源由底盘蓄电池提供+（DC24V），负极搭铁；控制系统由电源、工作灯控制回路、臂架遥控系统控制回路、各种底盘测速、调速及接口控制回路、PLC 控制回路、电磁阀驱动回路及 GPRS/GPS 远程监控系统等构成。电控系统示意图如图 4-60 和图 4-61 所示。

泵车电气原理如图 4-62 所示，电控实物如图 4-63 所示。现将各回路工作原理分别介绍如下：

（一）电源及工作灯控制回路

如图 4-64 所示，料斗工作灯、手提工作灯电源均由蓄电池经熔丝 FU1 直接供给，料斗工作灯由自带的开关控制，手提工作灯可根据需要直接插在电控柜旁或多路阀组上的专用插

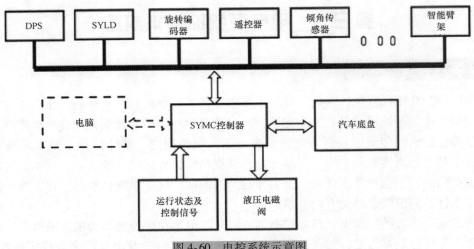

图 4-60　电控系统示意图

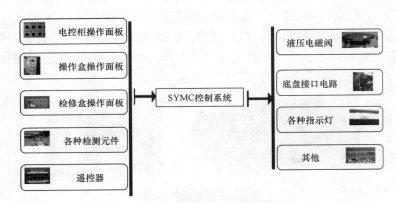

图 4-61　电气控制系统示意图

座中则可使用。

电控系统电源由驾驶室内电源开关 S1 控制，按下电源开关 S1，电源指示灯 L1（该灯在开关 S1 内）亮，电控系统得电，继电器 KA1 得电，其触点闭合后经熔丝 FU2、FU3、FU4 向遥控器、电磁阀及 PLC 等相关电路提供电源，支腿工作灯、侧边灯均由电控柜内断路器 QF2 控制。

（二）臂架遥控系统控制回路

如图 4-65 所示，遥控发射器发送信号给接收器，接收器根据收到的信号实现相应控制。分别控制发射器的左右旋转及一节臂至五节臂的伸缩摇杆，臂加动作时 I1.0 信号得电，底盘柴油机开始升速至设定转速，遥控器发信号给接收器直接控制相应的电比例阀，左右旋转阀为 DT16、DT17，四节臂伸缩阀为 DT18、DT19，三节臂伸缩阀为 DT20、DT21，二节臂伸缩阀为 DT22、DT23，一节臂伸缩阀为 DT24、DT24，五节臂伸缩阀为 DT26、DT27（注：当一节臂架收到位后，缩回阀则不再得电）。以上操作可在发射器上选择动作的快慢。

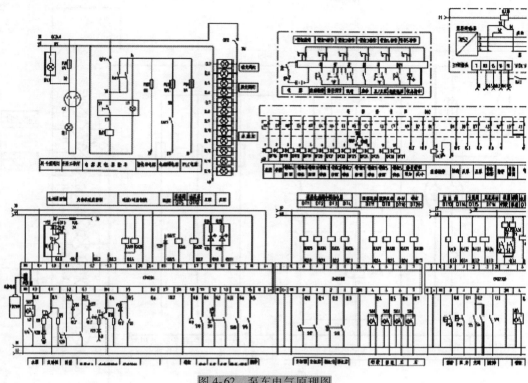

图 4-62　泵车电气原理图

图 4-63　电控实物图

（三）各种底盘测速、调速及接口控制回路

1. VOLVO 底盘

如图 4-66 所示，泵送时中间继电器 KA10 得电，断开里程表信号，行驶时线路恢复，里程表根据传感器送来的信号开始计量里程。

VOLVO 底盘提供一个 31 针插头，分动箱速度信号由插头的 7 脚提供，升降速信号（Q0.5 为巡航，Q0.2 为升速，Q0.1 为降速）送入插头的 13、15、16 脚，当 Q0.5、Q0.2 为高电平时底盘柴油机升速，Q0.5、Q0.1 为高电平时底盘柴油机降速。

发动机熄火由中间继电器 KA3 的一对触点给 17 脚送入一个高电平。

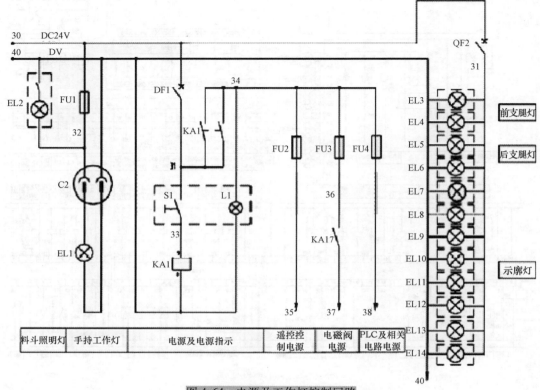

图 4-64　电源及工作灯控制回路

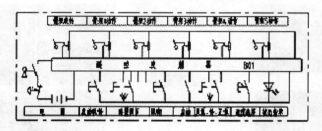

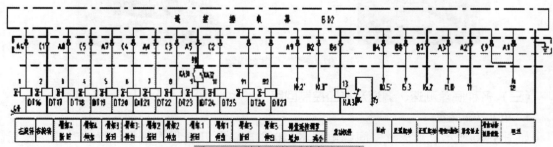

图 4-65　臂架遥控系统控制回路

2. 五十铃底盘

如图 4-67 所示，泵送时由继电器的常闭点（16、17 号线）断开里程表传感器信号，行驶时线路恢复，里程表开始正常计量；分动箱速度信号（18 号线）由传感器的白色线获取。

底盘发动机升降速信号由 82 号线送，速度的大小取决于 82 号线对 80 号线电压的大小（当 82

号线电压由 0.5V 升至 4.5V 时,柴油机转速则由怠速升至底盘最高转速)。

发动机熄火由中间继电器 KA3 控制,KA3 得电后断开线路,底盘熄火。

3. 奔驰底盘

如图 4-68 所示,泵送时中间继电器 KA10、KA11 得电,分别断开里程表传感器的信号线,行驶时线路恢复,里程表开始正常计量;分动箱速度信号(18 号线)由传感器的灰蓝色线获取。

升降速信号(Q0.5 为巡航,Q0 驾驶室插头 X2 的 4、5 脚、X3 插头的 10 脚)送入底盘电脑,以实现速度的控制。

底盘熄火由 X2 插座的 8、11 脚控制,KA3 得电时底盘熄火。

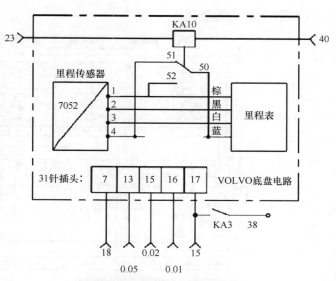

图 4-66 VOLVO 底盘接口电路

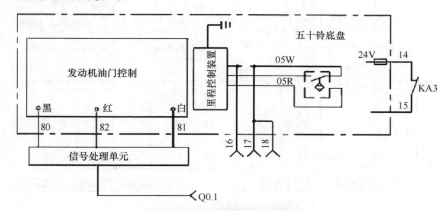

图 4-67 五十铃底盘接口电路

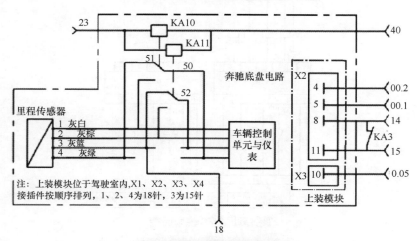

图 4-68 奔驰底盘接口电路

（四）PLC 控制回路

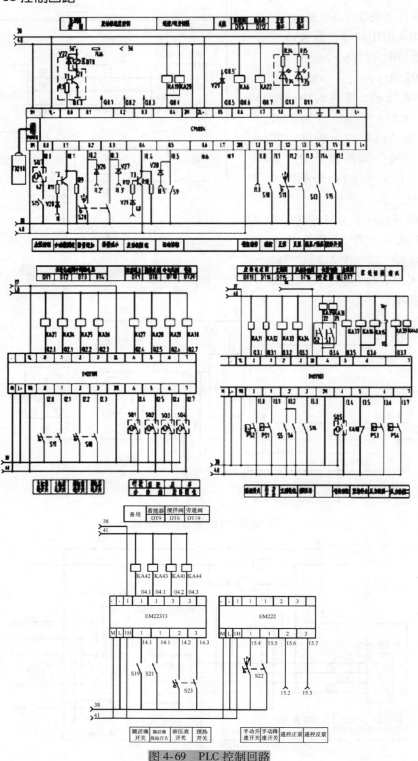

图 4-69　PLC 控制回路

1）可编程序控制器在系统中分为主模块和扩展模块两大类，主模块 CPU224 将一个微处理器、一个集成电源和数字输入/输出点集成在一个紧凑的封装中，从而形成了一个功能强大的微型控制器，其他扩展模块主要是扩充完善 CPU 功能，增加 I/O 点的个数。

2）如图 4-69 所示，CPU224 为主模块，下部为输入点，0.0-1.5 输入点定义地址为 I0.0-I1.5，上部为输出点，0.0-1.1 输出点定义地址为 Q0.0-Q1.1，其他扩展模块的每个 I/O 点均对应一个地址，在面板上的对应指示灯点亮。

3）各种功能简述如下：

洗（I0.0）：水箱中有水时，按下水洗开关，I0.0 得电，水洗电磁阀 Q3.5 得电（如为低速水泵，则速度必须要低于 850rpm，Q3.5 才能得电）。

测速（I0.1）：里程传感器信号（18 号线）经过放大处理后送入 PLC 的 I0.1 口，此处运用 PLC 的高速计数功能，PLC 再根据脉冲个数的多少计算出分动箱的相应转速。

排量调节（I0.2、I0.3）：近/遥控的排量增加减少信号由 I0.2、I0.3 送入，以改变 Q0.0 电压的大小，即电比例阀 DT0 电流的大小。

讯响（I0.5）：按下电控柜或遥控器上的喇叭按钮，I0.5 得电后 Q3.7 得电，以控制臂架上的电喇叭或底盘喇叭。

架动作（I1.0）：遥控状态时操作臂架动作，I1.0 得电，底盘柴油机开始升速，停止动臂架后，I1.0 失电，经过几秒后柴油机自动降至怠速。

近/遥控转换（I1.1）：操作电控柜上的近遥控转换开关，I1.1 得电，系统切换至遥控状态，Q0.4 得电，注：近/遥控转换只能在空闲状态（非正、反泵、退活塞等工况）时进行转换。

正/反泵（I1.2、I1.3）：近控时操作正反泵开关，I1.2、I1.3 分别得电，底盘柴油机升速至设定转速后相应的电磁阀得电，泵送开始。

高低压（I1.4）：选择泵送时的高低压状态，系统默认为低压状态，当 I1.4 得电后，系统转换为高压状态，小排量泵车 Q0.6 得电。

搅拌（I1.5）：将开关切换到搅拌位置（Q4.2 得电）。

主缸点动（I2.0、I2.1）：操作点动前进（I2.0 得电）或后退（I2.1 得电）钮子开关，相应电磁阀得电。

摆缸点动（I2.2、I2.3）：操作点动前进（I2.2 得电）与后退（I2.3 得电）钮子开关时，泵车相应电磁阀动作。

行驶/泵送检测（I2.4、I2.5）：分动箱位置检测的输入点，行驶位置时 I2 得电，用于判断分动箱所处状态。

旋转限位检测（I2.6、I2.7）：正常情况时臂架可正常左右旋转（Q3.0、Q3.1 得电），当左旋转到位后检测开关 I2.6 得电，Q3.0 失电，臂架则无法再向左旋转；右旋转到位后检测开关 I2.7 得电，Q3.1 失电，臂架则无法再向右旋转。

风冷控制（I3.0）：温控开关工作后（I3.0 得电），冷却风机启动（Q2.6 得电），并且风机补油阀工作（Q3.3 得电）。

搅拌反转（I3.1、I3.3）：压力开关动作（I3.1）或搅拌反转开关（I3.3）启动，Q2.5 得电搅拌轴开始反转，当搅拌反转信号消失，搅拌轴延时搅拌 8S 后自动停止反转。

支腿动作（I3.2）：操作支腿动作开关（I3.2 得电），底盘柴油机升速至 1000r/min，支腿阀工作（Q3.2 得电）。

臂架到位（I3.4）：臂架放到位后（I3.4得电），才允许动支腿，此时不允许旋转臂架。

紧急停止（I3.5）：按下电控柜或遥控器上的急停按钮（I3.5得电），文本显示器提示"紧急停止"，此时无法进行任何操作。

缓冲控制（I3.6、I3.7）：泵送换向时，压差传感器I3.6、I3.7依次动作，主油泵排量换向时自动减小，以实现缓冲控制。

退活塞（I4.0、I4.1）：活塞退出时泵车底盘柴油机自动升至设定转速，可实现活塞的退出、保持与停止。

油压表与预热开关（I4.2、I4.3）：操作开关转换至油压表（I4.2得电）或预热（I4.3得电）位置，分别启动油压表开关阀（Q0.7得电）或预热功能的各电磁阀。

手动升降速（I5.4、I5.5）：升速为I5.4得电，降速为I5.5得电，可通过旋钮开关手动调节底盘柴油机速度。

遥控正反泵（I5.6、I5.7）：遥控状态时，正泵为I5.6得电，反泵为I5.7得电。

（五）电磁阀驱动回路

电磁阀驱动回路实物如图4-70所示。

图4-70　实物图

由于PLC输出点的驱动能力不够，电磁阀均经中间继电器驱动，如图4-71所示，各电磁阀动作如下：

正泵：小排量泵车：DT1、DT2、DT9

　　　大排量泵车：高压：DT1、DT2、DT9

　　　　　　　　　低压：DT1、DT3、DT9

反泵：小排量泵车：DT1、DT3、DT4、DT9

　　　大排量泵车：高压：DT1、DT2、DT4、DT5、DT9

　　　　　　　　　低压：DT1、DT3、DT4、DT5、DT9

点动前进：小排量泵车：DT1、DT3、DT4、DT9

　　　　　大排量泵车：DT1、DT3、DT4、DT5、DT9

点动后退：小排量泵车：DT1、DT3、DT9

　　　　　大排量泵车：DT1、DT3、DT4、DT9

摆缸前进：DT9

摆缸后退：小排量泵车：DT4、DT9

大排量泵车：DT5、DT9

退活塞：小排量泵车：退出：DT1、DT3、DT5、DT9、DT11

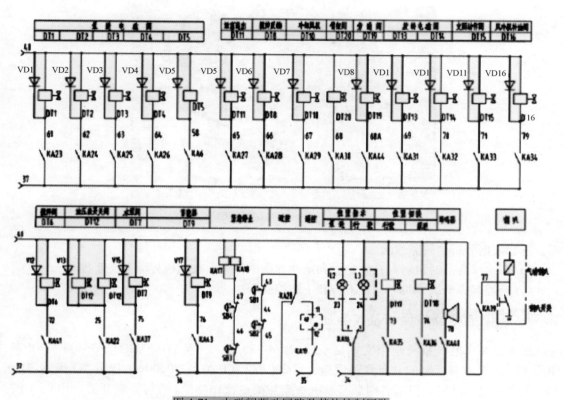

图 4-71　电磁阀驱动回路及其他控制回路

保持：DT3、DT5、DT9、DT11

取消：DT3、DT5、DT9

大排量泵车：退出：DT1、DT2、DT4、DT9、DT11

保持：DT2、DT4、DT9、DT11

取消：DT2、DT4、DT9

搅拌反转：DT6、DT8　　　　　　　　搅拌：DT6

水泵：DT7

VD1～VD17 为续流二极管，由于电磁阀是感性负载，在断电瞬间产生高压反向自感电势，该自感电势在断电时会加在中间继电器的触点上，对触点的使用寿命有影响，加续流二极管主要防止高压反向自感电势对继电器触点的影响，提高触点使用寿命。

（六）GPRS/GPS 远程监控系统

以三一自主开发的智能化工程机械机群通讯网络与定位模块 SYMT 为核心，采用当前先进的无线通信技术和控制技术，构造了混凝土泵车远程监控系统。如图 4-72 所示。

该系统具有以下主要功能：

1）机器定位。不论机器在什么地方，通过三一的 GPS 远程监控中心的监测定位，都能找到机器的准确位置。

2）远程工况监测。三一的 GPS 中心通过数据请求，可以将相关的工况数据上传到总

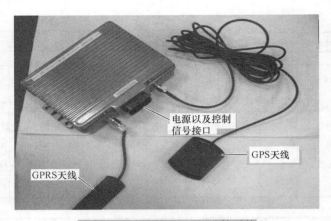

图 4-72　GPRS/GPS 远程监控系统

部，进行数据分析，故障诊断。

3）用户提醒。对机器存在的隐患和定期要做的保养，在人机界面上文字提醒。

4）远程程序升级。可以远程上传和下载控制程序。

☞ 三、电控柜操作面板及参数显示

混凝土泵车电气系统常用文本显示器（图 4-73）有三种类型：TD200、DS300 与 OP73，使用 TD200 文本显示器的共有两种面板：TD200+旋钮开关与 TD200+面膜开关如图 4-74 所示，前者只显示功能，但后者则具有显示功能与菜单操作功能（需与面膜开关合用）；OP73 与 DS300（如图 4-74 所示）功能一致，均具有信息显示及菜单操作功能，具体操作详见操作说明书。

图 4-73　显示器

a）TD200 + 旋钮开关　　　b）TD200+ 面膜开关　　c）DS300 文本显示器

图 4-74　电控柜操作面板

（一）TD200+旋钮开关：

1）具有各种工况时的信息提示，常见信息提示如下：

① 分动箱速度：XXXr/min

② 发动机速度：XXXr/min

③ 排量：XXX%

④ 泵送时间：XXhXXmin

⑤ 底盘类型：五十铃（VOLVO、BENZ）

⑥ 液压系统类型：大排量（小排量）

⑦ 泵送设定速度：XXXr/min

⑧ 水泵类型：高速水泵（低速水泵）

⑨ 程序编号：XXXXXX 版本号：X

2）混凝土泵车在正常工作时，文本会根据当前工作状态提示用户，常见工况提示如下：

① 近控（遥控）正泵中……

② 近控（遥控）反泵中……

③ 退活塞中……

④ 主缸点动中……

⑤ 摆缸点动中……

⑥ 禁止动臂架

⑦ 禁止动支腿

⑧ 紧急停止

3）文本显示器上部分按键含义如下：

① F1 键：压力表开关按钮。观察主系统或臂架系统压力时，按下 F1 按钮，控制压力表的电磁阀得电，压力表开始指示。2min 后，控制压力表的电磁阀失电，压力表显示为零。

② F5（Shift+F1）键：中英文转换，显示器上的文字信息可在中文与英文切换，断电后再次开机为中文显示，英文状态需再次切换。

4）由于该面板是在电气系统实现通用化与标准化后采用，所以机器在下载程序时需对程序进行初始化参数设置，设置方法如下：

① 下载完程序后，文本显示：系统选择说明：F3 选择，F4 确认！

② 按向下键进行入底盘选择，文本显示：底盘选择：五十铃底盘（VOLVO 底盘、奔驰底盘）按下 F3 键，在三种底盘中转换，出现正确底盘类型后则按下 F4 键予以确认。

③ 完成底盘类型选择后文本显示：分动箱选择：最高泵送速度 1750r/min（1500r/min），按下 F3 键，在两种速度中转换，出现正确速度后按下 F4 键予以确认。

④ 完成泵送速度选择后文本显示：水泵马达选择：高速水泵马达（低速水泵马达），按下 F3 键可在两种水泵类型中转换，出现正确的类型后按下 F4 键予以确认。

⑤ 完成水泵类型选择后文本显示：液压系统选择：大排量液压系统（小排量液压系统）按下 F3 键在两种液压系统中转换，出现正确类型后按下 F4 键予以确认。

⑥ 完成以上选择后，文本显示：保存系统参数：按 F7 键保存设置并重启。

完成以上操作后，可重启 PLC 电源或将 PLC 的开关重新置于 RUN 状态，让 PLC 正常工作后程序则可正常运行。

注：更换 PLC 后需重新下载程序时，则要进行相应选择。

（二）TD200+面膜开关

该面板具有常见信息提示同面板 1，无工况提示，与面膜开关合用可具有菜单操作功能，通过面膜的上翻键"▲"与下翻键"▼"用来进行菜单翻页，Enter 键为确认键，用来选定菜单，ESC 退回键，用来返回上一级菜单或取消键入。各菜单操作功能如下：

① 泵送速度设定。

② 排量调节。

③ 手动调速。

④ 主缸点动。

⑤ 摆缸点动。

⑥ 液压系统预热。

⑦ 活塞退出。

⑧ 超速记录查询。

⑨ 泵送时间查询。

该文本显示器上部分按键含义如下：

① F1 键：主系统和臂架系统压力表开关，功能同面板 1 的 F1 键。

② F3、F4 键：搅拌、水洗控制。

③ F6 键：退活塞保持按键。

（三）DS300 与 OP73 文本显示器

该两种面板实现的功能完全一致，常见信息及工况提示同面板 1，在该两种显示器上可根据画面上的提示进行相应的功能操作，菜单操作功能同面板 2，此处不再详述。

文本显示器上部分按键含义如下：ALM 按钮：压力表开关按钮。功能同面板 1 的 F1 键。

第五章
泵车的安全与操作

混凝土泵车安全操作主要包括两个方面：一是整机道路安全行驶的安全操作，二是使用混凝土泵车作业时的安全操作。这就要求混凝土泵车操作工既要具备机动车驾驶证，又要有工程机械特种专业操作的技术与证书。目的是确保混凝土泵车操作使用的安全性。

混凝土泵车的常见事故是翻车、折臂和触电等，这主要是操作人员不了解和违反操作规程引起的。由于混凝土泵车作业环境随时变化，作业范围大，转移速度快，且其结构复杂，进出结构安全系数控制严格，操纵难度大，因此危险因素也较多，使用不当事故发生率亦增加。造成事故的原因是复杂的，它涉及管理制度、技术素质、机构状况、应用技术、作业条件、施工协调等多方面的因素。本节集中介绍主要的危险因素、防止措施以及安全操作要求，目的是使混凝土泵车得到最佳使用效果，确保安全作业，防止混凝土泵车作业事故的发生。

混凝土泵车的驾驶员，在完成了对泵车的基本知识、基本构造、原理等基础理论学习后，便可以进行实际操作训练。泵车驾驶员在实际操作训练前，必须首先学习泵车的安全知识和混凝土知识，然后才能进行实际操作。泵车的安全知识如图 5-1 所示。

泵车驾驶员操作泵车前要熟悉各个操纵装置的分布位置、使用方法和注意事项。这样才能打牢驾驶操作的基础，练就过硬的基本功，提高驾驶员的操作技术水平，确保在各种运行条件

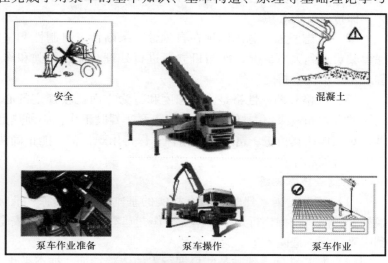

图 5-1　泵车的安全知识

下，能正确而熟练地使用泵车，充分发挥泵车的效能，安全、优质、低耗地完成任务。

第一节　混凝土泵车驾驶员的素质和职责要求

随着经济的快速发展，混凝土泵车数量越来越多，混凝土泵车驾驶员队伍迅速扩大，努力提高驾驶员的素质是保证人身、车辆和货物安全的关键。混凝土泵车驾驶员必须是年满18周岁、身高155cm以上，初中以上文化程度，经过专业培训，并考核合格，取得《特种设备作业人员证》后，方可单独驾驶操作。

☞　一、混凝土泵车驾驶员的基本素质

1. 思想素质过硬

（1）责任意识较强　混凝土泵车驾驶员必须热爱本职工作、忠于职守、勤奋好学，对工作精益求精，对国家、单位财产以及人民生命安全高度负责，安全、及时、圆满地完成各项任务。

（2）驾驶作风严谨　混凝土泵车驾驶员应文明装卸、安全作业，认真自觉地遵守各项操作规程。道路好不逞强，技术精不麻痹，视线差不冒险，有故障不凑合，任务重不急躁。

（3）职业道德良好　混凝土泵车驾驶员工作时，应安全礼让，热忱服务，方便他人。作业中能相互协调，对不同货物能采取不同的装卸方式，不乱扔乱摔货物。

（4）奉献精神突显　混凝土泵车驾驶员职业是一个艰苦的体力劳动与较复杂的脑力劳动相结合的职业，要求驾驶员在工作环境恶劣、条件艰苦的场合和危急时刻，要有不怕苦、不怕脏、不怕累的奉献精神，还要有大局意识、整体观念和舍小顾大的思想品质。

2. 心理素质优良

（1）情绪稳定　当驾驶员产生喜悦、满意、舒畅等情绪时，他的反应速度较快，思维敏捷，注意力集中，判断准确，操作失误少。反之，当他产生烦恼、郁闷、厌恶等情绪时，便会无精打采，反应迟缓，注意力不集中，操作失误多。因此要求驾驶员要及时调控好情绪，保持良好的心境。

（2）意志坚强　意志体现在自觉性、果断性、自制性和坚持性上。坚强的意志可以确保驾驶员遇到紧急情况，能当机立断进行处理，保证行驶和作业安全；遇到困难能沉着冷静，不屈不挠，持之以恒。

（3）性格开朗　性格是人的态度和行为方面比较稳定的心理特征，不同性格的人处理问题的方式和效果不一样。从事混凝土泵车驾驶工作，必须热爱生活，对他人热情、关心体贴；对工作认真负责，富有创造精神；保持乐观自信，能正确认识自己的长处和弱点，以利于安全行驶和作业。

3. 驾驶技术熟练

（1）基础扎实　驾驶员具有扎实的基本功，能熟练、准确地完成检查、起动、制动、换档、转向、挖掘、行走、停车等操作，基本功越扎实，对安全行驶和作业越有利，越能做到眼到手到，遇险不惊、遇急不乱。

（2）判断准确　驾驶员能根据行人的体貌特征、神态举止、衣着打扮等来判断其年龄、性别和动向，同时能判断相遇车型的技术性能和行驶速度，能根据路基质量、道路宽度来控

制车速，能根据货物的包装和体积判断货物的重量和重心等，也能判断混凝土泵车和货物所占空间，前方通道是否能安全通过，对会车和超车有无影响等。

（3）应变果敢　混凝土泵车在行驶和作业过程中，情况随时都在变化，这就要求驾驶员必须具备很强的应变能力，能适应行驶和作业的环境，迅速展开工作，完成作业任务，保证人、车和货物的安全。

4. 身体健康

混凝土泵车驾驶员应每年进行一次体检，有下列情况之一者，不得从事此项工作：

1）双眼矫正视力均在 0.7 以下，色盲。

2）听力在 20dB 以下。

3）中枢神经系统器质性疾病（包括癫痫）。

4）明显的神经官能症或植物神经功能紊乱。

5）低血压、高血压（低压高于 90mmHg，高压高于 130mmHg，1mmHg = 133.322Pa）、贫血（血色素低于 8g）。

6）器质性心脏病。

☞ **二、混凝土泵车驾驶员的职责**

1）认真钻研业务，熟悉混凝土泵车技术性能、结构和工作原理，提高技术水平，做到"四会"，即会使用、会养修、会检查、会排除故障。

2）严格遵守各项规章制度和混凝土泵车安全操作规程、技术安全规则，加强驾驶作业中的自我保护，不擅离职守，严禁非驾驶员操作，防止意外事故发生，圆满完成工作任务。

3）爱护混凝土泵车，积极做好混凝土泵车的检查、保养、修理工作，保证混凝土泵车及机具、属具清洁完好，保证混凝土泵车始终处于完好技术状态。

4）熟悉混凝土泵车装卸作业的基本常识，正确运用操作方法，保证作业质量，爱护装卸物资，节约用油，发挥混凝土泵车应有的效能。

5）养成良好的驾驶作风，不用混凝土泵车开玩笑，不在驾驶作业时饮食、闲谈。

6）严格遵守混凝土泵车的使用制度规定，不超载，不超速行驶，不酒后开车，不带故障作业，发生故障及时排除。

7）多班轮换作业时，坚持交接班制度，严格交接手续，做到四交：交技术状况和保养情况；交混凝土泵车作业任务；交清工具、属具等器材；交注意事项。

8）及时准确地填写《混凝土泵车作业登记表》和《混凝土泵车保养（维修）登记表》等原始记录，定期向领导汇报混凝土泵车的技术状况。

9）混凝土泵车上路行驶时，应严格遵守交通规则，服从交通警察和公路管理人员的指挥和检查，确保行驶安全。

10）驾驶员在驾驶作业中，要持《混凝土泵车操作驾驶证》，不准操作与驾驶证件规定不相符的混凝土泵车。

第二节　泵车驾驶基础

在完成了对泵车的基本构造、原理、安全操作规程等基础理论学习后，便可以进行实际操作训练。泵车驾驶员在实际操作训练前，必须熟悉各操纵装置的分布位置、使用方法和注意事项。这样才能打牢驾驶操作的基础，练就过硬的基本功，提高驾驶员的操作技术水平，确保在各种运行条件下，能正确而熟练地使用泵车，充分发挥泵车的效能，安全、优质、低耗地完成任务。

☞ **一、操纵杆功用与控制**

泵车的操纵装置包括转向盘、离合器踏板、加速踏板、变速与换向操纵杆、制动踏板与驻车制动操纵杆等六大操作部件，如图 5-2 所示。

图 5-2　泵车操作装置

（一）转向盘的运用

转向盘是泵车转向机构的主要机件之一。正确运用转向盘，能够确保泵车沿着正确路线安全行驶，在需要的情况使机器转弯，并能减少转向机件和轮胎的非正常磨损。转向盘实物如图 5-3 所示。

图 5-3　转向盘

1．操作方法

在平直道路上行驶时，两手运用转向盘动作应平衡，以左手为主，右手为辅，根据行进前方车辆、人员、通道等情况作必要的修正，一般不要左右晃动。

2．使用注意事项

1）转弯时应提前减速（在平整路面上走行转向时，速度不得超过 5km/h），尽量避免急转弯。

2）在高低不平的道路上，横过铁路道口行驶或进出车门时，应紧握转向盘，以免转向盘受泵车颠簸的作用力猛烈振动或转向而击伤手指或手腕。

3）转动转向盘不可用力过猛，泵车运行停止后，不得原地转动转向盘，以免损伤转向机件。

4）当右手操纵起升手柄、倾斜手柄时，左手可通过快转手柄单手操纵控制转向盘。

（二）离合器的运用

离合器的使用非常频繁。泵车驾驶员可以根据装卸作业的需要，踏下或松开离合器踏板，使发动机与变速器暂时分离或平稳接合，切断或传递动力，以满足泵车不同工况的要求。

1．操作方法

使用离合器时，用左脚踏在离合器踏板上，以膝和脚关节的伸屈动作踏下或放松。踏下即分离，动作要迅速，并一次踏到底，使之分离彻底，不能拖泥带水；松抬即接合，放松时一般在离合器尚未接合前的自由行程内可稍快。当离合器开始接合时应稍停，逐渐慢慢松抬，不能松抬过猛，待完全接合后迅速将脚移开，放在踏板的左下方。

2．注意事项

1）泵车行驶中，不论是高档换低档，还是低档换高档，禁止不踏离合器换档。

2）泵车行驶不使用离合器时，不得将脚放在离合器踏板上，以免离合器发生半联动现象，影响动力传递，加剧离合器片、分离轴承等机件的磨损。

3）若不是十分必要，不得采取不踏离合器而制动停车的操作方法。

4）经常检查并保持分离杠杆与分离轴承的间隙，并对离合器分离轴承、座、套等按时检查加油。

（三）变速器的档位及操作

泵车变速器档位分为九个档，即：空档、前进 1~8 档、后退 R 档。泵车在行驶和作业中，换档比较频繁，及时、准确、迅速地换档，对于提高作业效率、延长泵车的使用寿命、节省燃料起着重要作用。变速操纵位置如图 5-4 所示。

1．操作方法

速度控制杆用以控制机器的行走速度，把速度控制杆放置到合适的位置可得到所希望的速度范围，第 1 档至第 4 档用于低速行驶，第 5 档至第 8 档用于高速行驶。如图 5-5 所示，当使用 R 档时，就是倒档。

2．注意事项

操纵变速杆换档时，右手要握住变速杆，换档结束后立即松开，动作要干净利落，不得强推硬拽。方向逆变时，必须待泵车停稳后，方可换档，以免损坏机件；要根据车速变化情况及时变换档位，不可长时间以起动用的低速档作业。

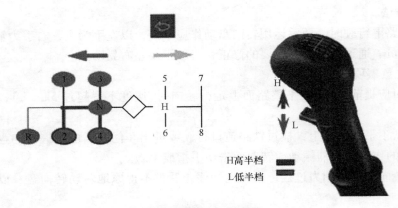

图 5-4　变速操纵位置

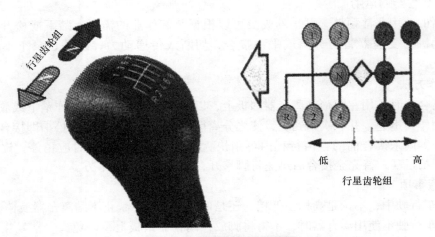

图 5-5　控制杆、踏板总体图

（四）制动器的运用

在运行中，泵车的减速或停车是靠驾驶员操作制动器和驻车制动器来实现的。正确合理地运用制动器，是保证作业安全的重要条件，同时对减少轮胎的磨损、延长制动机件的使用寿命有着直接的影响。使用制动器应注意以下问题：

1）不得穿拖鞋开车。

2）泵车在雨、雪、冰冻等路面或站台上行驶，不得进行紧急制动，以免发生侧滑或掉下站台。

3）一般情况下，不得采取不用离合器而进行制动停车的操作方法。

4）不得以倒车代替制动（紧急情况下除外）。

5）使用驻车制动前，必须先用制动器使车停住。使用驻车制动器时，不可用力过猛，以防推杆体、护杆套脱落，卡住制动蹄片。运行时严禁用驻车制动，只有在制动器失灵，又遇紧急情况需要停车时，才可用驻车制动紧急停车。停车时，必须拉紧驻车制动。

（五）加速踏板的操作

操纵加速踏板要以右脚跟为支点，前脚掌轻踩加速踏板，用脚关节的伸屈动作踩下或放松。操纵时要平稳用力，不得猛踩、快踩、连续抖动。

二、起动与熄火

（一）起动

起动前，应检查冷却液高度、机油和燃油量、蓄电池电解液液面高度、灯光、仪表、轮胎气压等。驾驶员按照起动前应检查的程序、内容、要求，进行认真的检查后，方可起动。

1. 操作方法

正常起动发动机，检查机器周围应该没有人或障碍物，然后鸣喇叭和起动发动机。起动发动机不能连续 20s 以上，如果发动机没能起动，至少要等 2min 才能再次起动。

把起动开关的钥匙转到 ON 位置，如图 5-6b 所示。然后把加速踏板轻轻踏下如图 5-6c 所示。把起动开关的钥匙转到起动位置把发动机起动，如图 5-6d 所示。当发动机已起动，把起动开关的钥匙放开，钥匙将自动返回到 ON 位置。如图 5-6e 所示。

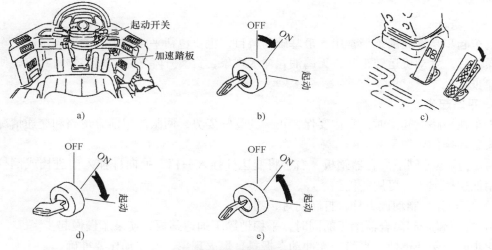

图 5-6 点火开关的使用

1）拉紧驻车制动，变速杆置空档位置。

2）打开点火开关，接通点火线路。

3）左脚踏下离合器踏板，右脚稍踏下加速踏板，汽油机要拉出阻风门拉钮（热机时不必拉出），转动点火开关钥匙置起动位置即可起动；柴油机要旋转起动旋钮或按钮。

4）起动发动机，待发动机怠速运转稳定后（汽油机要将阻风门缓慢推入），松开离合器踏板，保持低速运转，逐渐升高发动机温度。切勿猛踩加速踏板，以免造成机油压力过高，发动机磨损加剧。

2. 注意事项

1）发动机在低温条件下，应进行预热，一般可采用加注热水的方法并用手摇柄摇转曲轴，使各润滑面得到较充分的润滑，严禁使用明火预热。

严寒情况下冷机起动时，先用手转动风扇，防止水泵轴冻结，转动汽油泵摇臂，使化油器内充满汽油，预热发动机再进行起动。

2）起动机一次工作时间不得超过 5s，切不可长时间接下按钮不放，以免损坏起动机和蓄电池。连续起动不超过 2 次，每次之间的间隔应为 10~15s。连续 3 次仍然起动不了，应进行检查，待故障排除后，再起动。

3）禁止使用拖拉、顶撞、溜坡或猛抬离合器踏板的方法进行起动，以免损伤机件及发生事故。

（二）熄火

泵车作业结束需要停熄时，只需将汽油泵车点火开关关闭，观察电流表指针的摆动情况，即可判断电路是否已经切断。在停熄发动机前，切勿猛踏加速踏板轰车，这不仅会浪费燃料，而且还会增加发动机的磨损。如果在发动机温度过高时熄火，首先应使发动机怠速运转 1~2min，使机件均匀冷却，然后再关闭点火开关，将发动机停熄。

柴油泵车停熄时，应先以怠速运转数分钟，待机件得到均匀冷却后，操纵停车手柄，使喷油泵柱塞转至不供油位置，便可停熄。

☞ 三、起步与停车

（一）起步

泵车起步是驾驶训练最常用、最基础的科目，主要包括平路起步和坡道起步。泵车完成起动操作后，发动机运转正常，无漏油、漏水现象，货叉升降平稳，门架倾斜到位，便可以挂档起步。

1. 平路起步

泵车在平路上起步时，身体要保持正确的驾驶姿势，两眼注视前方道路和交通情况，不得低头看。操作要领是：

1）左脚迅速踏下离合器踏板，右手将变速杆挂入一档，换向杆挂入前进档或倒档。一般要用低速档起步，可用一档。

2）松开驻车制动操纵杆，打转向灯，鸣笛。

3）在慢慢抬起离合器踏板的同时，平稳地踏下加速踏板，使泵车慢慢起步。

起步时应保证迅速、平稳，无冲动、振抖、熄火现象，操作动作要准确。

平稳起步的关键在于离合器踏板和加速踏板的配合。离合器与加速踏板的配合要领：左脚快抬听声音，音变车抖稍一停，右脚平稳踏加速踏板，左脚慢抬车前进。

2. 坡道起步

（1）操作要领

1）在坡道上行驶至坡中停车，发动机不熄火，挂入空档，靠制动及加速踏板保持动平衡，车不下滑。

2）起步时，挂入前进一档，踩下加速踏板，同时松抬离合器踏板至半联动，并松开驻车制动器，接着逐渐加速，松开离合器踏板，起步上坡前进。

3）起步时，若感到后溜或动力不足，应立即停车，重新起步。

（2）操作要求

1）坡道上起步时，起步平稳，发动机不得熄火。

2）泵车不能下滑，车轮不能空转。

3）换档时不能发出声响。

（二）停车

1. 操作要领

1）松开加速踏板，打开右转向灯，徐徐向停车地点停靠。

2）踏下制动踏板，当车速较慢时踏下离合器踏板，使泵车平稳停下。

3）拉紧驻车制动杆，将变速杆和方向操纵杆移到空档。

4）松开离合器踏板和制动踏板，关闭转向灯和点火开关，将熄火拉钮拉出后再关上。

2. 操作要求

1）熟记口诀：减速靠右车身正，适当制动把车停。拉紧制动放空档，踏板松开再关灯（熄火）。

2）把握关键：平稳停车的关键在于根据车速的快慢适当地运用制动踏板，特别是要停住时，要适当放松一下踏板。方法包括：轻重轻、重轻重、间歇制动和一脚制动等。

☞ 四、直线行驶与换档

（一）直线行驶

直线行驶（图5-7）主要包括起步、行驶，应注意离合器、制动器和加速踏板的使用以及换档操作等。

图 5-7　泵车直行

1. 操作要领

1）直线行驶时，要看远顾近，注意两旁。

2）操纵转向盘，应以左手为主，右手为辅，或左手握住转向盘手柄操作。双手操纵转向盘用力要均衡、自然，要细心体会转向盘的游动间隙。

3）如路面不平，车头偏斜时，应及时修正方向。修正方向要少打少回，以免"画龙"。

2. 注意事项

1）驾驶时身体要坐直，左手握住快速转向手柄，右手放在转向盘下方，目视泵车行进的前方，精力集中。

2）开始练习时，由于各种操作动作不熟练，绝对禁止开快车。

3）行驶中，除有时一手必须操作其他装置（如门架的升降、前后倾等）外，其他时间不得用单手操纵转向盘。

（二）换档

1. 泵车档位

泵车档位一般分为方向档和速度档，即前进档和后退档、低速档和高速档。泵车行驶中，要根据情况及时换档。在平坦的路面上，泵车起步后应及时换上高速档。泵车档位如图5-8所示。

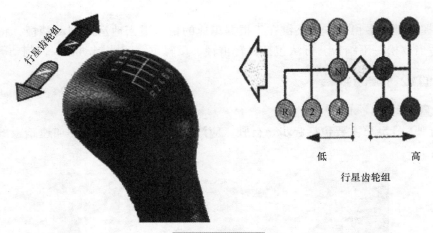

图5-8　泵车档位

2. 换档操作要领

低速档换高速档叫加档，高速档换低速档叫减档。

（1）加档　通常用两脚离合器。先加速，当车速上升后，踏下离合器踏板，变速杆移入空档，抬起踏板，再迅速踏下并将变速杆推入高速档。最后在抬起离合器踏板的同时，缓缓加油。

（2）减档　通常用两脚离合器，中间踏下加速踏板。先放松加速踏板，使泵车减速，然后踏下离合器踏板，将变速杆移入空档，在抬起离合器踏板后踏下加速踏板（俗称"轰油"），再踏下离合器踏板，并将变速杆挂入低速档。最后在放松离合器踏板的同时踏下加速踏板。

泵车在行驶中，驾驶员应准确地掌握换档时机。加档过早或减档过晚，都会因发动机动力不足造成传动系统抖动；加档过晚或减档过早，则会使低档使用时间过长，而使燃料经济性变坏，必须掌握换档时机，做到及时、准确、平稳、迅速。

3. 注意事项

1）换档时两眼应注视前方，保持正确的驾驶姿势，不得向下看变速杆。

2）变速杆移至空档后不要来回晃动。

3）齿轮发响和不能换档时，不准硬推，应重新换档。

4）换档时要掌握好转向盘。

☞ **五、转向与制动**

（一）转向

泵车在行驶中，常因道路情况或作业需要而改变行驶方向。泵车转向是靠偏转向轮完成的，因此泵车在窄道上作直角转弯时，应特别注意外轮差，防止后轮出线或刮碰障碍物。

1. 操作要领

当泵车驶近弯道时，应沿道路的内侧行驶，在车头接近弯道时，逐渐把转向盘转到底，使内前轮与路边保持一定的安全距离。

驶离弯道后，应立即回转方向，并按直线行驶。

2. 注意事项

1）要正确使用转向盘，弯缓应早转慢打，少打少回；弯急应迟转快打，多打多回。

2）转弯时，车速要慢，转动转向盘不能过急，以免造成侧滑。

3）转弯时，应尽量避免使用制动，尤其是紧急制动。

（二）制动

制动是降低车速和停车的手段，它是保障安全行车和作业的重要条件，也是衡量驾驶员驾驶操作技术水平的一项重要内容。一般按照需要制动的情况，可分为预见性制动和紧急制动两种。

预见性制动就是驾驶员在驾驶泵车行驶作业中，根据行进前方道路及工作情况，提前做好准备，有目的地采取减速或停车的措施。

紧急制动就是驾驶员在行驶中突遇紧急情况，所采取的立即正确使用制动器、在最短的距离内将车停住、避免事故发生的措施。

1. 制动的操作要领

1）确定停车目标，放松加速踏板。

2）均匀地踩下制动踏板，当车速减慢后，再踩下离合器踏板，平稳停靠在预定目标。

3）拉紧驻车制动杆，将变速杆和方向操作杆移至空档。

4）关闭点火开关，拉出熄火拉钮，待发动机停转后，再按下熄火拉钮。

2. 定位制动

在距泵车起点线 20m 处，放置一个定点物，泵车制动后，要求货叉能够触到定点物但不能将其撞倒。

（1）操作要求

1）泵车从起点线起步后，以高速档行驶全程，换档时不能发出响声。

2）制动后发动机不能熄火。

3）叉尖轻轻接触定点物，但不能将其撞倒。

（2）操作要领

1）泵车从起点线起步后，立即加速，并换入高速档。

2）根据目标情况，踩下制动踏板，降低车速。

3）当接近目标泵车将要停下时；踏下离合器踏板，并在泵车前叉距目标 10cm 时，踩下制动踏板将车停住。

4）将变速杆放入空档，松开离合器和制动踏板。

3．注意事项

1）泵车在雨、雪、冰等路面或站台上行驶，不得紧急制动，以免发生侧滑或掉下站台。

2）一般情况下，不得采取不用离合器而直接制动停车的方法，不得以倒车代替制动（紧急情况下除外）。

3）使用驻车制动时，必须先用行车制动将车停住，然后再用驻车制动。一般情况下使用驻车制动时，不可用力过猛，以防推杆体、护杆套脱落，卡住制动蹄片。运行时严禁用驻车制动，但当行车制动失灵，又遇紧急情况需要停车时，也可用驻车制动紧急停车。停车时，必须实施驻车制动。

☞ 六、倒车与掉头

（一）倒车

1．操作要领

泵车后倒时，应先观察车后情况，并选好倒车目标。挂上倒档起步后，要控制好车速，注意观察周围情况，并随时修正方向。

图 5-9　倒车操作

倒车时，可以注视后窗倒车、注视侧方倒车、注视后视镜倒车。目标选择以泵车纵向中心线对准目标中心、泵车车身边线或车轮靠近目标边缘。倒车操作如图 5-9 所示。

2．操作要求

1）泵车倒车时，应先观察好周围环境，必要时应下车观察。

2）直线倒车时，应使后轮保持正直，修正时要少打少回。

3）曲线倒车时，应先看清车后情况，在具备倒车条件下方可倒车。

4）倒车转弯时，在照顾全车动向的前提下，还要特别注意后内侧车轮及翼子板是否会驶出路外或碰及障碍物。在倒车过程中，内前轮应尽量靠近桩位或障碍物，以便及时修正方向避让障碍物。

3. 注意事项

1）应特别注意内轮差，防止内前轮出线或刮碰障碍物。

2）应注意转向盘回转方向的时机和速度。

3）曲线倒车时，尽量靠近外侧边线行驶，避免内侧刮碰或压线。

4）泵车后倒时，应先观察车后情况，并选好倒车目标。

（二）掉头

泵车在行驶或作业时，有时需要掉头改变行驶方向。掉头应选择较宽、较平的路面。

1. 操作要领

先降低车速，换入低档，使泵车驶近道路右侧，然后将转向盘迅速向左转到底，待前轮接近左侧路边时，踏下离合器踏板，并迅速向右回转方向，制动停车。

挂上倒档起步后，向右转足方向，到适当位置，踩下离合器踏板，向左回转方向，制动停车。

在道路较窄时，重复以上动作。调头完成后，挂前进档行驶。

2. 操作要求

1）在掉头过程中不得熄火，不得打死转向盘，车轮不得接触边线。

2）车辆停稳后不得转动转向盘。

3）必须在规定较短时间内完成掉头。

3. 注意事项

在保证安全的前提下，尽量选择便于掉头的地点，如交叉路口、广场等，平坦、宽阔、土质坚硬的路段。避免在坡道、窄路或交通复杂地段进行掉头。禁止在桥梁、隧道、涵洞或铁路交叉道口等处掉头。

1）掉头时采用低速档，速度应平稳。

2）注意泵车后轮转向的特点。

3）禁止采用半联动方式，以减少离合器的磨损。

第三节　泵车的场内训练

驾驶员在学会泵车的基本驾驶动作之后，还要根据实际需要，进行更严格的训练。泵车场内驾驶是把前面所学的起步、换档、转向、制动、停车等单项操作，在规定的场地内，按规定的标准和要求进行综合练习。通过练习，可以培养、锻炼驾驶员的目测判断能力和驾驶技巧，提高泵车驾驶技术水平。

☞ 一、直弯通道行驶

泵车经常在狭窄的直弯通道中行驶，作业时，必须考虑场地的通道宽度和泵车的转弯半径。只有驾驶操作正确，才能保证安全顺利地作业。

（一）场地设置

如图 5-10 所示，路宽要根据训练机器的大小尺寸来确定，路宽＝外转向轮半径－内前轮半径＋安全距离，即 $B_转 = R - r + C_安$。路长可以任意设定。

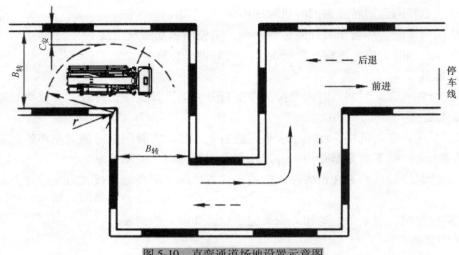

图 5-10　直弯通道场地设置示意图

（二）操作要求

泵车起步后前进行驶，经过右转—左转—左转—右转后，到达停车位；然后接原路后退行驶，经过右转—左转—左转—右转后，返回到起始位置。行驶过程中要保持匀速行驶，做到不刮、不碰、不熄火、不停车。

（三）操作要领

（1）前进　车辆进入科目区应尽量靠近内侧边线，内侧车轮与内侧边线应保持 0.10m 的距离，并保持平行前进。距离直角 1~2m 处，减速慢行。待门架与折转点平齐时，迅速向左（右）转动转向盘至极限位置，使泵车内前轮绕直角转动；直到后轮将越过外侧边线时，再回转转向盘。把方向回正后，按新的行进方向行驶，完成此次前进操作。

（2）后退　泵车后轮沿外侧行驶，为前轮留下安全行驶距离。当泵车横向中心线与直角点对齐时，迅速向左（右）转动转向盘到极限位置，待前轮转过直角点时立即回转方向摆正车身，继续后退行驶。

（四）注意事项

1）应特别注意外轮差，防止后轮出线或刮碰障碍物。

2）要控制好车速，注意转向盘回转方向的时机和速度。

3）操作时用低速档匀速通过。

4）尽量靠近内侧边线行驶，转向要迅速，注意不要刮碰。

5）转弯后应注意及时回正方向，避免刮碰内侧。

☞ 二、绕 8 字形训练

（一）场地设置

绕 8 字可以进一步练习泵车的转向，训练驾驶员对转向盘的使用和行驶方向的控制。绕 8 字场地设置如图 5-11 所示。

泵车路宽＝车宽+80cm

电动泵车路宽＝车宽+60cm

大圆直径＝2.5倍车长

小圆直径＝大圆直径−路宽

（二）操作要求

1）车速不宜过快，操作时用同一档位行驶全程。待操作熟练后，再适当加速。

2）泵车行进时，内、外侧不能刮碰或压线。

3）中途不能熄火、停车。

（三）操作要领

1）泵车从8字形场地顶端驶入，运用加速踏板要平稳，并保持匀速行驶，防止泵车动力不足。

2）泵车稍靠近内圈行驶，前内轮尽量靠近内圆线，随内圆变换方向，避免外侧刮碰或压线。

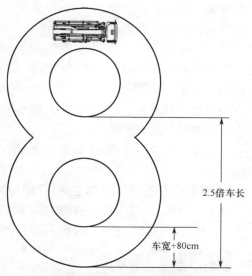

3）通过交叉点在泵车与待驶入的通道对正时，及时回正方向；同时改变目标，并向另一侧转向继续行驶。转向要快而适当，修正要及时少量。

图 5-11　绕 8 字场地设置示意图

4）泵车后倒时后外轮应靠近外圈，随外圈变换方向，如同转大弯一样，随时修正方向。

（四）注意事项

1）应特别注意外轮差，防止后轮出线或刮碰障碍物。

2）注意转向盘回转方向的时机和速度。

3）尽量靠近内侧边线行驶，避免外侧刮碰或压线。

4）转弯后应注意及时回正方向。同时改变目标，并向另一侧转向继续行驶。

☞ **三、侧方移位训练**

泵车在作业中，采用前进和后倒的方法，由一侧向另一侧移位，叫侧方移位。

（一）场地设置

场地设置如图 5-12 所示，车位长（1-4、2-5、3-6）为两车长；车位宽（甲乙两库宽之和）＝两车宽+80cm。

（二）操作要求

1）按规定的行驶路线完成操作，两进、两倒完成侧方移位至另一侧后方时，要求车正、轮正。

2）操作过程中车身任何部位不得碰、挂桩杆，不准越线。

3）每次进退过程中，不得中途停车，操作中不得熄火，不得使用"半联动"和"打死"转向盘。

（三）操作要领

1. 泵车从左侧（甲库）移向右侧（乙库）

（1）第一次前进　起步后稍向右转向，使左侧沿标志线慢慢前进，当货叉前端距前标志线半米时，迅速向左转向全车身朝向左方。在距标志线约 30cm 时，踏下离合器，向右快速回转方向并停车。

（2）第一次倒车　起步后继续把方向向右转到底，并边倒车边向左回转方向。当车尾距后标志线半米时，迅速向右转向并停车。

（3）第二次前进　起步后向右继续转向，然后向左回正方向，使泵车前进至适当位置停车。

（4）第二次倒车　应注意修正方向，使泵车正直停在右侧库中。

2. 泵车从右侧（乙库）向左侧（甲库）移位

泵车从右侧（乙库）向左侧（甲库）移位的要领与泵车从左侧（甲库）移向右侧（乙库）的要领基本相同。

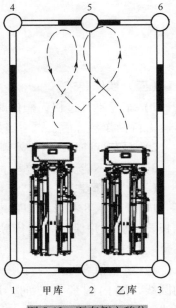

图 5-12　泵车侧方移位

☞ 四、倒进车库训练

（一）场地设置

场地设置如图 5-13 所示，车库长 = 车长 + 40cm，车库宽 = 车宽 + 40cm，库前路宽 = 2.5 倍车长。

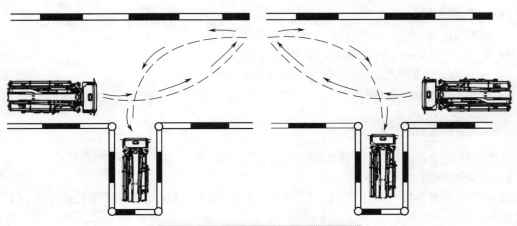

图 5-13　泵车倒进车库场地设置示意图

（二）操作要领

1. 前进

倒进车库前，泵车以低速档起步，先靠近车库一侧的边线行驶。当前轮接近库门右桩杆时，迅速向左转向，当前进至货叉距边线约 1m 时，迅速并适时地回转转向盘，同时立即停车。

2. 后倒

后倒前，看清后方，选好倒车目标，起步后继续转向，注意左侧，使其沿车库一侧慢慢后倒，并兼顾右侧。当车身接近车库中心线时，及时向左回正方向，并对方向进行修正，使泵车在车库中央行驶。当车尾与车库两后桩杆相距约 20cm 时，立即停车。

（三）注意事项

要注意观察两旁，进退速度要慢，确保不刮不碰；泵车应正直停在车库中间，货叉和车尾不超出库外或库线之外。

☞ **五、越障碍训练**

（一）场地设置

场地设置如图 5-14 所示。

（二）操作要求

1）门架垂直，货叉在最大宽度位置。

2）在规定的时间内泵车由起点驶入障碍区；起步、进出障碍区要鸣笛。

3）行驶中不擦、碰障碍物（按图线要求每 490mm 摆放一标杆作为障碍物）。在行驶中不能熄火。

4）在圆角处绕过一周后，再倒退返回原地，按规定停放泵车。

（三）操作要领

1）泵车前进时，用低速档起步行驶。

① 当泵车货叉前端与通道边线平行时，开始转向，使泵车处于通道中间，保持低速行驶。

② 当接近转弯时，使泵车靠近左侧行驶，当泵车门架与弯道横线平行时，迅速转向使泵车进入横向弯道，同时使泵车靠近右侧，并转向使泵车进入纵向通道。

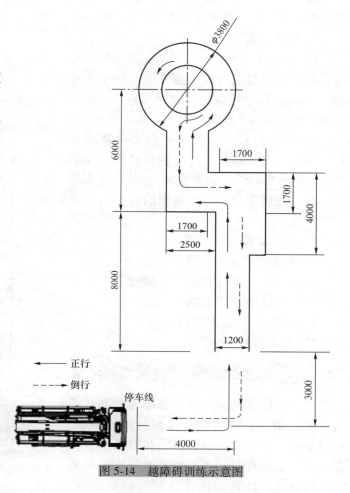

图 5-14　越障碍训练示意图

③ 当泵车门架与环形通道接触时，开始转向，使泵车沿弯道路左侧行驶，绕行一周后，前进行驶结束。

2）泵车驶过环形通道后，再进行倒退行驶。

① 驾驶员要按倒车要领，瞄准泵车尾部，使泵车沿外侧行驶，当尾部与弯道横线接触时开始转向，使泵车转弯进入横道或纵向通道。

② 驶入窄道时，要使泵车保持在中间行驶，驶出窄道后，边转弯边使泵车正直停放在原位。

☞ 六、装载货物曲线行驶训练

1. 训练器材

1）普通沙土堆或石子堆。

2）铁标杆 18 个（高 1500mm、直径 8mm，底座为边长 150mm、厚度为 8mm 的等边三角形）。

2. 场地设置

按图 5-15 所示画线立标杆，将土堆或石子放在一号位内，泵车放置在车库里。

3. 操作要领

1）接指挥信号后，泵车鸣笛起步进一号位，铲取土料装满斗后倒回车库，铲斗离地 200～300mm 顺进穿桩，行驶到二号位，卸下土料，空车倒回车库。

2）泵车再进一号位，铲取土料装满斗后，按第一次的路线，行驶到二号位，卸下土料，（一次放齐，不能再整理），然后将车倒回车库，按规定停放。在规定的时间内完成上述动作。

4. 操作要求

1）行驶中发动机不能熄火。

2）行驶中土料不能脱落、翻倒。

3）不能原地死打转向盘。

4）不能擦碰及碰倒标杆。

5）车轮不能压线。

☞ 七、场地综合技能驾驶训练与考核

场地综合驾驶训练是在基础驾驶和式样驾驶的基础上进行的综合性驾驶技能练习。通过训练，进一步巩固、强化和提高"五大基本功"的操作技能和目测判断能力，使驾驶员能熟练、协调地操作各驾驶操纵装置，为在复杂条件下驾驶泵车打下良好技术基础。

（一）场地设置

以 ZL30 型泵车为例，综合场地设置如图 5-16 所示。

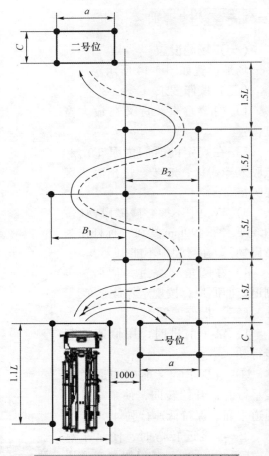

图 5-15　装载货物曲线行驶训练示意图

←——前进路线　····→后退路线　●标杆

L—泵车最大长度（mm）

b—泵车最大宽度（mm）

B、B_1、B_2—两标杆中心线距离（mm）

$B = b + 200$（mm）

B_1、$B_2 = B + 500$（mm）

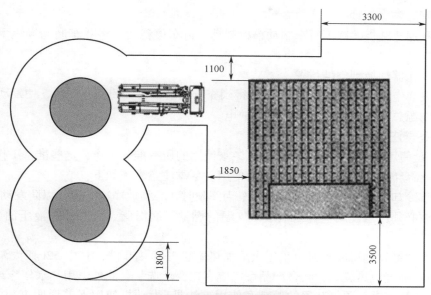

图 5-16　综合场地设置示意图

（二）操作内容

综合场地训练内容如图 5-17 所示。重车操作及考核可在泵车作业内容完成后进行。

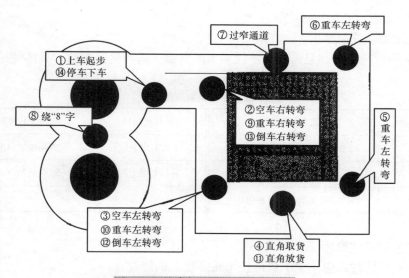

图 5-17　综合场地训练内容示意图

☞ **八、泵车驾驶注意事项**

（一）停车注意事项

1）松开加速踏板，踩下行车制动踏板制动，待车停稳后，将驻车制动操纵手柄向后扳动直至锁定。

2）将变速器切换到空档位置。

3）熄火前空加油2~3次，使各部分得到充分润滑，再关闭钥匙开关，使发动机熄火。

4）将电源总开关关掉，以防蓄电池放电。

（二）冬季注意事项

根据底盘使用地区的不同，必须做好冬季使用的所有准备工作，这些准备工作在很大程度上决定了底盘能否安全、可靠、长期的使用。冬季注意事项如下：

1）冬季冷却液中如果未加防冻剂，车辆停驶时，必须放净冷却液，以防发动机冻裂。

2）冬季必须注意使用适合当地最低气温的燃油、润滑脂、润滑油和液压油（转向系统用）。

3）严寒地区发动机起动时可采用火焰加热塞进气预热起动，其中52t斯太尔发动机配有火焰加热塞进气预热装置，其余产品可以应客户要求选装。此外慎用热水作冷却液起辅助作用。火焰加热塞进气预热装置的原理和使用方法见《发动机使用保养说明书》中的相关内容。由于乙醚易引起柴油机"敲缸"，不作为推荐使用的辅助起动装置，同时严禁乙醚起动与火焰预热同时使用。

4）经常清洗油箱、管路，特别是制动管路，以防结冰，每日收车时及出车时排空所有储气筒内的水和凝集物。

5）冬季时必须经常检查和维护蓄电池的电解液、通气孔。当气温低于-30℃时，蓄电池应采取保温措施，以免冻裂。

（三）使用燃油注意事项

燃油箱必须保持清洁，且需根据不同季节的气温，适当选择燃油，具体使用时可参考表5-1。

表 5-1　燃油的使用

适用环境温度	燃油名称及牌号	适用环境温度	燃油名称及牌号
4℃以上	0 号柴油（GB252—94）	−29℃以上	—35 号柴油（GB252—94）
−5℃以上	—10 号柴油（GB252—94）	−44℃以上	—50 号柴油（GB252—94）
−14℃以上	—20 号柴油（GB252—94）		

（四）轮胎更换注意事项

1）在更换车轮时，应注意不要碰伤车轮螺栓上的螺纹。

2）制动鼓和轮辋上绝不能沾上油漆、润滑脂和其他脏物。

3）车轮螺母的压紧面应清洁，没有脏物或油脂。

4）在车轮螺栓和车轮螺母的螺纹上抹一点油脂或机油。

5）装上车轮，在车轮离地的条件下，按对角线交叉顺序预拧紧螺母，然后放下车轮，再拧紧螺母。

6）严禁不同规格的轮胎装在同一车上。

（五）新车走合注意事项

新车走合是保证汽车长期行驶的一个重要阶段，经过走合期将使各部位运动机件表面得到充分磨合，从而延长汽车起重机底盘的使用寿命，因此，必须认真做好新车的走合工作，走合前应保证汽车处于正常工作状态。

走合注意事项：

1）新车的走合里程为2000km。因公司内新下线起重机进行400km的走合，同时经过上车调试试验，出司产品建议走合里程为800km。

2）冷发动机刚起动后，不要马上加速，只有在达到正常使用温度后才能提高发动机转速。

3）走合期应在平坦良好的路面上行驶。

4）应及时换档，平稳地接合离合器，避免突然加速和紧急制动。

5）上坡前及时换入低档，不要让发动机在很低转速下工作。

6）检查和控制发动机的机油压力和冷却液的正常温度，经常注意变速器、后桥、轮毂及制动鼓的温度，如有严重发热应找出原因，立即调整或修理。

7）在最初50km行驶和每次更换车轮后，须以规定的力矩将车轮螺母拧紧。

8）检查各部位螺栓螺母紧固情况，尤其是气缸盖螺栓，在汽车行驶300km时，趁发动机在热状态下按规定的顺序拧紧气缸盖螺栓。

9）在走合期的2000km之内，各档车速限制：

六档变速器：一档：5km/h；二档：10km/h；三档：15km/h；四档：25km/h；五档：35km/h；六档：45km/h。

八档变速器：一档：5km/h；二档：5km/h；三档：10km/h；四档：15km/h；五档：25km/h；六档：35km/h；七档：50km/h；八档：60km/h

10）走合完毕后，应对汽车起重机底盘进行全面的强制保养，强制保养请到公司指定的维修站进行。

（六）冷却液及防冻注意事项

1）现在市场上的防冻液有很多种颜色。例如，长城多效防冻液为荧光绿色，加德士特级防冻液为橙色，蓝星防冻液为蓝色，统力不冻液为红色。防冻液本身是无色透明的液体，这些防冻液之所以做成鲜艳的颜色，主要是为了便于区分和辨别而加入了一些染色剂，另外一个作用就是防止误食。防冻液的颜色与性能、质量没有必然的联系。在发动机正常运转温度正常时，膨胀罐内应有防冻液。当膨胀罐内防冻液流失，驾驶室水位报警器会报警。

2）换防冻液要防烫伤。冷却液温度降至50℃以下，方可拧开膨胀罐压力盖检查液面高度或加注冷却液。

3）冷却液必须使用发动机生产厂家指定的冷却液。

4）冬季时，在冷却系统中加入防冻剂。

☞ **九、最新智能手自一体换档操作方法**

下面以智能手自一体变速系统为例,介绍这种变速换档的操作方法。SmartShift™(智能转换)是中国重汽精心打造的智能手自一体变速器(AMT-Automatic Mechanical Transmission),换档过程由电控系统自动控制(也可以由驾驶员手动发出换档请求),能大幅降低驾驶员劳动强度,明显提高行车舒适性。其变速器(图5-18)包括16个前进档和4个倒档,结构在国内外独树一帜,采用双中间轴且由前副箱、主箱、后副箱构成的2X4X2结构,后副箱采用行星减速结构,使承载能力更强,结构可靠。

图5-18 变速器

该系列变速器适用功率范围在336~460马力(1马力=735.499W)之间的重型车用发动机,是目前国内重型卡车的首选变速器。

(一) SmartShift™系统简介

中国重汽SmartShift™智能手自一体系统由电控换档系统和机械式变速器(HW20716A)组成。安装本产品需要整车配置电控发动机、CAN通讯系统。使用本产品时,不需要驾驶员控制离合器,换档过程由控制系统完成。驾驶员可以选择自动功能或手动功能,自动功能下选档和换档完全由控制系统自动完成,期间驾驶员可以进行手动干预;手动功能下驾驶员通过手柄完成换档动作会非常简单。SmartShift™示意图如图5-19所示。

1. 系统组成

SmartShift™系统由机械式变速器和电控换档系统组成。电控换档系统和电控离合器执行机构集成于变速器上,变速杆、显示仪表、控制电脑等外围设备安装于车辆驾驶室内。SmartShift™系统需要使用整车的加速踏板、电控发动机、制动器和ABS等。

图 5-19 SmartShift™ 示意图

2. 变速器性能简介

SmartShift™ 系统采用的变速器为重汽 HW20716A 变速器，其最大输入转矩为 2000N·m，最高输入转速为 2600r/min，速比参数见表 5-2。

表 5-2 变速器速比参数

	低 档 速 比				高 档 速 比				倒 档	
	1	2	3	4	5	6	7	8	R1	R2
L	15.59	10.89	7.48	5.195	3.56	2.488	1.71	1.188	14.29	3.27
H	13.125	9.17	6.3	4.375	3	2.095	1.44	1	12.03	2.75

表中标注质量不包括润滑油和离合器分离装置；所指长度为离合器前止口端面到输出法兰端面；当带有取力器时，加油量增加 0.5L。

（二）HW20716A 变速器结构

HW20716A 系列变速器的箱体由前副箱、主箱、后副箱三段式结构组成。前副箱有两个档，主箱有 4 个前进档和一个倒档，后副箱有两个档，一共组成 16 个前进档和 4 个倒档。选换档机构包括小盖气缸与电磁阀、范围档气缸与电磁阀、插分档气缸与电磁阀、离合器助力缸、变速杆等。

1. HW20716A 变速器动力传递路线

HW20716A 变速器主箱结构采用双副轴结构，两根副轴相间 180°，副箱采用行星减速机构。动力从输入轴输入后，分流到两根副轴上，然后汇集到主轴，最后通过副箱行星减速机构后输出。HW20716A 变速器主箱双副轴结构如图 5-20 所示。

理论上，每根副轴只传递 1/2 的转矩，所以采用双副轴可以使变速器的中心距及齿轮厚度减小，从而缩短整个变速器的轴向长度，减轻变速器的重量。

为了满足正确的啮合并使载荷尽可能地平均分配，主轴则采用铰接式浮动结构，如图5-21所示。

因为主轴上各档齿轮在主轴上浮动，这样就取消了传统的滚针轴承，使主轴总成的结构更简单。工作时，两个副轴齿轮对主轴齿轮所施加的径向力大小相等，方向相反，从而使主轴只承受转矩，不承受弯矩，改善了主轴和轴承的受力状况，大大提高了变速器的使用可靠性和寿命。

2. "对齿"及对齿程序

为了解决双副轴齿轮与主轴齿轮的正确啮合，必须进行"对齿"。

"对齿"，即组装变速器时，将两根副轴传动齿轮上印有标记的轮齿分别插入输入轴齿轮上印有标记的两组轮齿的齿槽中，如图5-22所示。

"对齿"程序：先在一轴齿轮的任意两个相邻齿上打上记号，然后在与其相对称的另一侧两相邻齿上打上记号。两组记号间的齿数应相等。在每根副轴传动齿轮上与齿轮键槽正对的那个齿上打个记号，以便识别。装配时，使两根副轴传动齿轮上有标记的齿分别啮入一轴齿轮左右两侧标有记号的两齿之中。

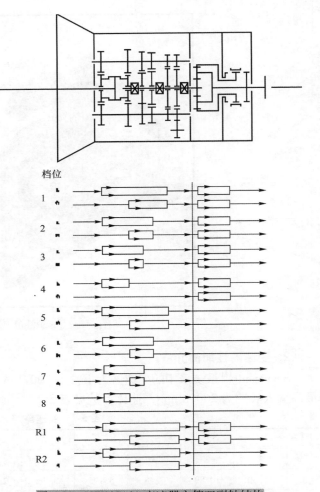

图5-20　HW20716A变速器主箱双副轴结构

3. 选换档机构

HW20716A变速器换档模式为电控气动换档，各气缸及电磁阀如图5-23所示。

选换档时由驾驶员控制变速杆或者由控制系统自动发出换档信号，各电磁阀接收到相应信号后控制相关气缸完成选换档动作。

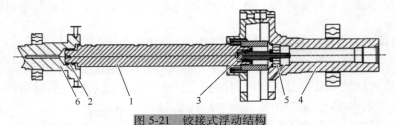

图5-21　铰接式浮动结构

1—主轴　2—衬套　3—铰接球头　4—输出轴　5—轴承　6—输入轴

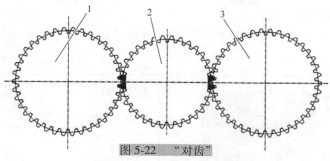

图 5-22　"对齿"

1—副轴齿轮　2—轴齿轮　3—副轴齿轮

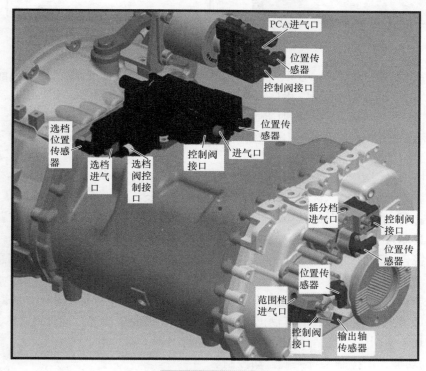

图 5-23　选换档机构

4. 取力机构

HW20716A 变速器采取主箱副轴取力，为后取力，旋向与发动机旋向相同。取力器（图 5-24）由强制润滑系统供给润滑油，不必另外加注润滑油。

5. 变速器的润滑系统

HW20716A 变速器采用强制润滑和齿轮飞溅润滑相结合的润滑方式，大流量强制润滑油泵使润滑油流到各个部分，保证同步器、轴承及齿轮得到润滑冷却。同时，变速器装有滤清器，以确保到各部位润滑油的清洁。

图 5-24　取力机构

（三）SmartShift™使用方法

在任何换档过程中，组合仪表上的档位指示标志会闪烁。仪表上显示信息如图 5-25 所示。

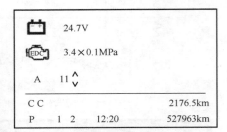

图 5-25　组合仪表显示屏

图中"A"位置，显示 A 或 M；图中该位置若显示为"N"，则表示显示当前档位——空档显示：N；该位置倒档显示：R1~R4；前进档显示：1~16。图中"P"位置，显示 P 或 E；图中"1　2"是推荐档位，同时上面档位数字"11"后面的上箭头闪烁。

各项指示信息具体含义为：当前档位表示变速器当前工作档位；推荐档位表示变速器控制系统认为当前工况最合适的档位。

如果在换档过程中，▲闪烁表示加档，▼闪烁表示减档。

AMT 有三种运行状态：自动/手动操作功能；动力/经济模式；爬行模式。

AMT 有故障时，通过发送 CAN 信息，使得组合仪表上的警告停车信号灯或警告信号灯相应点亮，具体含义如下：

红色的警告停车信号灯点亮，蜂鸣器持续鸣叫；同时仪表上有 AMT 故障信息显示。这表示：AMT 系统存在严重故障，必须立即停车；故障修复之前不得行车！

黄色的警告信号灯点亮，蜂鸣器鸣叫 20s 后停止，同时仪表上有 AMT 故障信息显示。这表示：AMT 系统存在故障，但车辆仍可以安全行驶；需要尽快进行检查维修。

HW20716A 系列变速器提供以下两种操作功能：

① 自动功能，由控制系统完成自动控制。

② 手动功能，直接由驾驶员控制。

1. 变速杆图样

中国重汽 SmartShiftTM 系列产品所用变速杆如图 5-26 所示。

图 5-26　变速杆

2. 各按键功能

各按键功能为 F：功能按键；N：空档按键；↑＋：变速杆往前推，加档；↓－：变速杆往后推，减档；C：爬行模式；E/P：经济模式和动力模式切换按键；M/A：手动功能和自动功能切换按键。

（四）SmartShift™操作模式

中国重汽 SmartShift™ 提供两种操作功能供驾驶员选择：

1. 自动功能（A 模式）

自动功能为控制系统默认的操作功能。自动功能下，驾驶员只需要通过变速杆选择起步档位。起步档位包括前进档、倒档或空档。行车过程中变速器控制系统会根据当前车况自动选择最合适的档位。驾驶员也可以在自动功能下通过变速杆干预换档操作。

控制系统选换档过程依赖于以下信号：发动机转速、加速踏板位置、制动器状态、车辆负载状态、地面道路状况。

2. 手动功能（M 模式）

手动功能下任何换档动作都必须由驾驶员发出，驾驶员决定换档时机和档位选择，但离合器由系统控制自动完成相关动作，也就是说，在车辆起步、换档、停车过程中，离合器的接合与分离都是全自动的。

（五）操作模式的选择

驾驶员可以通过手柄上的按键实现手动与自动功能的切换。仪表板上的显示屏会实时显示变速器当前的工作模式。系统默认的操作模式为自动功能。

驾驶员可在起步、行车过程中随时切换变速器的工作模式，如图 5-27 所示。

自动功能下切换手动功能操作方法如下：按一下变速杆的按键，显示屏显示工作模式为 M 时表示切换成功。

手动功能下切换自动功能操作方法如下：按一下变速杆的按键，显示屏显示工作模式为 A 时表示切换成功。

1. 车辆起步

汽车处于停车状态需要重新起步时，为了保证起步安全，控制系统只允许车辆挂 1~8 档（低范围档）起步。车辆满足以下两个条件才可以选择并切换至合适起步档位：

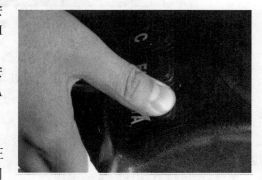

图 5-27　自动/手动功能切换按钮

1）气压在正常范围内，无低压报警。

2）按住手柄左侧的按键，向前推动手柄（向后移动为倒档），如图 5-28 和图 5-29 所示。

控制系统会根据车辆的负载情况在 2~4 档之间自动选择一个合适的起步档位。显示屏上档位停止闪烁时表明换档成功。

操纵变速杆可以改变已经选择的起步档位，向前推变速杆加档，向后推变速杆减档。推动变速杆过程中不按下功能键（手柄左侧圆按键 F）时一次会升/降两个档位，按下功能键时一次会升/降一个档位。

挂前进档操作方法：从空档位置按 F 键前推。

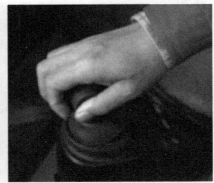

图 5-28　挂档时按下变速杆左侧按键

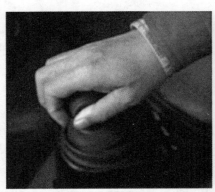

图 5-29　向前推动变速杆

变换起步档位：按 F 键一次切换一个档位，不按 F 键一次切换两个档位。

3）选定起步档位后松开制动踏板或驻车制动并轻踩加速踏板（图 5-30）。

在车辆的起步阶段，加速踏板会控制离合器的位置。踩下加速踏板会使离合器结合并使车辆加速；收回加速踏板会使离合器分开。

起步过后，加速踏板会直接影响发动机的转矩和转速。

2. 行车过程自动功能下的操作

1）加档和减档：行车过程中，加速踏板控制发动机转速、转矩和整车的速度。踩下油门会向系统发出加档信号。踩制动踏板会立即发出减档信号。根据车辆运行环境，控制系统会自动选择适合车辆运行的最佳档位。

2）加速：踩下加速踏板可以使车辆获得加速。

3）急加速：要使车辆获取最大限度的

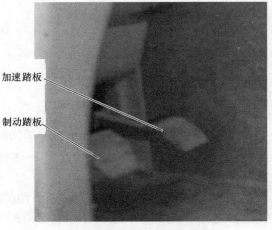

加速踏板

制动踏板

图 5-30　加速踏板和制动踏板

加速能力，可以将加速踏板踩到底。

驾驶员可按如下步骤操作：①将加速踏板踩到底；②控制系统将保持当前档位或选择一个较低的档位运行；③达到目标速度后，松开加速踏板，控制系统会重新选择合适档位。

要改善车辆的起步性能可以使用急加速模式。例如在一个陡坡上起步或者重载坡道起步，可以使用急加速模式。

4）减速：要使车辆减速，踩下制动踏板或者松开加速踏板，控制系统会自动降档。

5）自动功能下的手动干预：车辆运行在自动功能时，驾驶员可以通过变速杆操作对自动功能进行干预。在自动功能下向前推变速杆将加档，向后推变速杆将减档。

只有车辆的运行环境满足换档需求，自动功能下变速杆动作才能实现换档。自动功能下变速杆动作能影响自动功能运行，但是并不会解除自动功能，不会将变速器运行模式切换到手动功能。

3. 行车过程手动功能下的操作

手动功能下任何换档动作都必须由驾驶员发出，但离合器由系统控制自动完成相关动作。

只有车辆的运行环境满足换档要求才能实现换档。如果当前发动机转速达不到目标档位所需转速，控制系统会根据当前转速切换到一个合适的档位而不一定是目标档位；若当前运行环境控制系统不允许换档，会通过仪表发出警告声音表明驾驶员的换档请求被拒绝。

1）加档操作：根据当前的交通环境，换档时如果没有特殊情况请不要改变当前加速踏板位置。驾驶员向前推变速杆时（图 5-31），不按下功能键（手柄左侧圆按键 F）时发出加两个档位的换档请求，按下功能键时发出加一个档位的换档请求。显示屏上目标档位停止闪烁时表明换档成功。

只有车辆的运行环境满足换档要求才能实现换档，若当前运行环境不允许换档，仪表会发出警告声音提示无法加档。

2）减档操作：根据当前的交通环境，换档时如果没有特殊情况请不要改变当前加速踏板位置。驾驶员向后拉动变速杆时（图 5-32），不按下功能键（手柄左侧圆按键 F）时发出减两个档位的换档请求，按下功能键时会发出减一个档位的换档请求。显示屏上目标档位停止闪烁时表明换档成功。

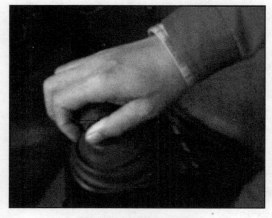

图 5-31　变速杆向前推

图 5-32　变速杆向后推

只有车辆的运行环境满足换档要求才能实现换档，若当前运行环境不允许换档，仪表会发出警告声音提示无法减档。

3）从空档挂合适档位：当车辆行驶中，变速器处于空档位置，通过变速杆可以换到合适的档位。

4）换到更高的最佳档位：向前推动变速杆，当仪表显示屏显示目标档位并且停止闪烁时，换档过程完成。

当一个档位能够使发动机稳定运转于 1100r/min 左右，此档位就被称为最佳档位。

5）换到更低的最佳档位：向后拉动变速杆，当仪表显示屏显示目标档位并且停止闪烁时，换档过程完成。

当一个档位能够使发动机稳定运转于 1400r/min 左右，此挡位就被称为最佳挡位。

6）减速停车：停车时踩下制动踏板或者使用排气制动，控制系统会自动减档。车辆停稳后拉下驻车制动（图 5-33）。停车后车辆仍然在档位上，并不回空档，熄火后会自动回空档。

图 5-33　踩制动停车后拉下驻车制动

7）挂空档：若需要长时间停车，请把变速器切换到空档位置以保护离合器。按下空档按键（手柄右侧圆按键 N），显示屏显示空档符号 N 时表示回到空档，如图 5-34 所示。

8）挂倒档：车辆只能够在车辆停止状态下从空档切换到倒档。需要倒车时请按以下步骤操作：

① 先将变速器切换到空档。

② 按下功能键（变速杆左侧圆按钮 F）并且往后拉动变速杆。显示屏上目标档位停止闪烁时表明换档成功。向后拉一次变速杆为倒 2 档，若需要其他档位倒车，换档操作方式与手动换档方式相同。

③ 松开制动踏板和驻车制动，并轻踩油门开始倒车。

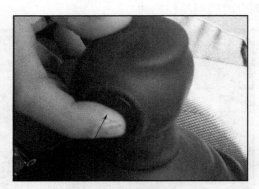

图 5-34　按 N 键回空挡

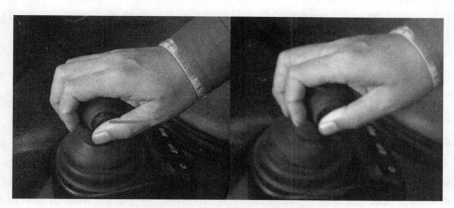

图 5-35 挂倒档操作方法：从空档位置按 F 键后拉

挂倒档操作方法如图 5-35 所示。

9）爬行模式：车辆在一些特殊工况下需要低速行驶，中国重汽 SmartShift™提供爬行模式来改善 AMT 系统的表现。爬行模式设置起步档位（在停车时从空档挂起步档）为 1 档，起步档位可以通过手柄操作在 1~4 档之间切换。

车辆行驶过程中，不论在手动功能还是自动功能下，只能在 1~4 档位之间切换，即爬行模式下最高档位被限定为 4 档。若行驶中档位高于 4 档，则控制系统不允许进入爬行模式。

按动手柄上的按键 C 启动爬行模式（图 5-36），仪表板上爬行指示灯亮表示设置成功。再次按动手柄上的按键 C 会取消爬行模式，仪表盘爬行模式指示灯会熄灭。

在停车状态或者车辆以 1~4 档行驶时都可以选择爬行模式。当在停车状态下选择爬行模式时，控制系统会自动将档位切换到 1 档。

4. 经济/动力模式

经济/动力模式只在变速器处于自动功能时有效，手动功能下无效。

经济（E）模式：控制系统选择合适的档位使发动机运行在最经济区域，经济性最好，油耗最低；动力（P）模式：控制系统选择合适的档位使发动机产生最大的动力。

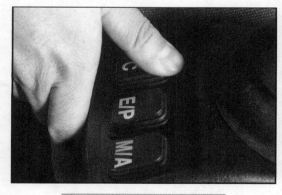

图 5-36 按 C 键开/关爬行模式

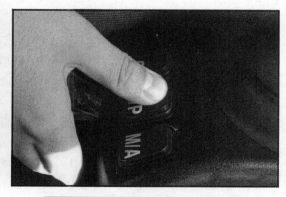

图 5-37 按 E/P 键切换经济/动力模式

驾驶员通过按动手柄上的按键（E/P）来实现经济/动力模式的切换（图 5-37）。车辆当前运行模式会实时显示在仪表上。默认的模式是经济（E）模式，按动一次按键（E/P）切换为动力（P）模式，再按一次回到经济模式。驾驶员可以随时切换经济/动力模式。

5. 巡航简介

巡航操作开关共有三个：CC、RES/+和 SET/-，具体操作如下：

"CC"开关为巡航主开关，为自回位式。操作此开关，选择巡航功能，进入巡航状态。此时组合仪表显示屏上的 CC 符号以 1.5Hz 的频率闪亮。

可以通过操作加速踏板改变车辆速度，当达到目标转速（如 60km/h）后，松开加速踏板，按一下 SET/-车辆即进入巡航模式。此时组合仪表显示屏上的 CC 符号常亮。

在巡航模式下，踩制动踏板、踩离合器踏板（使用 AMT 时，无此条件）都将暂时退出巡航模式，此时组合仪表显示屏上的 CC 符号以 1.5Hz 的频率闪亮。暂时退出巡航模式后想重新进入只需要按一下 RES/+即可。

提高目标转速有两种途径：踩加速踏板达到新目标转速后按 SET/-或者是通过重复操作 RES/+（按一下车速增加 1km/h）。降低目标转速也有两种途径：踩制动达到新目标转速后按 SET/-或者是通过重复操作 SET/-（按一下车速降低 1km/h）。

1）巡航可以设定的车速范围为 35～105km/h，若低于 35km/h 或高于 105km/h 将自动退出巡航状态；

2）一次按 RES/+和 SET/-的时间不能超过 0.5s，否则发动机会报 26 和 43 故障，若出现 43 故障必须停机后才可以消除，26 故障不需要停机，松开开关即可消除。

6. 驻车、熄火

驾驶员通过钥匙开关熄灭发动机前务必完成以下操作：

① 拉下驻车制动。

② 按空档按键使变速器回到空档位置。直到仪表上显示"N"，变速器才完全回到空档位置。

③ 关闭发动机。

若在档位上直接关闭发动机（不回空档），控制系统会在一段时间后自动将变速器切换到空档。如果没有拉下驻车制动，车辆可能移动而造成危险。因此，请驾驶员熄火前务必拉下驻车制动。

7. 取力器的使用

直接按下仪表台上的取力器开关，挂档成功后，显示屏会显示取力器工作。只有在停车状态才能挂取力器，行车过程中不允许进行挂取力器。要实现行车取力，只能先停车挂上取力器然后再行车。

（六）系统功能重置

车辆在使用寿命内，如果更换或者修理离合器、变速器插分档气缸、变速器范围档气缸、变速器制动器、离合器助力缸等部件，必须让控制系统重新学习。系统重置时同时按下功能键和空档键如图 5-38 所示。中国重汽 SmartShift™ 系统具有重置功能，具体步骤如下：

1）将钥匙开关关闭，关闭蓄电池电源总开关（切断系统供电）。

2）打开蓄电池电源总开关；确保驻车制动良好，管路气压满足系统要求，将变速杆置于中间位置，同时按下功能键和空档键（注意：直到学习完成后才能松开）。

图 5-38 系统重置时同时按下功能键和空档键

3）打开钥匙开关供电，大约 0.5s 后重置过程开始。

4）看到显示屏上 N 开始闪烁时起动发动机。

5）N 正常显示后，表示重置结束，这时松开功能键和空档按键。

（七）SmartShift™ 系列的使用要求

正确合理地操作使用变速器，定期进行维护保养，对于保证汽车安全可靠的行驶和延长变速器寿命十分重要，请遵循下面的使用要求：

1）润滑油牌号：变速器内必须加注 85W/90GL-5 级车辆齿轮油。

2）正确的油面位置：要确保油面与油面观察口下沿平齐。油面高度由壳体侧面的油面观察口检查，油面注至孔口处出现溢出即可。注油量大约 14L（带取力器注油量大约为 14.5L）。

3）油面检查：油面高度应定期进行检查，检查油面高度时汽车应停在水平的路面上。由于热油的体积膨胀，为了防止测量不准确，行驶后的车辆不能立刻检查，只有在油面稳定和油温接近冷却时才可进行。

4）补充润滑油：为了防止不同型号的润滑油发生化学反应，在补充润滑油时应保证与原来的润滑油型号相同。

5）换油周期：变速器在更换润滑油时，首先要将变速器内原有的润滑油放干净，并清洗滤网总成。

新变速器在行驶 2000~5000km 时，必须更换润滑油。每行驶 10000km 时应检查润滑油的油面高度和泄漏情况，随时进行补充，并对滤网进行清洗。每行驶 50000km 时应更换润滑油。

6）工作温度：变速器在连续工作期间的最高温度不得超过 120℃，最低温度不得低于 -40℃。工作温度如果超过 120℃，会使润滑油分解并缩短变速器使用寿命。

下列任一种情况都能引起变速器的工作温度超过 120℃：连续地在行驶速度低于 32km/h 的情况下工作；发动机转速高；环境温度高；涡流环绕变速器；排气系统太靠近变速器；大功率超速运转。

7）工作倾斜角：变速器的工作倾斜角超过 15°时，润滑可能不充分（工作倾斜角等于变速器在底盘上的安装角加上斜坡角度）。

8）拖行或滑行：变速器在工作时，变速器的副轴转动带动油泵运转，加上飞溅润滑，可以为变速器提供充分的润滑。但当车辆在后轮着地、传动系连接的情况下被拖行时，主箱的副轴齿轮和主轴齿轮并不旋转，但主轴相对于主轴齿轮有转动，且行星机构也转动，这样将会因缺乏润滑而引起变速器行星机构及主轴定位元件的严重损坏。

为防止这类现象发生，应注意以下几点：当车辆需要拖行时，可抽出半轴或脱开传动轴，也可以使驱动轮离地拖行。

9）需要定期检查线束接口、油管和气管接口，不得有泄漏、松动等现象。

10）"三包"期内的变速器不允许私自拆卸与装配。

（八）SmartShift™系列的注意事项

1）在使用任何 AMT 系统功能之前，如使用变速杆，必须确保气路中气压不低于 0.6MPa。

2）气路中残余的气压不能长时间保证离合器动作和正确的换档，气路中残余的气压可以使驾驶员快速地把车辆移动到安全地方，不能再起动车辆；或者如果车辆在行进中，应尽快停车。如果仪表显示屏上出现变速器报警或者失效标志，在维修工程师没有成功排除故障之前，不要开动汽车。

3）如果当前发动机转速低于怠速，控制系统会自动分开离合器。所以，决不允许发动机转速低于怠速。例如，当车辆爬坡时，车辆转速太低，离合器自动分开后，车辆可能会沿坡道下滑，情况会非常危险！

4）在档位上关掉发动机之后，控制系统在一定时间后会使变速器自动回到空档。如果没有使用驻车制动，停止的车辆可能移动而引起事故。因此，要使用驻车制动使车辆保持安全。

第四节　混凝土泵车的作业操作规程及注意事项

☞ 一、操作人员的选择要求和资格

操作人员的安全事项与操作项目如图 5-39 所示。

1. 泵车驾驶员

1）工作职责：负责泵车的行驶。

2）个人技能：年龄必须在 25～55 岁之间，智力水平正常，健康状况良好；必须持有效驾驶证件，如图 5-40 所示。

2. 泵车操作手

1）工作职责：负责泵车的运行，主要指泵车布料工作。

2）个人技能：年龄必须在 25～55 岁之间，智力水平正常，健康状况良好；受过泵车操作和维修培训，并取得劳动部门颁发的操作证，如图 5-41 所示。

3. 泵车信号员

1）工作职责：通过约定（或规定）的手势指示臂架、支腿等运动，协助泵车操作手完成泵车布料工作，避免事故发生。

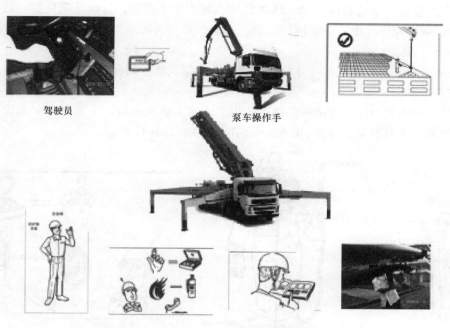

驾驶员　　　　　　　　　泵车操作手

泵车信号员

图 5-39　泵车的安全知识

图 5-40　泵车驾驶员资格

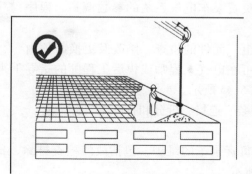

图 5-41　泵车操作手的要求

2）个人技能：年龄必须在 25~55 岁之间，智力水平正常，健康状况良好；熟知泵车运行的危险区域和操作规程，手势清楚正确，如图 5-42 所示。

4. 焊工、电工

当泵车出现开裂或电气等故障时，请联系供应商。禁止私自进行补焊或更改，对此产生的后果概不负责。

1）焊工：必须由供应商指派的持有效焊工证的人员来执行，主要处理泵车焊接结构件（如：臂架、支腿或其他重要部件）出现开裂的问题，如图 5-43 所示。

图 5-42　泵车信号
　　员的要求

图 5-43　泵车焊工的要求

2）电工：必须由供应商指派的持有效电工证的人员来执行，主要处理泵车电气线路、电气元件的更改、升级操作。

5. 液压工程师

1）工作职责：液压工程师主要负责泵车液压系统的参数调整、液压系统的故障诊断及故障排除，如图 5-44 所示。

2）个人技能：只有在液压系统方面具有专业知识和经验的人员才能从事此项工作。泵车可调节装置（如减压阀、分配阀等）只能由液压工程师或售后工程师来调节，不允许其他人员随意操作。

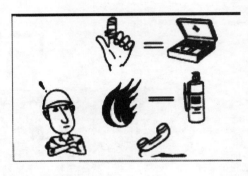

图 5-44　泵车液
压工程师的要求

6. 电气工程师

1）工作职责：电气工程师主要负责泵车电气系统的参数调整、程序升级、故障诊断及故障排除。

2）个人技能：泵车电气系统和电气元件的检查、修改及更换必须由电气工程师或售后工程师来完成（也可在电气工程师或售后工程师的指导下来完成），并符合用电要求。泵车电气操作系统如图 5-45 所示。

只有这些具有资格的人员才能安装、连接、拆分和打开电气开关盒。

7. 售后工程师

1）工作职责：售后工程师主要负责泵车的维护，包括故障检查排除、日常保养指导、配件更换、系统升级等，如图 5-46 所示。

2）个人技能：工程师都是经培训合格后，能独立处理泵车各类故障，对设备有任何功能、使用、维护、保养上的问题，能及时排除。

图 5-45　泵车电气操作系统

按照顺序分别展开四臂和五臂，放下根部软管

朝下扳动此手柄，放下根部软管

图 5-46　售后工程师的要求

二、应用安全常识

（一）基础原则

混凝土泵车是一种将用于泵送混凝土的泵送机构和用于布料的臂架系统集成在汽车底盘上的设备。泵送机构利用底盘发动机的动力，将料斗内的混凝土加压送入管道内，管道附在臂架上，操作人员控制臂架移动，将泵送机构输出的混凝土直接送到浇注点。

混凝土泵车是根据中国道路交通法和建筑机械管理法的相关规定而设计制造，并获得了有关部门颁发的性能及形式认可证书。操作该设备时，要严格遵守以下限定原则：

1）严禁在可能爆炸或其他危险的环境中使用。

2）除混凝土外，不得泵送密度大于 2.4kg/L 的物质，不允许用于其他任何用途（如：交通运输、起吊重物等），如图 5-47 所示。

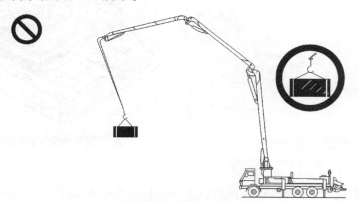

图 5-47　禁止起吊重物

3）每次作业前都必须检查设备，以保证操作的安全性。若发现问题请先确认，一定要排除问题后方可操作设备。

4）禁止对泵车进行任何改装；禁止对安全设备和阀类进行调整；禁止对主要构件进行焊接。

（二）违规操作

1）泵车上加载或放置物体总重不得超过 200kg，以免超载。

2）当搭载备用管等配件行驶时，其载重和高、宽、长都不允许超过道路交通法规定的指标。横穿地下通道、桥梁、隧道或高空管道、高空电缆时，一定要保证足够的空间和距离。

3）混凝土泵车的泵送高度和泵送距离都是经过严格计算和大量实验确认的（参见泵车臂架允许的作业范围警示牌或布料范围图），任何人不得为扩大工作区域而采取以下办法：

① 禁止加长泵车臂架输送管。

② 禁止更换上超过 3m 长的末端软管。

③ 禁止在末端软管出料口部位加装输送管或弯管。

④ 禁止在末端软管出料口部位加长软管。

4）泵车进入施工现场展开支腿前，应拉下驻车制动（图 5-48），并将木楔置于车轮后，防止泵车意外移动。同时，泵车支腿必须支承在水平地面上，不能支承在空穴、斜面或松软地面上。支腿展开后，须保持水平状态，前后、左右相对于水平面的倾斜度小于 3°，否则禁止运行设备。

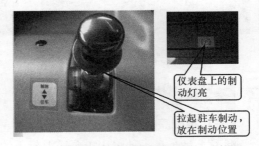

仪表盘上的制动灯亮

拉起驻车制动，放在制动位置

图 5-48 拉下驻车制动

支腿前要求如图 5-49 所示。

5）放下支腿前须确认地基支承能力是否足够。若地基不足以支承时，须在支腿底部加装支承板及辅助方木条后再放下支腿，如图 5-50 所示。

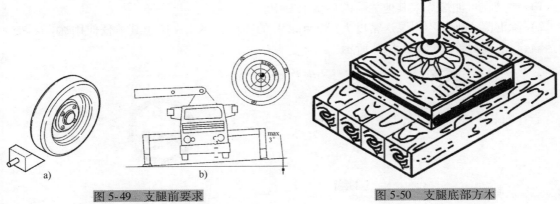

图 5-49 支腿前要求
a）木楔置于车轮　b）支承在水平地面

图 5-50 支腿底部方木

6）任何时候都禁止攀爬到转台及其以上部位（如臂架、输送管等）。如需维修转台及其以上部位，应将泵车停在平坦、宽敞的地方，确保泵车不会意外移动，然后收拢臂架，关闭发动机，固定好支腿，通过其他辅助设备（如工程车等）将维修人员送至故障部位；或将臂架收拢平放，适当支承臂架，防止损伤臂架，如图 5-51 所示。若不事先固定相应的臂架就打开臂架平衡阀或调低其设定压力，那么臂架将存在下坠伤人的危险。

7）泵车行驶速度不允许超过技术数据表中的最大速度，否则会有倾翻的危险。

8）上路行驶前必须确定臂架与支腿已完全收拢并固定，否则不允许上路行驶。

9）混凝土泵车的重心较高，因此转弯时须减速以防倾翻（图 5-52），行车速度应控制在 40km/h 以内。

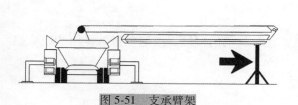

图 5-51 支承臂架

图 5-52 减速防倾翻

10）移动臂架和展开支腿前，应检查周围是否有障碍物，防止臂架或支腿触及建筑物或其他障碍物。当操作人员所在位置无法观察到整个作业区或不能准确判定泵车外伸部与相邻物体之间的距离时，请安排信号员进行指挥。

11）在电线附近须小心操作，注意与电线保持适当距离，否则在泵车上及其附近或泵车连接物（如：遥控装置、末端软管等）上作业的所有人员都会有致命的危险。如图 5-53 所示，当出现高压火花时，设备下方及其周围就会形成一个"高压漏斗区"。随着偏离中心，电压就会减弱。每进一步漏斗区，都存在极大危险！如果您跨过不同的电压区（跨步电压），其电位差产生的电流就会流过人体。

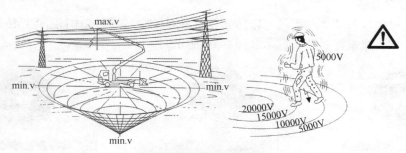

图 5-53 高压电危险区

（三）防护装备

在工作区域需责令佩戴以下安全保护装备，以防止人员发生伤亡危险。

1. 安全帽

安全帽可以保护操作人员头部，以防止跌落的混凝土或输送管部件（输送管破裂）击伤头部。安全帽标示如图 5-54 所示。

2. 安全鞋

安全鞋可以保护操作人员脚部，以防止跌落或投掷的尖锐物击伤脚部。安全鞋标示如图 5-55 所示。

图 5-54 安全帽标示

图 5-55 安全鞋标示

3. 安全耳套

当操作人员靠近强音机器时，安全耳套可以起到保护操作人员双耳的作用。安全耳套标示如图 5-56 所示。

4. 安全手套

安全手套可以保护操作人员手部免受腐蚀性化学试剂的侵蚀，或避免机械操作造成摩擦与割伤。安全手套标示如图 5-57 所示。

图 5-56　安全耳套标示　　　　　　　　图 5-57　安全手套标示

5. 安全眼罩

安全眼罩可以保护操作人员眼部，以防止飞溅的混凝土粉末或其他颗粒对眼睛造成伤害。安全眼罩标示如图 5-58 所示。

6. 安全绳索

高空作业时，使用安全绳索可以防止操作人员跌落。安全绳索标示如图 5-59 所示。

7. 佩戴呼吸装备

操作人员佩戴呼吸装备与面具可以防止建筑材料粉尘、颗粒（如：混凝土混合物等）通过呼吸道进入人体。佩戴呼吸装备标示如图 5-60 所示。

图 5-58　安全眼罩标示　　　图 5-59　安全绳索标示　　　图 5-60　佩戴呼吸装备标示

（四）伤害风险

1）混凝土泵车运行时禁止爬上机器操作，以防操作人员坠落，应选用远程控制，如图 5-61 所示。

2）作业时须注意，防止软管折弯或堵塞，且末端软管也不能没入混凝土中，否则容易引起管道内压力增大而导致爆破，从而发生伤人事故，如图 5-62 所示。

 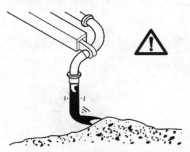

图 5-61　运行禁止爬标志　　　　　　　图 5-62　注意防软管折弯或堵塞

3）泵车运行时，不可打开料斗筛网、水箱盖板等安全防护设施，也不可将手伸进料斗、水箱里或用手抓其他运动部件（如运转的柴油机、摆动的 S 管等），如图 5-63 所示。

4）泵送时，必须保证料斗内的混凝土位于搅拌轴之上，防止因吸入气体而引起混凝土喷射。

5）作业时，切不可站在建筑物的边缘手握末端软管，因为软管或臂架的摇摆可能会导致操作人员坠落，从而发生人身事故。应该选择站在安全位置并用适当的辅助工具来引导末端软管，如图 5-64 所示。

6）作业中途需拆下管卡时，应先反泵 3～5 次，以降低管道内压力，禁止在管道加压状态下拆下管卡。

7）处理混凝土堵塞状况时，应小心提防混凝土可能发生瞬间喷射。

8）更换活塞、拆下油管时，为防止压力油喷射伤人，必须打开蓄能器球阀泄压，同时停止设备运转。

图 5-63　安全防护设施

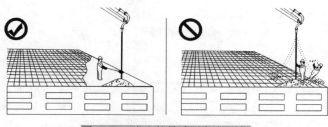

图 5-64　防止软管或臂架的摇摆

（五）危险区域

1. 支腿危险区域

1）伸缩、展开或收拢支腿时，要防止身体被夹入支腿与其他物体之间，支腿摆动和伸缩速度不宜太快。支腿回转及伸长的区域为支腿危险区域，如图 5-65 所示。

2）放下支腿时须注意支腿下方是否有物体，以防止被支腿压住，如图 5-66 所示。

图 5-65　支腿危险区域

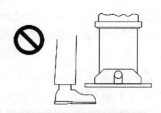

图 5-66　防止被支腿压住

2. 臂架危险区域

当操作臂架时，臂架回转区域的下方为危险区域，如图 5-67 所示。操作时工作人员须佩戴安全帽，同时禁止进入危险区域，以防止臂架或输送管部件掉落而造成致命伤害。一旦发现有人进入该区域，应马上按下紧停按钮停止工作，直到确定臂架区域下无人后才能重新启动机器。

3. 末端软管危险区域

设备启动时可能引起末端软管突然摆动而造成人身安全事故，因此，启动泵送作业时禁止人员进入危险区域(末端软管摇摆可能触及的区域)。此危险区域的直径是末端软管长度的两倍，比如，若末端软管最大长度①为3m，则危险区域②＝2×末端软管长度＝6m，如图5-68所示。

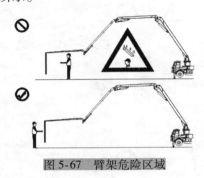

图 5-67　臂架危险区域

图 5-68　末端软管危险区域

4. 紧停按钮

紧停按钮是为了安全和防止突然发生的紧急事故而设置的。三一重工泵车上共设有五个紧停按钮：电控柜侧面紧停按钮、臂架分配阀罩上紧停按钮、左支腿操作杆旁紧停按钮、右支腿操作杆旁紧停按钮、遥控器上紧停按钮，如图5-69、图5-70所示。

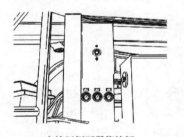

电控柜侧面紧停按钮

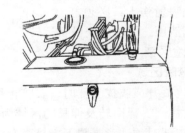

臂架分配阀罩上紧停按钮

图 5-69　紧停按钮

当按下紧停按钮时，泵车停止所有动作，此时即使再操作任何部件也均不能运动。

当按照紧停按钮上箭头的方向旋转按下按钮时，按钮自动弹跳到原位，此时可再次操作泵车运行。

(六)运输及驾驶安全常识

1)在混凝土泵车处于行驶状态之前，请务必遵循以下内容：

① 确定臂架已经完全收拢并已固定，否则不得上路行驶，如图5-71所示。

② 检查支腿是否都收回到位，并且支腿锁是否锁紧。

③ 检查油箱、水箱的关闭和密封情况，不允许有泄漏情况发生。

④ 对底盘进行安全检查(如制动系统、转向系统、照明系统和胎压等)。

⑤ 观察整车荷载情况。

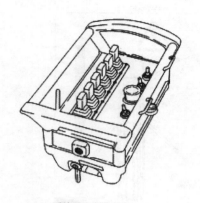

遥控器上紧停按钮

图 5-70　遥控器紧停按钮

图 5-71　禁止臂架展开时行驶

⑥ 检查轮胎面，如是双轮胎，检查之间是否夹有杂物。

⑦ 检查整车附件是否固定在安全位置。

⑧ 将底盘切换至行驶状态。

2）当混凝土泵车处于行驶状态的时候，请务必遵循以下内容：

① 与斜坡或凹坑保持适当的距离。

② 横穿地下通道、桥梁、隧道或高空管道、高空电缆时，一定要保证有足够的空间和距离。

③ 行驶速度不允许超过泵车技术数据表中最大速度，否则有倾翻的危险。

图 5-72　转弯时须减速

④ 混凝土泵车的重心较高，转弯时须减速以防倾翻，如图 5-72 所示。

☞ 三、支承安全常识

（一）工作场地空间要求

在开始工作之前，操作者必须熟悉场地的基本情况，包括支承地面的主要构成成分、承载能力和其上的主要障碍物。对场地的大小和高度要求，必须参见泵车支腿跨距的相关技术参数，如图 5-73 所示。

（二）支承示意标识

在安装支腿前，务必了解工作场地地面的承载能力，然后对照每个支腿上承重载荷所标识的数值，以确认地基支承能力是否足够，如图 5-74 所示。

（三）支腿锁

为防止在行驶过程中因急速转弯而造成的支腿被甩开，每个支腿上都会配备一个支腿锁，以机械方式固定支腿。所以在进入行驶状态时，请检查支腿锁是否锁紧，如图 5-75 所示。

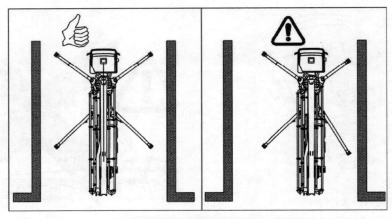

图 5-73　选择合适地工作场地

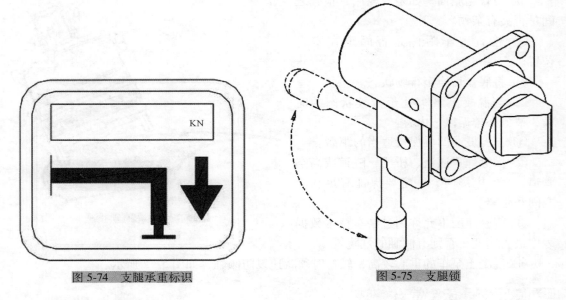

图 5-74　支腿承重标识

图 5-75　支腿锁

（四）不同地形的支承摆放

1）支承地面必须是水平的，否则有必要做一个水平支承表面，不能支承在空穴或斜坡上，如图 5-76、图 5-77 所示。

2）泵车必须支承在坚实的地面上，若支腿最大压力大于地面许用压力，必须用支承板或辅助方木条来增大支承表面积。地面许用压力见表 5-3。

表 5-3　不同地面种类对应的许用压力

地面种类	许用压力/(kN/m²)	地面种类	许用压力/(kN/m²)
未夯实的客上	150	质地不同的凹凸不平的地面	350
最小厚度不小于 20cm 柏油马路	200	卵石密集的地面	400~500
夯实的碎石混凝土材料	250	卵石层（适当夯实的卵石地面）	750
硬黏土或泥浆土	300	干枯的岩石地面	1000

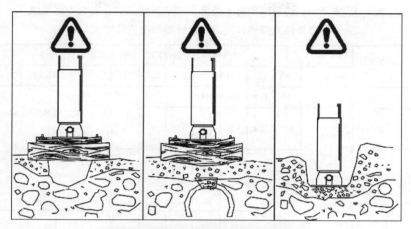

图 5-76 支腿禁止安放在有空穴的地面

图 5-77 支腿禁止安放在有斜坡的地面

① 当支腿最大压力(标示在支腿臂上)大于地面许用压力时,应加支承板(A)和辅助方木条(B)(见图5-78)。辅助方木条(B)一般使用 4 个,辅助方木条最小长度(C)见表5-4。图中支承板(A)尺寸为 60cm× 60cm×5cm,辅助方木条(B)尺寸为 15cm×15cm×C。

② 表5-4为考虑支腿最大压力和地面许用压力得出的与辅助方木条 (B)尺寸 C 的关系和支腿能否支承的范围。

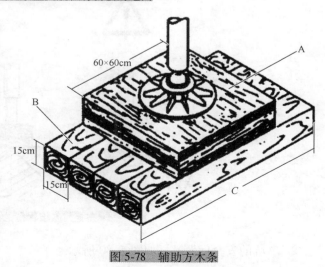

图 5-78 辅助方木条

表 5-4　支承板（A）及辅助方木条 B 的安装区域及禁止安装支腿区域
承力外伸支腿的作用力（kN）(标示在支腿臂上)

地表种类	容许压力可 kN/m²	承力外伸支腿的作用力 (kN)(标示在支腿臂上)													
		90	75	100	125	190	175	200	225	250	275	300	325	350	375	400
未夯实的客土	150		84	112	138	166	194									
最小厚工不小于 20cm 的柏油马路	200			84	104	126	147	166	187							
夯实的碎石混凝土材料	250				84	89	117	132	190	166	184					
硬质粘土或混凝土	300					84	96	112	125	138	154	166	180			
质地不同的凸凹不平的地面	350						84	96	106	120	132	144	153	166	180	190
卵石密集的土地	400							84	94	104	115	126	135	147	156	166
卵石密集的土地	500								74	84	91	96	109	117	126	132
适当夯实的卵石层	750												73	77	84	89
贴近岩板	1000															

禁止安装支腿区域

60cm×60cm×5cm 使用支撑板 A 时，不增加辅助方木条 B 也可安装设备的区域

辅助方木条 B 的最小长度 C(cm)

3）泵车支承在坑、坡附近时，应保留足够的安全间距。

① 离坑的最小间距 a，如图 5-79 所示。

支腿压力小于等于 12t 时，$a=1\text{m}$；

支腿压力大于 12t 时，$a=2\text{m}$。

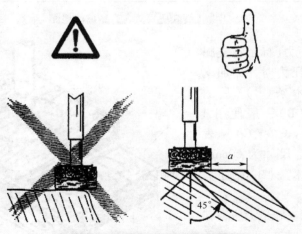

图 5-79　支腿与斜坡保持的最佳距离

② 离坑的安全间距 A，如图 5-80 所示。

松的、回填地面 $A \geqslant 2T$（坑深）；

实心地面 $A \geqslant T$（坑深）。

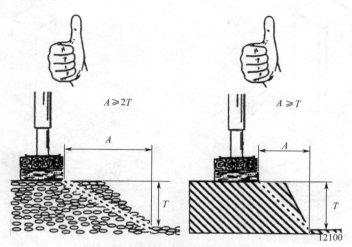

图 5-80　支腿与坑保持的最佳距离

4）支承时，须保证整机处于水平状态，整机前后左右水平最大偏角不超过 3°，如图 5-81 所示。

图 5-81　整机前后左右水平最大偏角不超过 3°

（五）安全辅助设备要求

安装支腿前须确认地基支承能力是否足够。若地基不足以支承时，须在支腿底部加支承板及辅助方木条以增大地面承载面积，如图 5-82 和图 5-83 所示。

☞　四、伸展臂架安全常识

（一）基本原则

只有确认泵车支腿已支承妥当后，才能操作臂架。操作臂架必须按照操作规程（见泵车使用说明书）说明的顺序进行。

1）雷雨或恶劣天气情况下，不能展开臂架。

2）臂架不能在大于 6 级（13.8m/s）风力的天气中使用。

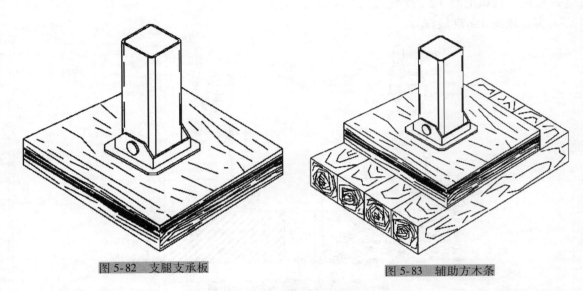

图 5-82　支腿支承板　　　　　　图 5-83　辅助方木条

3）移动臂架和展开支腿前，应检查周围是否有障碍物，如图 5-84 所示。要防止臂架或支腿触及建筑物或其他障碍物。当操作员所在位置不能观察到整个作业区或不能准确判定泵车外伸部与相邻物体之间距离时，应配引导员指挥。操作臂架时，臂架的全部都应在操作者的视野内。

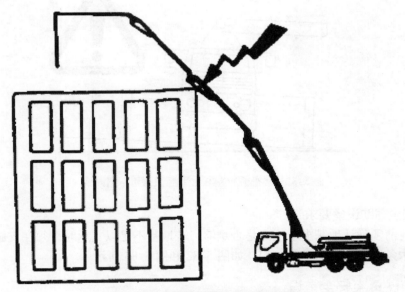

图 5-84　检查臂架周围是否有障碍物

4）如果臂架出现不正常的动作，就要立即按下急停按钮。由专业维护人员查明原因并排除后方可继续使用。

5）泵车只能用于混凝土的输送，除此以外的任何用途（比如起吊重物）都是危险和不允许的。

（二）工作场地空间要求

在展开臂架之前，操作者必须熟悉场地的基本情况。对场地的大小和高度要求，必须参见泵车臂架展开的相关技术参数。如受场地高度限制，必须了解泵车的最小展开高度。

（三）触电危险

1）在有电线的地方须小心操作，注意与电线保持适当距离，否则在泵车上及附近或与它连接物（遥控装置、末端软管等）上作业的所有人员都有致命的危险。当高压火花出现时，设备下及周围就形成一个"高压漏斗区"。随着你离开中心，

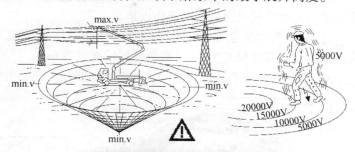

图 5-85　高压漏斗区与跨步电压

这种电压就会减弱。往漏斗区里每走一步都是危险的！如果你跨过不同的电压区（跨步电压），电位差产生的电流就会流过人体。如图 5-85 和图 5-86 所示。

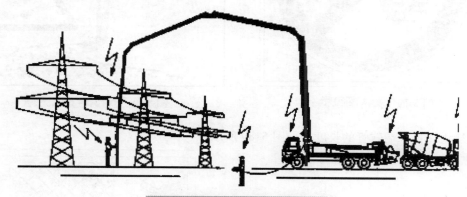

图 5-86　禁止在高压电线附近作业

2）泵车体距电线最小安全距离见表 5-5。

表 5-5　距电线最小安全距离

电压/kV	最小距离/m	电压/kV	最小距离/m
0~1	1	220~400	5
1~110	3	电压不详	5
110~220	4		

3）如果泵车触到了电线，应当采取的措施如下：

① 不要离开驾驶室。

② 条件允许时把泵车开出危险区。

③ 警告其他人员不要靠近或接触泵车。

④ 通知供电专业人员切断电源。

（四）危险区域

1）臂架下方是危险区域，可能有混凝土或其他杂物掉落伤人。

2）禁止攀爬臂架或用臂架作为工作平台，如图 5-87 所示。

（五）末端软管要求

1）末端软管规定的范围内不得站人。泵车启动泵送时不得用手引导末端软管，它可能会摆动伤人或喷射出混凝土引起伤人事故。

2）启动泵时的危险区就是末端软管摆动的周围区域。区域直径是末端软管长度的两倍。末端软管长度最大为 3m，则危险区域直径为 6m。

3）切勿折弯末端软管，同时末端软管不能没入混凝土中，如图 5-88 所示。

图 5-87　禁止攀爬臂架

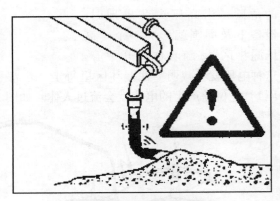

图 5-88　切勿折弯末端软管

4）禁止加长末端软管的长度，如图 5-89 所示。

图 5-89　禁止加长末端软管的长度

图 5-90　网格标识的部分为
禁止布料的范围

五、泵送及维护安全常识

1. 不允许的工作范围

在特定的使用情况下，某些操作可能引起臂架负载过重，或者会损坏臂架。如图 5-90 所示，网格部分是末端软管不能工作的。

2. 运动部件安全要求

1）泵车运转时，不可打开料斗筛网、水箱盖板等安全防护设施，不可将手伸进料斗、水箱里面或用手抓其他运动部件，如图 5-91 所示。

2）在料斗搅拌轴工作时，不要打开料斗栅格，将手伸入其内，如图 5-92 所示。

3）泵送时，必须保证料斗内的混凝土在搅拌轴的位置之上，防止因吸入气体而引起的混凝土喷射。

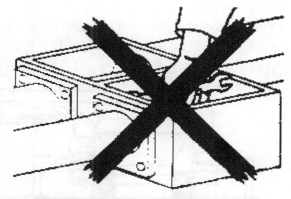

图 5-91　运转时不可将手伸进料斗、水箱里

3. 堵管处理

在正常情况下，如果每个泵送冲程的压力高峰值随冲程的交替而迅速上升，并很快达到设定的压力（如 32MPa），正常的泵循环自动停止，主油路溢流阀发出溢流声，这表明发生堵塞。这时一般先进行 1~2 个反泵循环就能自动排除堵塞（注意：反泵-正泵操作不能反复多次进行，以防加重堵塞）。如循环几次仍无效，则表明堵塞较严重，应迅速处理。

1）若反泵疏通无效则应立即判定堵塞部位，停机清理管道。

堵塞部位的判别方法：

操作人员进行正-反泵操作的同时，其他人员沿输送管道寻找堵塞部位。一般来说，从泵的出口起到堵塞部位的管段振动会比较强烈，堵塞段以后则相对臂架安静。堵塞段混凝土被吸动有响声，堵塞段以外无响声。敲打管道，有发闷的声音和密实的感觉，堵塞部位以外声音则比较清亮，感觉比较空。

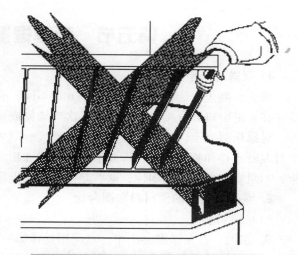

图 5-92　搅拌轴工作时，不要打开料斗栅格

2）找到堵塞部位，在正-反泵的同时用木锤敲打该部位，有可能恢复畅通，若无效应立即拆卸管道进行清洗。

3）在堵塞判断不准的情况下，可进行分段清洗。若拆管清洗时发现砼料已开始凝结，应毫不迟疑地打开所有管接头，逐步快速清理，并清洗泵，以免混凝土料凝结造成更大损失。

拆管时，一定要先反泵释放管道内的压力，然后才能拆卸输送管道，如图5-93所示。

4. 维护的安全常识

1）只有当泵车在稳定的地面上放置好，并确保不会发生意外的移动时，才能进行维护修理工作。

2）只有臂架被收拢或安放在可靠的支承上，发动机关闭并固定了支腿时，才可以进行维护和修理工作，如图5-94所示。

3）进行维护前必须先停机，并释放蓄能器压力。

4）如果没有先固定相应的臂架就打开臂架液压锁，有臂架下坠伤人的危险。

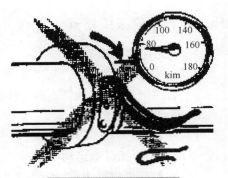
图5-93 拆管前请先泄压

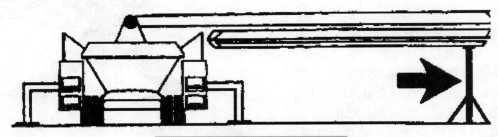
图5-94 臂架固定后，才能进行维护

第五节 泵送混凝土基础知识

1. 泵送混凝土的特点

泵送混凝土与传统的混凝土施工方法不同，它是在混凝土泵的推动下沿输送管道进行运输并在管道出口处直接浇筑的。可一次连续完成水平运输或垂直运输和浇筑，高效省力。

对泵送混凝土，除满足设计规定的强度、耐久性等性能要求外，还要满足管道输送过程中对混凝土拌和物的要求，即要求混凝土拌和物能顺利通过输送管道，且摩擦阻力小、不离析、不阻塞和良好的粘塑性，这就是要求混凝土具有较好的可泵性。

2. 泵送混凝土的原材料和配合比

（1）原材料

① 水泥。在泵送混凝土中，水泥用量是影响泵送效果的重要因素。水泥用量过少，混凝土的和易性差，泵送阻力大，泵和输送管的磨损也会因此加剧，容易产生阻塞。水泥用量过多，不经济，同时因过多的水化热使大体积混凝土温度应力过大而出现裂缝。水泥用量过多，还会使混凝土的黏性增加，泵送阻力增大。所以，应在保证混凝土设计强度和良好的可泵性的前提下，尽量减少水泥用量。按我国《混凝土结构工程施工质量验收规范》（GB50204—2015）的规定，泵送混凝土的最小水泥用量为300kg/m³。水泥品种对混凝土拌和物的可泵性也有一定的影响。泵送混凝土应优先选用酸盐水泥或普通硅酸盐水泥。矿渣水泥的保水性差，泌水性大，一般较少使用在泵送混凝土中。有些工程实践中，为了降低水泥

水化热，有利于大体积混凝土结构控制裂缝开展，也采用了矿渣水泥，但应采取适当措施以提高混凝土拌和物的稳定性，适当降低坍落度值，掺入适量的粉煤灰或其他矿物掺和料，适当提高砂率。采取上述措施后，加矿渣水泥的混凝土也可顺利的泵送，但不宜采用火山灰质硅酸盐水泥。

② 骨料。在泵送混凝土中，粗骨料的级配、粒径和形状对混凝土拌和物的可泵性有很大影响。泵送混凝土对石子粒径大小和级配的要求比普通混凝土严格，泵送是否顺利与石子的最大粒径和形状密切相关，所以泵送混凝土要控制石子的最大粒径，形状以圆形或近似圆形为好。当用碎石作为粗骨料时，其最大粒径与输送管内径之比，宜不大于 1 : 3；当用卵石作为粗骨料时，其最大粒径与输送管内径之比为 1 : 2.5，泵送高度在 50～100m 的高层建筑宜为 1 : 3～1 : 4，泵送高度在 100m 以上的超高层建筑宜为 1 : 4～1 : 5，见表5-6。

表5-6　粗骨料的最大粒径与输送管之比

石 子 品 种	泵送高度/m	粗骨料最大粒径与输送管之比
碎　石	<50	≤13.0
	50~100	≤14.0
	>100	≤15.0
卵　石	<50	≤12.5
	50~100	≤13.0
	>100	≤14.0

粗骨料应采用连续级配，针片状颗粒含量不宜大于10%。细骨料应符合 JGJ52—2006 标准，应采用中砂。粒径在 0.315cm 以下的细骨料所占比例应不小于15%，最好达到20%，这对改善泵送混凝土的泵送性能非常重要。很多情况下就是这部分颗粒所占的比例太小而影响正常的泵送施工。如果这部分颗粒不足时，可掺适量的粉煤灰加以弥补。

在考虑粗骨料粒径的时候，值得注意的是，不能为了改善混凝土的可泵性，而无限制地减小细骨料的粒径。由于粗骨料的粒径越小，孔隙率就越大，从而也增加了细骨料的体积，加大了水泥的用量。这样既不经济，也无必要。根据理论计算并参考以往的施工经验，提出不同管径(D)下管径与石子粒径(d)的比值(D/d)见表5-7，供参考。

表5-7　适宜的 D/d 值

输送管道直径/mm	100～125	125～150	150～175	175～200
D/d	3.7～3.5	3.3～3.0	3.0～2.7	2.7～2.5

③ 水。拌制泵送混凝土的水与普通混凝土的用水要求一样。

④ 掺和料。泵送混凝土中常用的掺和料也为粉煤灰，掺入混凝土拌和物中，能使泵送混凝土的流动性显著增加，并使混凝土拌和物在运输过程中不产生离析和泌水现象，大大改善混凝土的泵送性能。当泵送混凝土中水泥用量较少或细骨料中通过 0.315cm 筛孔的颗粒少于15%时，掺加粉煤灰是很适宜的。对大体积混凝土结构，掺入一定量的粉煤灰还可以降低水泥的水化热，有利于控制温度裂缝的产生。

粉煤灰的品质应符合国家现行标准《用于水泥和混凝土中的粉煤灰》、《粉煤灰在混凝土和砂浆中应用技术规程》和《预拌混凝土》的有关规定。

⑤ 外加剂。泵送混凝土中的外加剂主要有减水剂、引气剂，对于大体积混凝土结构，为防止收缩裂缝，还可掺入适量的膨胀剂和缓凝剂。

泵送混凝土掺用的外加剂，应符合 GB50119—2013《混凝土外加剂应用技术规范》、《混凝土泵送剂》和《预拌混凝土》的有关规定。

（2）配合比　泵送混凝土的配合比要求：泵送混凝土的配合比，既要满足混凝土设计强度和耐久性要求，又要满足混凝土的可泵性要求。混凝土的可泵性，一般用压力泌水试验结合施工经验进行控制，通常要求混凝土拌和物在压力泌水仪中加压 10s 时的相对泌水率 S10 不超过 40%。S10 按下式计算：

$$S_{10} = \frac{V_{10}}{V_{140}} \qquad (5.5\text{-}1)$$

式中　S_{10}——混凝土拌和物在压力泌水仪中加压 10s 时的相对泌水率（%）；

　　　V_{10}——在压力泌水仪中加压 10s 时的相对泌水量（ml）；

　　　V_{140}——在压力泌水仪中加压 140s 时的相对泌水量。

泵送混凝土配合比设计，应符合国家标准《普通混凝土配合比设计规程》、《混凝土结构工程及验收规范》等的有关规定。并应根据混凝土原材料、混凝土运输距离、混凝土泵与混凝土输送管径、泵送距离、气温等具体施工条件进行试配。必要时通过试泵送来确定泵送混凝土的配合比。

泵送混凝土试配时的坍落度，可按下式计算：

$$T_1 = T_p + \Delta T \qquad (5.5\text{-}2)$$

式中　T_1——试配时的坍落度；

　　　T_p——入泵时要求的坍落度；

　　　ΔT——试配时测得的在预计时间内坍落度的经时损失值。

坍落度还应视具体情况加以调整，如水泥用量较少时，应相应减小；输送管道较长时，由于弯管、接头多，压力损失大，则应适当加大坍落度；向下泵送时，为防止混凝土自流而引起管道堵塞，应适当减小坍落度；相反，当向上泵送时，为了避免出现过大的倒流压力，坍落度不宜太大。对于不同泵送高度，入泵时混凝土的坍落度，可按表 5-8 选用。

表 5-8　不同泵送高度入泵时混凝土坍落度选用值

泵送高度/m	<30	30~60	60~100	>100
坍落度/mm	100~140	140~160	160~180	180~200

表 5-9　混凝土坍落度允许误差　　　　　　　　　（单位：mm）

所需坍落度	坍落度允许误差	所需坍落度	坍落度允许误差
≤100	±20	>100	±30

混凝土拌和物制备后，在运输过程中会出现经时坍落度损失。混凝土经时坍落度损失，

可按表 5-10 选用。

表 5-10　混凝土经时坍落度损失值　　　　　　　　　　（单位：mm）

环境温度/℃	10～20	20～30	30～35
混凝土经时坍落度损失值（掺粉煤灰和木钙，经时 1h）	5～25	25～35	35～50

注：掺粉煤灰与其他外加剂时，坍落度经时损失值可根据施工经验确定；无施工经验时，应通过试验确定。

总之，泵送混凝土的配合比设计，应参照以下原则：

① 泵送混凝土的用水量与水泥和矿物掺和料的总量之比不宜大于 0.6。

② 泵送混凝土的砂率宜为 35%～45%。

③ 泵送混凝土的最小水泥用量为 300 kg/m³。

④ 泵送混凝土需掺适量外加剂，并应符合《混凝土泵送剂》的规定，外加剂的品种和数量应由试验确定；不掺引气剂时，泵送混凝土的含气量不应大于 4%。

⑤ 泵送混凝土如掺粉煤灰时，其配合比应经试配确定，且应符合《粉煤灰在混凝土和建筑砂浆中应用技术规范》、《混凝土外加剂应用技术规范》和《普通混凝土配合比设计规程》等有关规定。

第六节　作业准备工作

☞ 一、底盘作业准备工作

（一）底盘功能检查

对功能性液体的检查：

1）底盘变速器等加满或更换符合规定的高级传动油。

2）底盘机油油位。

3）高原地区，底盘发动机水箱还要添加防冻液。

（二）行驶、泵送切换

一定要在柴油机怠速、离合器脱开的情况下进行行驶和泵送的换档操作。对配其他型号底盘的泵车，泵送位置时，汽车变速器只能挂传动比为 1：1 的档位。行驶、泵送切换操作面板如图 5-95 所示。

1）首先驻车制动，如图 5-96 和图 5-97 所示。

2）将档位调整至空档；起动发动机，先踩下离合器，底盘挂相应档位（沃尔沃底盘的车辆挂八档，五十铃底

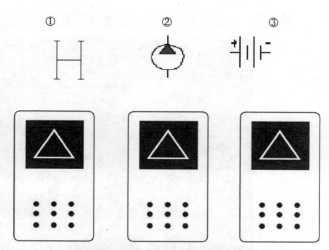

图 5-95　行驶、泵送切换操作面板
①—"电气系统电源"开关位置　②—"行驶"开关位置
③—"泵送操作"开关位置

盘的车辆挂六档），脚慢慢地松开离合器。如图 5-98 所示。

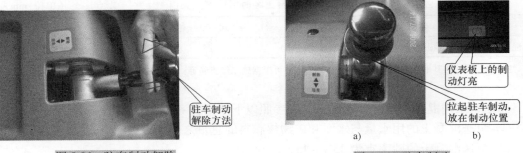

图 5-96　驻车制动解除

驻车制动解除方法

图 5-97　驻车制动

仪表板上的制动灯亮

拉起驻车制动，放在制动位置

a)　　　　　b)

踩下离合器

图 5-98　挂相应档位

3）关闭发动机。

4）拨动开关①使"电气系统电源"激活（变亮），如图 5-99 所示。

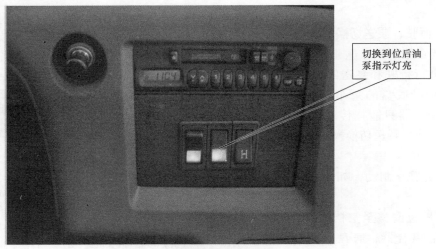

切换到位后油泵指示灯亮

图 5-99　切换开关

5）拨动开关③使"泵送操作"激活（变亮），开关②"行驶"随之失效（变暗）。

6）起动发动机。

7）选择正确的档位，然后慢慢地放开离合器。

👉 二、臂架系统作业准备工作

（一）功能性液体及安全设施检查

检查水、油、燃料液面位置，不足时应加满。检查液位时，应将泵车置于水平状态进行，如图 5-100 所示。

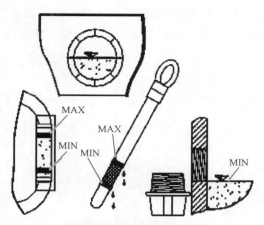

图 5-100　液压油面、水面

（二）臂架系统安全检查

1）检查臂架、转台、固定转塔、支腿焊缝是否出现裂纹，是否出现永久变形。

2）检查各连接螺栓及螺母是否松动。

3）检查臂架末端软管是否松开，如图 5-101所示。

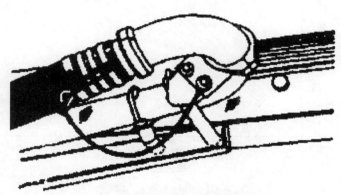

图 5-101　检查末端软管是否被安全固定

👉 三、泵送机构作业准备工作

（一）泵送机构检查

1）泵送机构水箱应时刻加满水，即使有结冰的危险也应加满。

2）检查易损件的磨损情况（眼镜板、切割环、输送管、混凝土活塞、搅拌器叶片）。S 阀的间隙检查及调整。

3）检查润滑脂桶内的润滑脂位。

4）在液压缸的上死点，检查 S 阀是否以正常速度和位置运转。液压缸到达上死点后，将会自动换向。应在液压缸的上死点，检查两摆阀缸中，其中一个摆阀缸是否正确到达排出口。

5）泵车运转后，如高压过滤器发讯器处于红色位置，则须更换滤芯。注意：在气温较低时，刚启动时高压过滤器发讯器有可能处于红色位置，这可能是因为此时液压油的温度很低，黏度较高造成的。

（二）输送管检查

1）检查输送管卡箍是否松动和损坏。

2）混凝土输送管应每天进行敲打检查管壁磨损情况，磨损严重的应进行更换。但不得在加压状态下敲打管线。管壁允许最小厚度如图 5-102 所示。

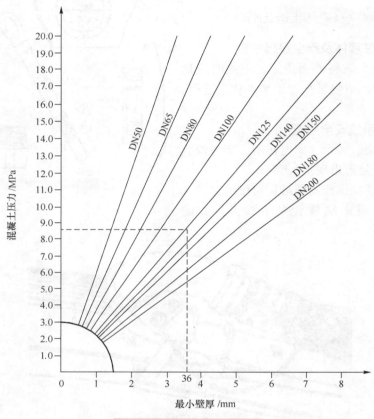

图 5-102　管壁允许最小厚度

☞ 四、液压系统作业准备工作

1）检查液压油箱油位，不足时应加满，加入油箱的液压油须经过滤机过滤，过滤精度为 $10\mu m$，注意加油时不得有水及其他液体混入，加入的液压油应符合要求。

2）高压滤油器应经常检查有无堵塞，发现堵塞要及时更换滤芯。

3）按"正泵启动"，此时混凝土活塞开始运动，观察主液压缸、摆阀液压缸换向是否正常，各管夹是否松动，各管接头是否漏油。

4）气温较低需空运转一段时间，要求液压油的温度升至 20℃ 以上，才能开始投料泵送。

5）料斗里加足水空运转 10min，同时，检查压力表显示是否正常，搅拌装置能否反转，反泵动作是否正常。

☞ **五、电气系统作业准备工作**

1）检查蓄电池电压是否正常，电压过低应及时充电，蓄电池应保持干燥清洁，无杂物，接线柱连接紧固可靠。

2）检查电控柜内及元件附件是否进水或放置杂物，如有应及时处理防止短路。

3）检查电控柜及遥控器上的各电器元件均应处于"停止"状态，紧停开关在松开位置。

4）检查线路是否正常，目视有无插头松动、掉落、接线断裂、脱落、线路短路、螺钉松动、接触不良的现象。

第七节 作业操作要点

☞ **一、近控操作**

混凝土泵车电气系统近控操作主要在电控柜面板上进行，主要操作方式有三种类型，三种面板实现的操作功能完全一致，只是操作方式不一样，具体操作要点简介如下：

1）操作面板前，先将驾驶室内电气系统电源开关合上，并将分动箱切换至油泵位置；底盘档位置于空档；检查气压，应大于700kPa（如果气压低于此值,起动发动机空载运转,达到正常气压后关闭发动机），如图5-103所示。

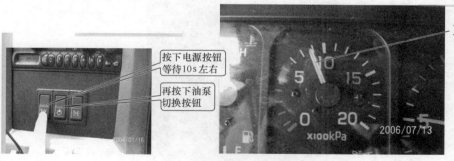

图 5-103 检查气压

2）操作支腿时需将近、遥控开关切换至近控状态，且臂架放到位，如未放到位，支腿操作无效；如图5-104所示。

3）近、遥控转换需在空闲状态时操作，如在正反泵或其他工作状态时切换无效。

4）在近控状态下可在面板上操作按钮或按 DS300、OP73 文本提示进行菜单操作，如正反泵、高低压切换、主缸点动、退活塞、预热等；遥控器操作必须转换至遥控状态后方可进行。

操作过程中出现意外状况，可按下"紧急停止"按钮，将所有动作停止，处理完后再松开"紧停按钮"重新工作。

图 5-104 近、遥控开关切换

二、支腿操作

1）支腿操作前，须预先打开支腿锁，如图 5-105 所示。

按箭头方向打开支腿锁

图 5-105　支腿锁

2）左侧支腿操作方法：在泵车左右两侧，各有一组（五个）支腿操作阀，控制支腿的展开、收缩及升降，面对左侧阀组，从左到右的顺序依次为：前支腿升降操作手柄、前支腿伸缩操作手柄、前支腿展开操作手柄、后支腿展开操作手柄、后支腿升降操作手柄，如图 5-106 所示。

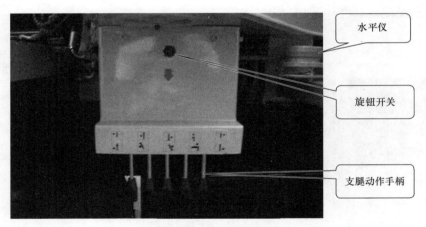

水平仪

旋钮开关

支腿动作手柄

图 5-106　左侧支腿操作阀

操作时，一只手向下扳动开关，另一只手操作相对应的支腿控制阀，向下扳动手柄控制支腿展开，向上扳动手柄，控制支腿收回，如图 5-107 所示。

操作支腿，一定要注意支腿旋转范围内是否有人，否则会引起意外的伤害。支腿伸展一定要到位，否则泵车有失稳倾翻的危险，如图 5-108 所示。

泵车支承好以后，要通过两侧的水平仪来判断泵车是否处于水平状态，前后左右倾斜角度不得超过 3°，若倾斜角度超过了规定的要求，可以通过调节四个支腿升降来达到要求，如图 5-109 所示。

3）右侧支腿操作方法：面对右侧阀组，从左到右的秩序依次为后支腿升降操作手

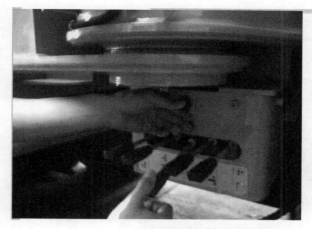

手柄往上支腿
收拢

手柄往下支腿
打开

图 5-107　扳动手柄控制

必须完全展开　　必须完全伸出

图 5-108　操作支腿

后支腿展开到位，
两箭头对齐

前支腿伸出到位，
两箭头对齐

注意：支腿支承(收拢)
时，必须分两次支撑(
收拢)到位，第一次支
撑距离约30cm。支承地
面基础必须牢固，确保底
层不下陷，并时刻检查

30cm

图 5-109　调节四个支腿

柄、后支腿展开操作手柄、前支腿展开操作手柄、前支腿伸缩操作手柄、前支腿升降操作手柄。

右侧支腿操作方法及注意事项同左侧支腿。

4）支腿升降操作直到泵车轮胎从地面抬起50mm为止，如图5-110所示。

夜间施工时，请合上此开关，打开支腿警告灯，防止其他车辆碰撞

图 5-110　支腿升降操作

5）支腿收拢时，要确认四个锁均将支腿锁住，以避免在行驶过程中弹出。

☞ 三、臂架操作

臂架的展开与收拢，如图5-111所示。

图 5-111　臂架展开与收拢

注：一定要在支腿按规范要求支承好以后才能进行臂架操作。

近控状态，是通过操作臂架多路阀的操作手柄来控制臂架的动作。多路阀有六个工作片（五节臂泵车有七个工作片），每片控制一个执行机构，如图5-112所示（五节臂泵车增加一个操作手柄）。其中，控制支腿的工作片一般用电控，不需要手动操作。控制臂架的工作片操作手柄向外拉是控制臂架展开，操作手柄向里推是控制臂架收拢。多路阀是负载敏感比例多路阀，臂架的运动速度与手柄的扳动角度成正比。所以在操纵臂架时（包括臂架的展开、收拢、旋转），应该将操作手柄慢慢地过渡到最大位置，使臂架有一个逐渐加速的过程，减少臂架的冲击；同样，停止时，也应缓慢的松开手柄，使臂架平稳的停止。

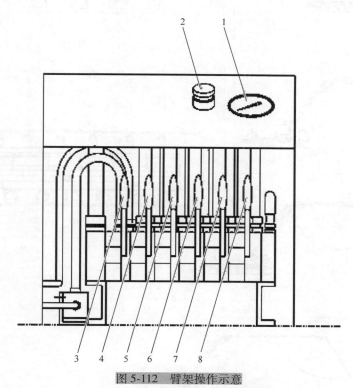

图5-112　臂架操作示意

1—压力表　2—急停按钮　3—支腿操作手柄　4—臂架旋转操作手柄　5—1#臂架操作手柄
6—2#臂架操作手柄　7—3#臂架操作手柄　8—4#臂架操作手柄

臂架展开按图5-113所示顺序进行，收拢则按图示反方向进行。臂架展开后调整位置时，既可以单个臂架动作，也可以多个臂架组合同时动作。不论在什么情况下，都必须在操作者视线内才能操作臂架。

☞ 四、遥控操作

（一）遥控器

无线遥控系统由发射器和接收器组成，接收器装于泵车驾驶室内，通过连接电缆与电控柜相连。发射器由操作人员随身携带，可方便地对设备进行操作，如图5-114所示。

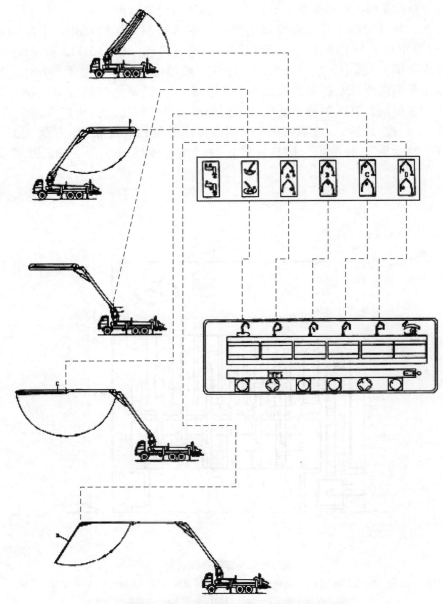

图 5-113　（四节臂泵车）臂架展开顺序

（二）遥控器的操作

1）在电控柜面板上将控制切换至遥控状态，如图 5-115 所示。

2）如图 5-116 所示，打开发射系统钥匙开关，同时拨起发射系统上红色急停按钮，几秒钟后，发射系统上的指示灯亮绿色，表明此时发射器已与接收器建立通讯，再按下启动按钮（如长时间不操作，需操作遥控器时要再次按下该按钮）遥控系统可正常工作。

将钥匙开关打到"1"位置，旋转紧停按钮，使之松开，按下启动按钮，如图 5-117 所示。

图 5-114　无线遥控操作

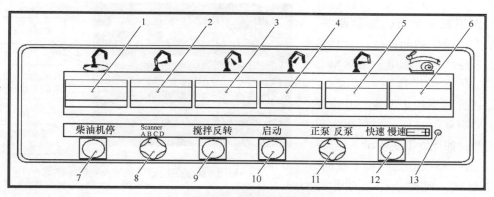

图 5-115　遥控功能

1—臂架回转动作摇杆　2—第一节臂加动作摇杆　3—第二节臂加动作摇杆　4—第三节臂加动作摇杆

5—第四节臂加动作摇杆　6—泵送排量调节摇杆　7—柴油机熄火按钮　8—频段选择旋钮

9—搅拌反转按钮　10—启动　11—反泵—停—正泵选择旋钮

12—臂架动作速度选择　13—遥控器接通指示灯

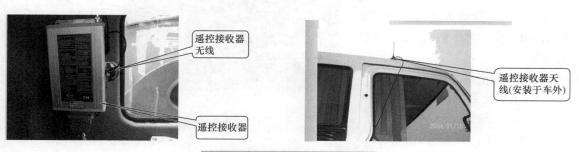

图 5-116　遥控器发射、接收系统

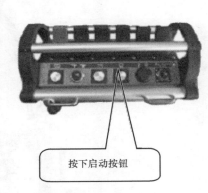

将钥匙开关打到"1"位置　　旋转紧停按钮，使之松开　　按下启动按钮

图 5-117　遥控器操作

3）当遥控器进入工作状态后，任意扳动臂架操作摇杆，发动机自动升速；同时，对应的臂架开始动作，摇杆向外推，对应的臂架展开，摇杆向内扳，对应的臂架收拢（臂架动作的速度可通过遥控器上"快速/慢速"开关进行选择），如图 5-118 所示。

4）在工作状态下，可在遥控器上实现正泵、反泵、排量调节、紧急停止等操作功能；注：紧急停止后，遥控器自动断电，解除紧急停止后，须将遥控器上"反泵/正泵"旋钮旋回至停止位置，并按遥控器上"启动"按钮，方可再次启动遥控器，如图 5-119 所示。

5）遥控器在遭受同频干扰时，会自动封锁，此时，臂架动作停止，须重新打开钥匙开关，按启动按钮，遥控器重新选择频段，再次进入工作状态。

6）末端软管解锁。臂架展开后，须对末端软管解锁，通过向上托起软管及下拉锁定杠（如图 5-120所示,朝下扳动此手柄），使末端软管解锁。

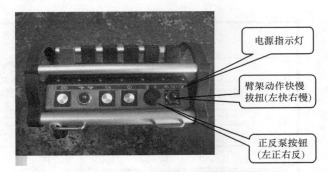

电源指示灯
臂架动作快慢拨扭(左快右慢)
正反泵按钮(左正右反)

图 5-118　遥控器"快速/慢速"开关

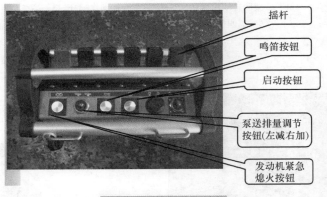

摇杆
鸣笛按钮
启动按钮
泵送排量调节按钮(左减右加)
发动机紧急熄火按钮

图 5-119　控制按钮功能

（三）泵送操作

1. 混凝土泵的启动

1）正泵按钮，活塞开始运动，观察主液压缸、摆阀液压缸换向是否正常、各管夹是否松动，各接头是否漏油。

2）当出现堵管需反泵时，按下反泵按钮即可。但反泵不宜过多，否则堵管会更加严重。

3）工作时如遇紧急情况，直接按紧停按钮停机（图 5-121）。重新开机前确保电控柜各按钮及断路器、遥控器所有开关均处于关的位置。

4）混凝土泵启动时可能引起末端软管突然摆动而造成人身安全事故，因此，启动泵送作业时禁止人员进入危险区域（末端软管可能触及的区域）。此危险区域的直径是末端软管长度的两倍，比如，若末端软管最大长度①为 3m，则危险区域②=2×末端软管长度=6m，如图 5-122所示。

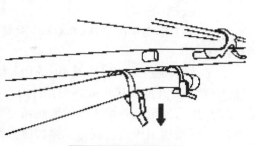

图 5-120 末端软管锁

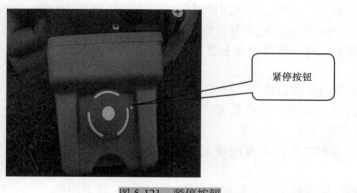

图 5-121 紧停按钮

图 5-122 防止末端软管突然摆动

5）作业时须防止软管折弯或堵塞，且末端软管也不能没入混凝土中，否则容易引起管道内压力增大而导致爆破，从而发生伤人事故，如图 5-123 所示。

6）末端软管必须安全可靠地下垂。在确认辅阀组上手动换向阀处于搅拌位置，搅拌轴正常旋转，发动机、分动箱、油泵系统运转正常、支腿按要求固定、臂架按规定展开，并做好一切检查工作后，方可启动泵送系统，如图 5-124 所示。

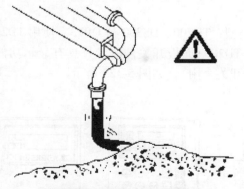

图 5-123 防止软管折弯或堵塞

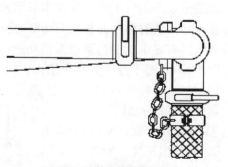

图 5-124 末端软管接口

2. 泵送系统压力调整及说明

（1）注意事项

① 泵车工作半年或泵送 30000m³ 混凝土后，要对泵送系统进行调整，以保证混凝土泵的良好作业状态。

② 调整系统压力，以油温 40~50°C 为宜。

③ 当需拆开液压接头或阀类元件时，必须使所有电源处于关闭状态。

（2）压力设定　系统压力溢流阀调定为 35MPa，主油泵调定为 32.5MPa。

（3）辅助阀组压力的调整　搅拌压力调至 12MPa（反转 11MPa），水洗压力调至 16MPa。

3. 泵送作业

1）进行泵送作业之前，先将两个海绵球塞入输送管内，使砂浆均匀地涂在输送管内壁。转动搅拌装置，向料斗内放进砂浆。开始泵送，直到砂浆从末端软管排出为止。

2）长而新的输送管具有较大的阻力，须进行充分的砂浆作业后方可进行泵送作业。如感觉输送管内阻力大时，切不可强制进行泵送，应反复进行正泵/反泵动作。

3）如果混凝土出现材料离析现象，应立即将混凝土吸入料斗内，重新混合。

4）泵送注意事项如下：

① 泵送作业开始后，搅拌器应时刻保持运转。

② 暂停作业时，应进行短暂的逆向泵送，以降低管内压力。应经常进行正泵/反泵操作。不得在管内保持压力的情况下放置不管。

③ 长时间停止作业时，为防止浆料的分离和凝固现象，应周期性地进行正泵/反泵操作，约 10~15min 一次循环。

④ 对高层建筑进行浇灌吸水性低的混凝土时，应尽可能保持连续性，不要中断。

⑤ 对质量较低的混凝土进行浇灌时，应降低泵送速度。

⑥ 混凝土离析的原因：混凝土黏度太小。

⑦ 浆料混合不充分。S 阀与眼镜板因磨损出现间隙。管道漏浆。

⑧ S 阀与管道内混凝土硬结。

⑨ 混合比率不当。

⑩ 浆料规格不准确，沙量少或搅拌过程中混凝土略微硬化。

（四）电控柜操作面板及参数显示

混凝土泵车电气系统常用文本显示器有三种类型：TD200、DS300 与 OP73。使用 TD200 文本显示器的共有两种面板：TD200+旋钮开关与 TD200+面板开关，前者只具有显示功能，而后者则具有显示功能与菜单操作功能（需与面板开关合用），如图 5-125 所示。

以 TD200+钮子开关为例介绍：

1）具有各种工况时的信息提示，常见信息提示如下：

① 分动箱速度：XXX r/min。

② 发动机速度：XXX r/min。

③ 排量：XXX %。

④ 泵送时间：XX hXX min。

⑤ 底盘类型：五十铃（VOLVO、

TD200+旋钮开关

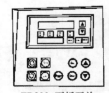
TD200+面板开关

DS300文本显示器

图 5-125　电控柜操作面板

BENZ）。

⑥ 液压系统类型：大排量(小排量)。

⑦ 泵送设定速度：XXX r/min。

⑧ 水泵类型：高速水泵(低速水泵)。

⑨ 泵车编号：XXXXXX　版本号：X。

⑩ 泵送方量：XXXXX m^3。

⑪ 分段方量：XXXXX m^3。

⑫ 使用区域代码：XXXX。

2）混凝土泵车在正常工作时，文本显示器会根据当前工作状态提示用户，常见工况提示如下：

① 近控(遥控)正泵中……

② 近控(遥控)反泵中……

③ 退活塞中……

④ 主缸点动中……

⑤ 摆缸点动中……

⑥ 禁止动臂架。

⑦ 禁止动支腿。

⑧ 紧急停止。

3）文本显示器上部分按键含义如下：

① F1 键：压力表开关按钮。观察主系统或臂架系统压力时，按下 F1 按钮，控制压力表的电磁阀得电，压力表开始指示。2min 后，控制压力表的电磁阀失电，压力表显示为零。

② F3 键：阶段方量启用/停止转换键，F7(Shift+F3)确认。

③ F4 键：分段方量清零键，该操作需要输入密码，按 F1 增加、F2 减少，输入正确密码后按 F7 确认即可对分段方量进行清零。

④ F5(Shift+F1)键：中英文转换，显示器上的文字信息可在中文与英文之间切换，断电后再次开机为中文显示，英文状态需再次切换。

⑤ F6(Shift+F2)键+F8(Shift+F4)键：测速转换功能键，用于可选发动机测速和分动箱测速。

4）由于该面板是在电气系统实现通用化与标准化后采用，所以机器在下载程序时需对程序进行初始化参数设置，设置方法如下：

① 下载完程序后，文本显示系统选择说明：F3 选择，F4 确认！

② 按向下键进行底盘选择，文本显示

底盘选择：五十铃底盘(VOLVO 底盘、奔驰底盘)，按下 F3 键，在三种底盘中转换，出现正确底盘类型后则按下 F4 键予以确认。

③ 完成底盘类型选择后，文本显示

分动箱选择：最高泵送速度 1750r/min(1500r/min)，按下 F3 键，在两种速度中转换，出现正确速度后按下 F4 键予以确认。

④ 完成泵送速度选择后，文本显示

水泵马达选择：高速水泵马达（低速水泵马达），按下 F3 键可在两种水泵类型中转换，出现正确的类型后按下 F4 键予以确认。

⑤ 完成水泵类型选择后，文本显示

液压系统选择：大排量液压系统（小排量液压系统），按下 F3 键在两种液压系统中转换，出现正确类型后按下 F4 键予以确认。

⑥ 完成液压系统选择后，文本显示

泵送时间：XXXX 小时，F1 增加，F2 减少（用于重新充程后恢复泵送时间），出现正确数值后按下 F4 键予以确认。

⑦ 完成时间设置后，文本显示

初始方量：XXXX 方，F1 增加，F2 减少（用于重新充程后恢复泵送总方量），出现正确数值后按下 F4 键予以确认。

⑧ 国内泵车会出现泵车编号设置，编号按 F1 增加，F2 减少，正确设置后按下 F4 键予以确认；出口泵车会出现使用区域代码设置，使用区域代码（如约旦 962）按 F1 增加，F2 减少，正确设置后按下 F4 键予以确认。

⑨ 完成以上选择后，文本显示

存系统参数：按 F7 键保存设置并重启。

完成以上操作后，可重启 PLC 电源或将 PLC 的开关重新置于 RUN 状态，让 PLC 正常工作后程序则可正常运行。TD200+面板开关，如图 5-126 所示。

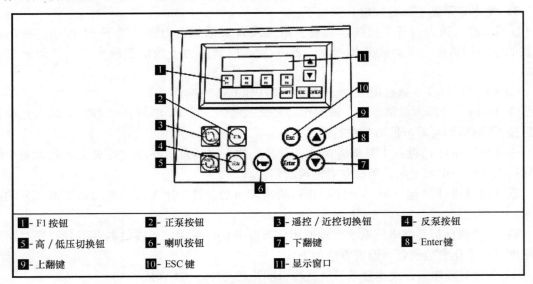

图 5-126 控制面板图

控制面板上装有文本显示器和触摸式按钮，其中正泵、反泵、遥控/近控切换、高/低压切换、F1 及喇叭按钮可以直接操作，其他功能都由 ESC 键、Enter 键、上翻键、下翻键结合文本显示器以下拉菜单形式进行操作。现将各功能操作分述如下：

1. 按钮操作

1）F1 按钮：F1 按钮为压力表开关按钮。主系统压力表及臂架系统压力表平时是处于关闭状态，需要观察主系统或臂架系统压力时，按下 F1 按钮，压力表开始指示，持续 2min 后自动关闭。

2）遥控/近控切换按钮：用来进行遥控与近控的切换，每按一下，即改变当前工作状态，按钮左上角信号灯亮时，表示系统处于遥控状态。

3）高/低压切换按钮：用于进行高压泵送与低压泵送的状态切换，每按一下，即改变当前工作状态，按钮左上角信号灯亮时，表示系统处于高压泵送状态。

4）正泵按钮：当按下正泵按钮时，发动机升速，当转速升至设定转速时，开始正泵，再次按下时，正泵停止，同时发动机自动降到怠速。按钮左上角信号灯亮时，表示系统处于正泵工作状态。

5）反泵按钮：当按下反泵按钮时，发动机升速，当转速升至设定转速时，开始反泵，再次按时，反泵停止，同时发动机自动降到怠速。按钮左上角信号灯亮时，表示系统处于反泵工作状态。反泵有优先，即在正泵工作状态时，按反泵按钮，系统立即转入反泵，再次按反泵按钮，系统又恢复到正泵状态。此功能主要是保证在出现堵管时能以最快的速度处理。

6）喇叭按钮：按住按钮，喇叭鸣叫；松开按钮，喇叭停止。此功能用来进行简单的通讯。更换 PLC 后需重新下载程序时，则要对程序进行初始化参数设置。

——F1 按钮—正泵按钮—遥控/近控切换钮—反泵按钮—高/低压切换钮—喇叭按钮—下翻键—Enter 键—上翻键—ESC 键—显示窗口

2. 菜单操作

上翻键"▲"与下翻键"▼"用来进行菜单翻页；Enter 键为确认键，用来选定菜单；ESC 键为退回键，用来返回上一级菜单或取消键入。具体信息提示、参数设定和功能操作如下：

1）在通常情况下，文本显示器显示下列信息：

- 设定速度：XXXX r/min。
- 发动机速度：XXXX r/min。
- 分动箱速度：XXXX r/min。
- 泵送速度： XX %。

2）功能选择

在正常情况下，在面板上任意按"▲"或"▼"键一次，可进入到"功能选择"菜单，进行参数设定、手动操作和其他功能操作的选择。

此时，文本显示器上首行显示主菜单："功能选择"，第二行显示功能名称，共有 10 种功能，分别如下：

① 泵送速度设定。

② 排量调节。

③ 手动调速。

④ 主缸点动。

⑤ 摆缸点动。

⑥ 液压系统预热。

⑦ 活塞退出。

⑧ 超速记录查询。

⑨ 泵送时间查询。

⑩ 脉冲限幅值确认。

按"Esc"键则退出"功能选择"菜单，返回到正常显示方式。

按"Enter"键则进入所选中的功能。

3. 功能操作

进入"功能选择"菜单后，通过"▲"或"▼"键选择所需功能，然后，按"Enter"键则进入所选中的功能。

（1）泵送速度设定

进入此功能后，文本显示器上显示如下：

① 第一行："1. 泵送速度设定"。

② 第二行："设定速度：1700 r/min"。

此时，按"▲"键，设定速度值增加。

按"▼"键，设定速度值减少。

以上信息通过文本显示器上的"▲"或"▼"键查看。

这些功能可通过"▲"或"▼"键进行浏览。但一旦泵送启动，第③～⑦五种功能将不会显示。此外，泵车出厂后，第⑩条功能也不再显示。

按"Esc"键，退出本功能，返回到"功能选择"菜单。

（2）排量调节

进入此功能后，文本显示器上显示如下：

① 第一行："2. 排量调节"。

② 第二行："泵送排量：100%"。

此时，按"▲"键，泵送排量增加。

按"▼"键，泵送排量减少。

按"Esc"键，退出本功能，返回到"功能选择"菜单。

（3）手动调速

进入此功能后，文本显示器上显示如下：

① 第一行："3. 手动调速"。

② 第二行："发动机速度：XXXX r/min"。

此时，按"▲"键，发动机升速。

按"▼"键，发动机降速。

按"Esc"键，退出本功能，返回到"功能选择"菜单。

（4）主液压缸点动

进入此功能后，文本显示器上显示如下：

① 第一行："4. 主液压缸点动"。

② 第二行："按↑键进　按↓键退"。

此时，按"▲"键，主液压缸前进。

按"▼"键，主液压缸后退。

按"Esc"键，退出本功能，返回到"功能选择"菜单。

（5）摆缸点动

进入此功能后，文本显示器上显示如下：

① 第一行："5. 摆缸点动"。

② 第二行："按↑键进　按↓键退"。

此时，按"▲"键，摆缸前进。

按"▼"键，摆缸后退。

按"Esc"键，退出本功能，返回到"功能选择"菜单。

（6）液压系统预热

进入此功能后，文本显示器上显示如下：

① 第一行："6. 液压系统预热"。

② 第二行："正在预热"。

设定速度只能在 1300~1700r/min 之间改变。

手动升速后，发动机转速不会在一定时间后自动降到怠速，只能手动降速；但如果手动升速后进行遥控臂架或支腿的操作，则发动机速度会在停止操作后 10s 时开始降至怠速。

进入此功能后，只要条件满足，预热即已开始，且文本显示器上第二行显示"正在预热"。

如条件不满足，则第二行将无显示。

按"Esc"键，预热停止，返回到"功能选择"菜单。

（7）活塞退出

进入此功能后，文本显示器上显示如下：

① 第一行："活塞退出"。

② 第二行："按↓键退出　按↑键取消"。

为防止出现未按"▲"键取消活塞退出，在按"ESC"键退出此功能时，活塞退出功能自动取消，活塞退回缸内，文本显示器的显示返回到"功能选择"菜单。

（8）超速记录查询

进入此功能后，文本显示器上显示如下：

① 第一行："超速记录查询"。

② 第二行："累计时间：XX：XX：XX"。

按"Esc"键，返回到"功能选择"菜单。

（9）泵送时间查询

进入此功能后，文本显示器上显示如下：

① 第一行："泵送时间查询"。

② 第二行："XXXXhXXmin"。

按"Esc"键，返回到"功能选择"菜单。

（10）脉冲限幅值确认

进入此功能后，文本显示器上显示如下：

① 第一行："脉冲限幅值确认"。

② 第二行："脉冲计数：XXXXX"。

此时，按"Enter"键，保存当前值为脉冲限幅值，本菜单延时 2s 后消失，系统自动返回到"功能选择"菜单。

按"Esc"键，不保存当前值为脉冲限幅值，返回到"功能选择"菜单。

4. 故障提示

文本显示器优先显示故障信息，当发生故障时，故障提示显示在其他信息的最前面，通过文本显示器上的"▲"或"▼"键可查看各信息。共有以下几条故障提示信息：

（1）紧急停止　按下紧停按钮，系统处于紧急停止状态。

（2）发动机测速故障　分动箱速度不为 0 时，而检测到的发动机速度为 0。

（3）分动箱未测到速度　发动机速度不为 0 时，而检测到的分动箱速度为 0。

（4）档位挂错　五十铃底盘泵车挂了五档以上档位。

（5）油门钢丝绳因故未能放松　降速 15s 以后，柴油机转速未能到怠速以下。

此功能在泵车调试试打时发挥作用，泵车出厂后，此功能不再显示。

脉冲限幅值的设定应在最大泵送负荷情况下严格按调试工艺进行，否则，柴油机有可能不能上升至最高转速。

（五）设备的清洗

泵送完成后，应将管道、料斗内的混凝土清洗干净。残留的混凝土凝固后会引起堵管，清洗残留的混凝土各种水枪如图 5-127 所示。

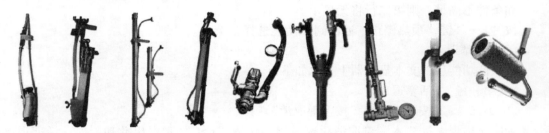

标准喷枪1　标准喷枪2　喷顶喷枪1　喷顶喷枪2　薄层喷枪　混凝土喷枪　灌注喷枪　strobol喷枪　strobol滚筒

图 5-127　各种水枪

1. 水泵操作说明

将手动换向阀手柄扳到水泵位置，打开水泵进油钢管阀门，此时再打开水泵阀门即可用水枪进行清洗。

2. 吸入洗涤

1）欲停止泵送时，尽量将料斗内的余留混凝土泵送干净。

2）将吸有水的海绵球塞入末端软管内，如图 5-128 所示。

3）为使海绵球能被轻易地吸进去，须将臂架倾角调至与水平约 15°。

4）启动反泵，将海绵球吸入料斗内。如图 5-129 所示。

5）将料斗底板上的清扫口打开，清扫剩余混凝土后，打开弯头闸门，取出海绵球。S 管阀、输送缸、泵送水箱等应用高压水清洗干净，如图 5-130 所示。

6）在寒冷的冬季，为防止结冰，应将水箱、水泵清理干净。

7）在洗涤时，不可打开栅板进行洗涤。

将吸有水的海绵球塞入末端软管内，料斗内的余留混凝土必须淹没搅拌轴

将海绵球塞入软管内

图 5-128　吸入海绵球

竖直臂架，启动反泵（100%排量），将海绵球吸至铰链弯管处

图 5-129　启动反泵

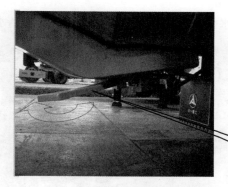

打开料门，放出水后再重新关上

打开料门

图 5-130　打开弯头闸门

3. 泵出洗涤

1）尽可能将料斗内的余留混凝土泵送干净。泵送结束后进行 1~2 次反泵，消除管内压力后，停止泵送，如图 5-131 所示。

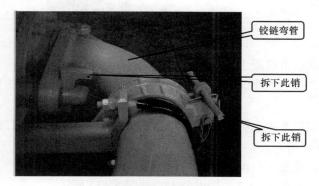

铰链弯管

拆下此销

拆下此销

图 5-131　弯头接口

2）将料斗底板上的清扫口打开，清扫剩余混凝土后，打开弯头闸门，如图 5-132 所示。

把料吸完后，
打开料斗放
料口与铰链
弯管放料，
拿出海绵球

打开料门

图 5-132 料斗底板闸门

3）用水枪洗涤 S 管阀、输送缸，直至流淌清水为止，如图 5-133 所示。

装好水枪，
清洗料斗、
S管、输送
缸

接好水枪水管

图 5-133 洗涤 S 管阀

4）清扫料斗内的余留混凝土，如图 5-134 所示。

5）将吸满水的 2~3 个海绵球塞入锥管深处，关紧料斗底板和弯头闸门，使其不漏水，之后向料斗内加满水。

6）启动正泵。如料斗内水不够时，为防止吸入空气，需向料斗内加满水后进行泵送直至海绵球从末端软管排出。

7）臂架移至垂直位置，启动反泵，以便洗涤水从输送管排出。

8）打开料斗底板上的清扫口，排出余水，如图 5-135 所示。

禁止水泵在水箱无水的情况下运行。

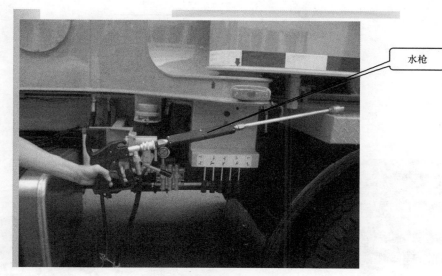

水枪

图 5-134　清洗水枪

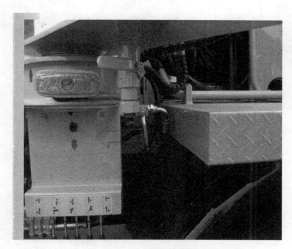

将电控柜上近控/远控按钮切换到近控，将水泵/搅拌按钮切换到水泵位置，然后打开此手柄，即可进行水泵水洗

图 5-135　排出水阀

（六）设备的收回

1）泵车清洗干净后，将臂架收回。

2）臂架收拢的顺序为第五节臂→第四节臂→第三节臂→第二节臂→第一节臂，该过程所有臂架均须在操作人员视野内，确保有足够的空间保证臂架不会碰撞到外物或臂架之间接触；不能确保整个过程在操作人员视野之内时，请结合信号员手势操作，如图 5-136 所示。

3）收拢时操作不宜太快，以免出现操作差错，如图 5-137 所示。

4）臂架完全收拢后停置在主支承上，之后才可以操作支腿。支腿收拢的过程为先升起前后支腿，再缩回前支腿，最后收回后支腿。

5）支腿收拢时，要确认四个挂钩均将支腿卡住，并用插销将挂钩固定，以免在行驶过程中弹出。

第一臂展开角度大于75°
后才能展开第二臂

操作所有臂架摇杆
时不要一次扳到底,
操作手柄应慢慢过
渡到最大位置

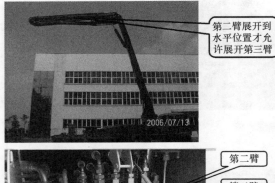

第二臂展开到
水平位置才允
许展开第三臂

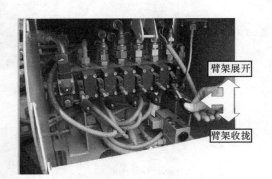

臂架展开

臂架收拢

第二臂

第三臂

第四臂

第一臂

旋转

支腿

第三臂展开到
水平位置才允
许展开第四臂

按照顺序分
别展开第四
臂和第五臂,
放下根部软
管

朝下扳动此手
柄,放下根部
软管

图5-136 臂架收拢的顺序

6）另外请将末端软管通过管卡固定到臂架上。

臂架未完成收回时，禁止操作支腿。泵车的操作包括设备的行驶、牵引、吊装。

（七）设备的行驶、牵引、吊装

1. 泵车行驶之前

在混凝土泵车处于行驶状态之前，请务必遵循如图5-138所示内容：

必须将四个支腿锁住后才能行驶，否则有可能引起重大安全事故的发生！

图 5-137　支腿收拢插销

按此行驶按钮

图 5-138　行驶按钮

1）确定臂架已经完全收拢并已固定，否则不得上路行驶，如图 5-139 所示。

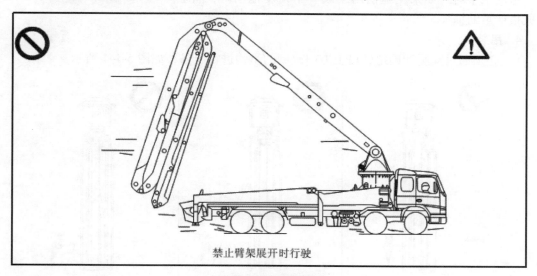

禁止臂架展开时行驶

图 5-139　臂架收拢

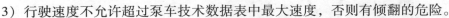

2) 检查支腿是否都收回到位，并且支腿锁是否锁紧。

3) 检查油箱、水箱的关闭和密封情况，不允许有泄漏情况发生。

4) 对底盘进行安全检查(如制动系统、转向系统、照明系统和胎压等)。

5) 观察整车重量。

6) 检查轮胎面，如是双轮胎，检查之间是否夹有杂物。

7) 检查整车附件是否固定在安全位置。

8) 将底盘切换至行驶状态。

2. 泵车行驶之时

当混凝土泵车处于行驶状态的时候，请务必遵循如图 5-140 所示。

1) 与斜坡或凹坑保持适当的距离。

2) 横穿地下通道、桥梁、隧道或高空管道、高空电缆时，一定要保证有足够的空间和距离。

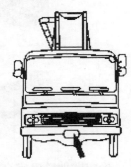

图 5-140　转弯以防倾翻

3) 行驶速度不允许超过泵车技术数据表中最大速度，否则有倾翻的危险。

4) 混凝土泵车的重心较高，转弯时须减速以防倾翻。

3. 牵引

1) 泵车被其他牵引设备拖动要遵循底盘制造商的规定。

2) 只能使用拖曳环来拖动泵车，不能通过泵送部件(如：料斗)来拖动泵车。拖曳环位于泵车前部，主要是在泵车抛锚时用来拖动泵车的。

3) 另外，还可以通过支腿拖曳环来拖动泵车，注意将支腿收回并在拖动方向的轴线上。

拖动泵车时，如果支腿摆出或成一个角度拖动时，将会造成很严重的损失。

图 5-141　起吊工具

4. 吊装

1) 必须通过支腿和固定转塔上专门改制的吊钩进行起吊，如图 5-141 所示。

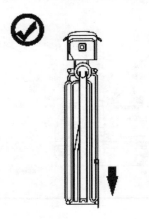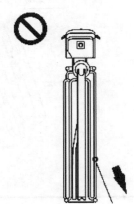

图 5-142　核对总重量

2）使用起吊设备、起吊工具和其他辅助设备时，必须严格按照其操作规程进行，同时也要注意安全。

3）核对该泵车的主铭牌，确保起吊设备的起吊能力大于该车的总重量的 1.2 倍以上。

不能使用吊索起吊泵车，如图 5-142 和图 5-143 所示。

不能使用吊索起吊泵车

图 5-143　吊装要求

混凝土泵车的保养与维护

在混凝土泵车的使用和保管过程中，由于机件磨损、自然腐蚀和老化等原因，其技术性能将逐渐变坏，必须及时进行保养和修理。混凝土泵车保养的目的是恢复混凝土泵车的正常技术状态，保持良好的使用性能和可靠性，延长使用寿命；减少油料和器材消耗；防止事故发生，保证行驶和作业安全，提高经济效益和社会效益。

第一节　混凝土泵车保养的方法

维护保养是混凝土泵车良好运行的关键，操作人员必须具有按照规定要求进行维护保养的能力，并力求做到计划性保养和预防性维修，以利于有效降低混凝土泵车的故障率和保证施工的安全、高效、经济。为确保泵车高效、安全可靠以及长的工作寿命，定期、正确的维修保养十分必要。

混凝土泵车维护保养有许多内容，按其作业性质区分，主要工作有清洁、检查、紧固、调整和润滑等，如图6-1所示，具体内容见表6-1。

表6-1　混凝土泵车保养的主要内容

项目	内　　容	要　　求
清洁	清洁工作是提高保养质量、减轻机件磨损和降低油、材料消耗的基础，并为检查、紧固、调整和润滑做好准备	车容整洁，发动机及各总成部件和随车工具无污垢，各滤清器工作正常，液压油、机油无污染，各管路畅通无阻
检查	检查是通过检视、测量、试验和其他方法，来确定各总成、部件技术性能是否正常，工作是否可靠，机件有无变异和损坏，为正确使用、保管和维修提供可靠依据	发动机和各总成、部件状态正常。机件齐全可靠，各连接、紧固件完好
紧固	由于混凝土泵车运行工作中的颠簸、振动、机件热胀冷缩等原因。各紧固件的紧固程度会发生变化，甚至松动、损坏和丢失	各紧固件必须齐全无损坏，安装牢靠，紧固程度符合要求

（续）

项　目	内　容	要　求
调整	调整工作是恢复混凝土泵车良好技术性能和确保正常配合间隙的重要工作。调整工作的好坏直接影响仓库混凝土泵车的经济性和可靠性。所以，调整工作必须根据实际情况及时进行	熟悉各部件调整的技术要求，按照调整的方法、步骤，认真细致地进行调整
润滑	润滑工作是延长混凝土泵车使用寿命的重要工作，主要包括发动机、齿轮箱、液压缸、制动缸以及传动部件关节等	按照不同地区和季节，正确选择润滑剂品种，加注的油品和工具应清洁，加油口和油嘴应擦拭干净，加注量应符合要求。

清洁　　　　　　　　　　　检查

调整　　　　　　　紧固　　　　　　　润滑

图 6-1　保养的主要内容

第二节　混凝土泵车的维修周期

泵和布料杆应每 1000h 检测一次，至少每年检测一次，检测工作应由公司培训过的专业人员完成。检测内容包括：泵的控制压力、蓄能器的压力、搅拌压力、布料杆回转速度、布料杆所有焊缝状况、各铰点状况、泵和各液压缸有无漏油、渗油。

若机器检测时间不到一年，而工作小时数达到 500h 或泵送量达到 20000m³，也要进行检测。应使用机器上的工作小时数计量仪表，以确定何时应当检测，工作小时计量表应始终处在运行状态，且不能受到干扰。用过 5 年以上的机器应根据指导手册的其他要求进行检测。定期检测实质是用于安全评估的外观和功能检查，定期检测应在记录本内存档。各部件保养作业的间隔周期见表 6-2。

表 6-2　说明各保养作业的间隔周期

编号	部件总成	保养维修作业	运转小时/间隔周期					
			每日	50	100	250	500	1000
		日常						
1	所有安全设施	目测和功能检查	●					
2	水箱	加注满干净水	●					
3	灯光	开启后目测检查	●					
4	所有紧固件	按照紧固件扭矩表检查和拧紧		●				
5	所有每日注脂点	加注润滑脂	●					
		混凝土泵						
6	整机	作业后彻底清除料斗、振动器、限位安全开关、泵送主液压缸、S-摆管、输出口等以及外部残留混凝土	●					
7		检查水箱水质，换干净水并加满	●					
8		清洁、检查所有与混凝土接触零件的磨损情况	●					
9	料斗	检查振动器紧固件	●					
10		检查搅动器轴两端支承固定和密封		◆		●		
11		检查搅动叶片紧固件		●				
12		清洁、检查限位开关和试验限位安全功能	●					
13	眼镜板和切割环	检查和调整接触间隙		◆	●			必要时
14		检查有无磨损、开裂	●					
15	S-摆管	检查摆动轴端和出口端密封件	●	◆	●			
16		检查摆动摇杆螺栓扭矩		◆			●	
17		检查摆动液压缸密封情况	●					
18	手动润滑	清洗后加注润滑脂	●					
19	集中润滑	检查润滑油泵功能及储脂罐油位	●					
20	泵送主液压缸	检查活塞紧固螺栓和卡箍		◆	●			
21		根据水箱水质判定活塞磨损情况	●					
22		根据水箱水质判定液压缸密封情况	●					
23		检查混凝土缸壁磨损情况					●	
24		检查液压缸电磁感应器功能	◆		e			
25	输送管路	检查和调整管箍密封并紧固	●		{.			
26		检查管壁厚度并转角度安装		●				

十：调试开机后第 1 周以内由供方技术服务人员执行▲：首次强制执行

编号	部件总成	保养维修作业	每日	50	100	250	500	1000
		臂架						
27	整体	彻底清除粘附混凝土	●					
28	各销轴销套	加注润滑脂		●				

（续）

编号	部件总成	保养维修作业	运转小时/间隔周期					
			每日	50	100	250	500	1000
29	回转机构	清洁并检查齿轮齿圈磨损情况	●					
30		齿轮齿圈加注润滑脂			●40h			
31		检查齿圈紧固螺栓	◆			●		

十：调试开机后第1周以内由供方技术服务人员执行

		液压系统						
32	液压件	目测检查油管、接头有无损坏漏油	●					
33		目测检查液压缸、液压马达密封	●					
34		检查液压缸、液压马达定位件和紧固件		●				
35		检查、试验臂架控制阀组	◆	●				
36		检查、试验混凝土泵控制阀组	◆	●				
37	滤清器	检查负压表看是否脏/堵	●					
38		清理滤清器内的沉淀脏物					●	
39		更换吸油滤清器滤芯					●	
40	液压系统	检查液压油箱油位	●					
41		排放系统内冷凝水		●				
42		清洁散热器		●				
43		更换液压油					●	

十：调试开机后第1周以内由供方技术服务人员执行▲：首次强制执行

		高压清洗水						
44	水泵	检查润滑油位	●					
45		清洁、检查或更换进水滤芯		●				
46		检查输出水压	▲●					
47		更换润滑油				▲	●	

		电控系统						
48	遥控器	清洁后检查遥控器、遥控电缆、插头和插座功能	●					
49		检查遥控器内部除尘、除湿接线			●			
50	电控柜	检查电控柜接地线			●			
51		内部清洁除尘			●			

第三节　混凝土泵车的维护与保养

维护工作开始前，必须进行常规的目测观察检查。特别对有疑问的地方，更要进行详细的检查。以下列出了各种维护工作和每次开始使用泵车作业前必须进行的一般观察检查。

检查工作油液液位。

液压油箱液压油位。

分动箱润滑油位。

底盘机油油位。

检查所有的安全设备是否到位、功能完好。

各种警示标牌是否完好无损。

各种安全辅助装置是否完好无损（如末端软管安全链是否接好，料斗筛网是否仍能继续使用；水箱盖板是否完好，支腿是否伸展到位并按要求用支承板垫好等）。

电气系统检查。

液压系统检查。

对于泵车的维护保养，主要从八个方面进行：一、底盘部分保养与维护；二、分动箱及回转减速机保养与维护；三、泵送部分设备保养与维护；四、结构件的保养与维护；五、液压系统的保养与维护；六、润滑系统的保养与维护；七、电气系统的保养与维护；八、混凝土输送管的保养与维护；九、清洗系统的保养与维护

☞ 一、底盘部分保养与维护

底盘的检查主要有油、水的检查；离合器、变速器、轮胎的检查。

（一）油、水的检查

1. 检查与添加冷却液

1）检查冷却液的液平面，可把点火的钥匙拧到"开"位置，检查冷却液的液面警告灯是否点亮，如果点亮并且蜂鸣器发出报警信号，须添加冷却液。也可从膨胀罐加注口观察，如果看不见水面，则须添加。

2）从驾驶室后面的膨胀罐加注口加注冷却液，直至冷却液液面达到膨胀罐高度的4/5为止。

3）检查加注口压力盖的密封和工作情况。

注意：

1）添加冷却液之前必须检查发动机和散热器是否有泄漏，如有应先修复。

2）建议使用底盘厂家推荐的长效防冻防锈冷却液，严禁加用自来水或井、河的硬水。

2. 发动机润滑油

（1）更换周期

首次更换：新车行驶3000km或1个月内。

以后的更换：按底盘要求。

（2）检查发动机润滑油油平面方法

1）发动机熄火约5min后，将机油标尺拉出，用干净的抹布将其擦干净后再重新装复。

2）再次拉出机油标尺，观察油平面高度。正常范围在两刻线之间，不足时需要添加清洁的润滑油，过多也要从放油口放掉。

注意：检查机油平面高度必须在冷机状态下进行。

3. 更换发动机润滑油方法

1）把油底壳底部密封放油口的螺塞松掉，热机时放净油底壳内的润滑油。

2）把放油螺塞擦干净后重新装复。更换机油滤清器，并清洁滤清器座油封接合面。

3）按规定添加新的润滑油。

4）起动发动机，在怠速的情况下，观察滤清器和放油螺塞有无泄漏。停机等待 5～10min 后，核实发动机润滑油的油平面，直至润滑油达到正常范围。

注意：必须等发动机完全停止运转后才能放尽润滑油。

（二）离合器

离合器液面的检查

正常情况储油罐液面应保持在罐体的 4/5 高度以上，否则应添加。添加前，应检查管路系统是否有泄漏。如有，请修复后再添加。

注意：

1）不要使用不同质量或者不同牌号、型号的制动液。

2）绝不可使用矿物油作为制动液，应确认使用的是清洁制动液。

3）不要让制动液接触到任何油漆表面，以免破坏。

4）要特别注意密封保存。

5）不要让污物或尘土进入储油罐。

（三）制动器

1. 制动器的调整

正常检查：每行驶 4000km 时应检查调整制动间隙。

制动鼓与制动蹄摩擦片间隙：制动蹄中部为 0.3mm。

注意：在调整后轮弹簧制动器时应注意以下几点：

1）严禁用拧动制动气室推杆连接叉的方法来改变推杆行程。

2）后制动器进行调整时，一定要将车停在平坦的地方，并保证储气筒气压在 740kPa 以上。

3）只有用三角垫木将车轮前后塞住，解除驻车制动后，才能调整后制动器间隙。

2. 制动踏板行程的检查

轻踏制动踏板，检查其自由行程，正常值为 9～14mm。

制动踏板踩到底应无发涩现象。

踏板放松时应有排气声音。

3. 弹簧制动器的解除方法

弹簧制动器自动起作用是由于弹簧制动气室的压力下降造成的。首先要检查管路系统或阀类有无漏气之处，应及时加以修理。

弹簧制动器的解除方法如下：首先从解除螺栓上拆除防尘胶盖。然后用扳手按逆时针方向拧松螺母，直到将解除螺栓全部旋转出来，弹簧制动器即可解除制动。

（四）轮胎

1. 轮胎换位

车辆每行驶 16000km 保养时，须按规定进行轮胎换位。轮胎换位的原则：

1）后桥双胎其两胎的外径差不得大于 12mm，外径较小的轮胎装在内。

2）前轮应安装相同型号、均衡、磨损少的轮胎。

3）换位后，轮胎的转动方向应与换位前相反；新轮胎必须成对使用。

4）同一车轴上必须安装同一种尺寸级别的轮胎，否则会引起制动跑偏、车身摆动和转向失去控制。

5）检查轮毂螺栓和螺母的螺纹是否有划痕，为安全起见，当任何一方的螺纹损坏，需成对更换，因为另一方可能损伤。

6）检查车轮轮辋的接触面（球面）以及安装孔，如果有变形或损伤，则应更换。如果轮胎螺母的球面也有损伤，也必须更换。

7）检查车轮的轮辋，如果有裂纹则应更换。

8）安装双胎时，内侧轮胎和外侧轮胎的气门芯应隔开，以便充气。

2. 检查轮胎气压及胎面

1）用气压表检查各轮胎气压是否满足规定要求，不足时需要充气。

2）检查轮胎时有异物挂在胎面上，将附在其上的异物去掉。

3）检查胎面花纹的深度。如果深度小于 1.6mm（在高速公路上小于 3.2mm）时，轮胎就必须更换。测量时，沿轮胎圆周至少测量六个点。

☞ **二、分动箱及回转减速机保养与维护**

（一）分动箱保养与维护

每天使用泵车前，都要检查分动箱的润滑油油面应在油杆按钮以上。也就是说，当用手按油面按钮并保持 3s 后，应有润滑油从按钮处溢出。否则，就要从分动箱的加油口加油。

每周要对分动箱连接的螺栓和分动箱挂架螺栓进行检查，防止螺栓因振动而产生松动，或产生更大的振动甚至分动箱损坏，如图 6-2 所示。

每半年应对分动箱的润滑油进行更换，对分动箱进行清洗。清除污垢和有害杂质，以保证分动箱的运行可靠。

分动箱在泵送位置时，请注意挂档标识，如果挂错了档位，因转速太高，会烧毁主油泵。

分动箱安装在泵车变速器与后桥之间。在使用分动箱输出动力前，汽车发动机怠速应达到 600～700r/min，气筒空气压力大于等于 0.7MPa。

注意：当使用分动箱输出动力时，一定要在泵车发动机怠速、离合器脱开的情况下进行。

（二）回转减速机的维护与保养

① 注意事项：拧下通气罩，通过输油接头和输油管定期检查和加注减速机润滑油，防止少油、缺油。

定期（3 个月）给回转减速机构与回转支承连接的小齿轮表面涂抹润滑脂。

定期通过加油座上的滑脂嘴用油枪给回转轴承加注润滑脂。

② 回转减速机的结构如图 6-3 所示。

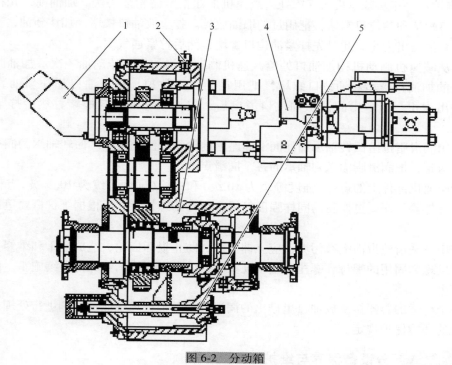

图 6-2　分动箱

1—臂架油泵　2—通气罩　3—分动箱　4—主油泵　5—放油口螺堵

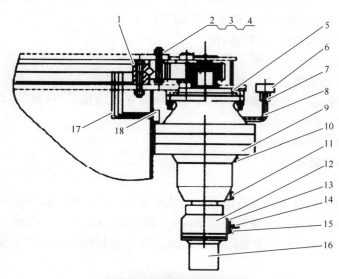

图 6-3　回转减速机结构图

1—回转轴承　2—螺栓　3—垫圈　4—螺母　5—减速机油位口　6、10—减速机呼吸口　7—加油接头

8—输油管　9—减速机　11—减速度放油口　12—减速机制动机构　13—减速机制动机构油位口

14—减速机制动机构胶管　15—减速机制动机构放油口管加油口　16—液压马达

17—润滑脂输送管　18—回转轴加注润滑脂座

③ 维护：每年从减速机通气罩处给减速机加注指定齿轮油一次。加油前，先拧开减速机的放油口螺堵和油位口螺堵，把用过的旧油放掉。拧上放油口螺堵，加注新油，直到减速机油位口有油溢出为止。此时先拧紧油位口螺堵，然后拧紧通气罩。

每年从减速机制动机构加油口处给减速机制动机构加指定传动油一次。加油时，先拧开减速机的加油口螺堵和油位口螺堵，把用过的旧油放掉。从加油口加注新油直到油位口有油溢出为止。当多出的油从油位口溢出后，先拧紧加油位口螺堵，然后拧紧油位口螺堵。

每周用润滑脂枪给回转轴承加注润滑脂座上的油嘴加注润滑脂。回转轴承的润滑是通过润滑脂输送管，把润滑脂输送到轴承的各个润滑点的。

回转减速机部件上的螺母(强度等级为 10 级)和螺栓(强度等级为 10.9 级)有松动现象时，不允许拧紧，而要更换新的同样强度等级和型号的螺栓螺母。根据维护概要里规定的力矩拧紧。

检查中发现齿轮齿面上有污垢，应立即清除，防止损坏齿轮，造成停工和维修费损失。

一旦发现紧固用的螺母和螺栓有松动现象时，应立即更换，不允许继续施工。以防止意外事故发生。

用一个合适的容器接从放油口里排出的润滑油，并根据环境保护条例进行处理。容器应符合有关的环境保护规定。

☞ 三、泵送部分设备保养与维护

1. 眼镜板与切割环间隙调整

设备泵送 5000m³ 左右混凝土后，应注意检查眼镜板与切割环间的间隙，若超过 2mm，且磨损均匀，则应考虑调整间隙。调整步骤如下：

1）检查眼镜板与切割环之间的间隙

① 关闭发动机，切断总电源，释放蓄能器压力。

② 将料斗、管阀清洗干净。

③ 卸下螺栓和挡板，拧紧螺母，将 S 管拉向料斗后墙板，使切割环与眼镜板间间隙缩小；调整好后，装好螺栓和挡板。

2）调整切割环与眼镜板间隙。

2. 切割环及眼镜板的更换

（1）切割环的更换

① 关闭柴油机或电机，切断总电源，释放蓄能器压力，取出料斗筛网。

② 卸下螺栓和挡板后；将螺母松开 20mm，请不要松开太多，否则，S 管往后退时，S 管轴套(出科口侧)会从轴承座中的防尘圈退出，损坏密封件，封不住砂浆，影响 S 管的使用寿命。

③ 松开螺母，拆下出科口。

④ 将 S 管往出口方向撬。使切割环和眼镜板间的间隙达到 20mm 左右，取出切割环。更换切割环。

⑤ 检查所装橡胶弹簧是否磨损，若损坏，请同时更换。

⑥ 装上新切割环。

（2）眼镜板的更换

① 重复更换切割环工序。

② 分别拧下眼镜板的全部安装螺栓。

③ 稍微振动后即可将眼镜板取出。

④ 装上新眼镜板，并分别拧紧眼镜板安装螺栓。拆下安装螺栓。

3. 混凝土活塞的更换

（1）拆卸

① 首先拆除水槽盖，并将接近开关总成支架固定螺栓松开，取下支架，全关液压缸底部的球阀，保证泵送液压缸能运行至行程终端不换向。

② 拆下排水装置，放干水槽中的水。

③ 按动活塞自动退水槽按钮，使泵送液压缸运动。

④ 在输送活塞充分露出时，发动机熄火。

⑤ 拆下卡箍螺栓，取下紧固卡箍，并将活塞头水平旋转90°，即可将输送活塞头拆下。

⑥ 清除各件及输送缸端部残留的砂浆。注意不要损坏输送缸内壁镀铬层。然后进行活塞的自动退回及活塞头的更换。

（2）安装

① 在输送活塞外表面及输送缸内壁上涂上厚厚一层润滑脂。

② 利用卡箍将更换后的活塞头连上，紧固卡箍螺栓，启动泵送将输送活塞刚好推入输送缸内。

③ 另一输送活塞的安装方法与此相同。

④ 安装接近开关支架，检查接近开关底部与活塞连接件最高点距离为4~5mm，锁紧接近开关上下螺母，盖上水槽盖。

注意：拆装输送活塞的工作，必须使发动机熄火，才允许在水槽中操作！

4. 水箱盖上接近开关位置的调整

接近开关是控制主油缸和S管阀换向的元件。调整原则：接近开关与活塞法兰间隙在2~3mm之间，前后位置液压缸行程最大，且不发生撞缸。

5. 蓄能器的检测

1）用液压油对蓄能器加载充压，直至在压力表上显示最高的压力。

2）稍稍打开蓄能器的卸压阀，慢慢释放蓄能器的压力。

3）观察压力表并读出蓄能器的预充压力。

当慢慢释放蓄能器压力时，可以观察到压力表的指针在慢慢下降，一旦达到蓄能器实际预充压力时，压力表读数会突然下降，突然下降前的那个读数，就是蓄能器的预充压力。如果压力表的读数小于蓄能器设定值的15%，则必须对蓄能器进行充压。

蓄能器的充氮方法：

① 拧下蓄能器充气阀保护螺母，把充气工具带压力表的一端接氮气瓶，另一端接蓄能器。从氮气瓶输入的氮气必须通过减压阀。

② 慢慢打开氮气瓶气阀，当压力表指示值达到规定值时，即关闭氮气瓶阀。保持20min左右，看压力是否下降。

③ 拆开充气工具接蓄能器端接头，卸下充气工具。

④ 拧紧蓄能器安全阀保护帽。

四、结构件的保养与维护

由于混凝土泵送设备工况比较差，泵送作业中整机的交变受力以及较为剧烈的振动，可能会导致其结构件的连接松动或焊缝开裂等，所以对于泵送设备结构件的检查尤为重要。主要检查项目如下：

1）连接件和支承件间的稳固性（汽车底盘、泵送单元、水箱、减速齿轮、搅拌机构以及混凝土输送管之间）。

2）连接螺栓和密封件的可靠性（尤其是受剪和受扭的元件）。

3）零部件的状态（元件可能破裂或者折断）。

4）上装及支座等各处焊缝有无开裂。

5）销钉和衬套的润滑状态，是否有锈蚀、卡死、磨损（可能断裂）。

6）由于零部件相互运动、过度磨损产生的游动间隙。

结构件松动或开裂，如不能及时发现并修复，将可能导致整机损坏甚至人员伤亡的严重事故。因此用户务必高度重视结构件的检查。

（一）连接件的紧固

1）定期检查连接螺栓、紧固螺钉、螺母、销轴等是否松动。若松了，用扭力扳手根据下表中提供的转矩拧紧。

2）回转支承的螺栓承受巨大的交变载荷，因此每工作数小时后，原预紧力矩就会有损失。必须定期采用扭力扳手来检查螺栓的预紧力矩。必须将臂架搁放在支架上来检查预紧转矩，这样才能消除回转支承上的轴向力。对于新混凝土泵车在工作 100h 后必须进行检查，以后每 500h 检查一次。

3）在拧紧时，螺栓件不能有预拉应力，所以臂架须折叠关闭起来，并保持在垂直位置。在逐一拧紧回转台上的螺栓时，务必将锁紧螺母锁死。

需要强调的是，因结构修复拆掉的高强螺栓以及因疲劳等损坏的连接螺栓，不能重复使用，再装配时应使用新的同等级连接螺栓。

（二）结构件的裂缝修复

1）臂架、支腿及底架支座等结构件，由于作业时的变负荷承载，在经历一段时间后，将可能会因局部应力的集中、氧化锈蚀以及局部结构件的疲劳，发生裂缝现象。用户在混凝土泵车每工作 300h 后，必须对臂架等结构件做焊缝探伤检查。

2）混凝土泵车结构件开裂均是可修复的。用户应及时发现，尽早做好处理。臂架和支腿等承力件均采用高强度钢，不能随意补焊或者打孔、改变或降低它的强度。如有裂纹发生，请及时联系生产厂家，进行修复。

焊接提示：

① 只能由生产商委任的具有资格的人员才能在布料杆、支腿、承重部件或者其他影响安全操作的重要部件上进行焊接工作。该工作由被授权检查员进行检查。

② 应当将焊接机接机壳的电缆直接连接到将要进行焊接的零件上。焊接电流不得流经铰链、液压缸等。火花隙闭合会造成严重损坏。

③ 在电焊过程中，外部电压可能损坏电子部件。为此：

——将遥控电缆从控制箱上断开；

——断开所有与无线遥控接收器连接的电线；

——用保护盖罩好插座；

——断开蓄电池上的正负极引线。

④ 只有在制造商已明确批准时，才可在机器上进行焊接、气割和打磨工作。

⑤ 在进行焊接、气割、打磨操作之前，将机器和其周围环境的灰尘和其他易燃物质清除掉，确保充分通风（爆炸的危险）。

⑥ 只允许有资质人员按照生产商的规定在燃油箱上进行焊接。

3）臂架、支腿、转台保养。在臂架上的所有润滑点、支腿上所有润滑点以及转台旋转齿轮的润滑维护均需要润滑脂枪及锂基脂，在没有锂基脂的情况下可以暂用润滑脂代用。除非规定了不同的时间，一般要每工作 60h 给润滑点（润滑脂嘴）进行上油润滑一次。应用油脂完全润滑，直到有油溢出或直到打不进油为止。

泵车各节臂架的铰接点处、四支腿与支座的连接轴处及转台专门设计了润滑脂嘴。

五、液压系统的保养与维护

混凝土泵送设备液压系统比较复杂，且液压元件型号较多，必须请专业技术人员进行液压系统的检修。如果发现故障，应该及时找出原因，并在系统执行任何动作之前修复。

1. 液压油的使用

清洁是液压系统维护的最重要工作。经常清洗才能保证系统没有灰尘、脏物及其他颗粒。

每个细小颗粒会引起阀体、主泵的不正常工作及堵塞管道，在向油箱加注新油之前，应将油从桶内取出，并让液压油沉淀一会，且不能从油桶底部抽油，最好让油通过过滤器过滤后，再注入油箱。油箱盖必须在打开之前清洁，其他容器也一样。使用液压油要注意如下事项：

1）同一台混凝土设备应使用厂家推荐牌号的液压油，不得使用其他牌号，更不能两种牌号混用。

2）液压油温应控制在 35~60℃ 之间。

3）油位应处于油位计 3/4 以上。

4）油颜色应为透明带淡黄色，若污染、浑浊或乳化，就应该更换。

5）液压油的油质对设备的影响极大，一般在泵送 $10000m^3$ 左右应彻底换油一次，并清理油箱和滤芯。如发现油液变色、浑浊或乳化，应及时更换。

在更换液压油之前，必须进行如下作业：

1）关闭遥控器。

2）关闭液压泵。

3）彻底降低液压油压力。

4）检查液压油箱通风过滤器上的污染物质指示器，当为红色检测环时，必须更换通风过滤器元件。

5）释放蓄能器压力，关闭发动机，拔下钥匙并切断电源，要确保工作区域的安全，安放相应的告示和设备。

2. 液压软管的更换

检查液压软管及接头是否有渗漏油现象，若有损坏则必须更换液压软管。（即使只有极细微损伤痕迹的软胶管也必须更换）

换液压软管的程序：

1）关闭机器，全部释放液压系统中所有（残留）的压力。

2）小心地拆下胶管接头，之后立即用一油堵封住接头，不能让脏物进入油路，同时避免胶管接触脏物。

3）安装胶管接头时，注意密封圈放置平整到位，确保胶管不被扭曲和强制拉紧，避免弯曲和缠绕。

4）液压胶管必须自由态安置，不能与任何东西摩擦，管子四周留有足够的空间，以便在使用时不受管道振动的影响。

5）在重新装上软胶管之后，进行一次试运行并检查所有的胶管，排出液压油收集在一容器内，并以有利于环境保护的方法处理。

3. 滤清器的维护

因为液压系统中的杂质等影响，滤清器在长时间工作后，滤芯等元件需要定期清洗、更换。

如滤清器带堵塞指示灯，当红色警告灯亮时，则表示滤清器堵塞。如回油滤清器上装压力指示表，当指针进入红色区域时，则表示滤清器堵塞。

在更换滤清器之前，应进行如下操作：关闭面板按钮；停止液压泵送；关闭发动机；释放液压系统压力；并取掉点火钥匙。更换旧滤芯，换上新滤芯之前，检查每样东西如过滤圈、过滤芯、堵塞指示灯是否完好，更换损坏的元件。

必须使用原厂的滤芯才能确保质量。更换步骤如下：

1）用柴油或其他清洗油清洗滤清器外壳。

2）在滤清器底部放一接油容器，以便回收滤清器内的液压油。

3）松开顶杆螺栓，滤清器单向阀自动关闭滤清器的进油口。

4）松开端盖上的大六角螺母，拆下滤清器总成端盖。

5）取出磁棒，用清洁稠布和汽油将磁棒清洗干净。

6）检查滤芯及端盖 O 形密封圈，若损坏则应更换。滤芯的清洗应先放在汽油中浸泡一段时间，再用压缩空气由外向里吹干，经 2~3 次清洗后再装机使用。纸质滤芯不得重复使用。

7）用清洁绸布把滤清器壳体擦洗干净。

8）按上述相反顺序装上滤芯。即：先放入滤芯，再插入磁棒和螺杆，装上滤清器端盖并拧紧。用力向里推压螺杆并拧紧。

4. 真空表的更换

如果真空表有机械损坏或显示不正确，如机器尚未运行，而在表上却有指示值，则要更换该真空表。

☞ 六、润滑系统的润滑要求

为了使混凝土泵送设备的料斗、搅拌等滑动支承处有较好的润滑，同时使回转减速机、

PTO 齿轮箱、臂架关节等运动副运转灵活，从而使摩擦减小、延长寿命，除采用电动集中润滑泵进行自动润滑外，其余非自动润滑点采用手工润滑脂嘴润滑，如图 6-4 和图 6-5 所示。

因润滑脂有损耗，所以每次开机工作时，都必须检查各润滑点是否润滑充分。如不足，则需及时添加：如需换油，应放尽系统中残余的润滑脂。全部采用新的润滑脂可保持最佳的润滑。

润滑的频率取决于工作条件。若工作环境潮湿、灰尘多或空气中含有较多粉尘颗粒或温差变化大以及连续回转，则需增加润滑次数。当机器停止很长一段时间不工作，也须进行更深层次润滑，即对所有的部件都作一次充分的润滑。

要确保润滑脂的清洁。在加注润滑脂之前，需清洗干净润滑脂枪的喷嘴，避免混入杂质损坏接头及衬套。

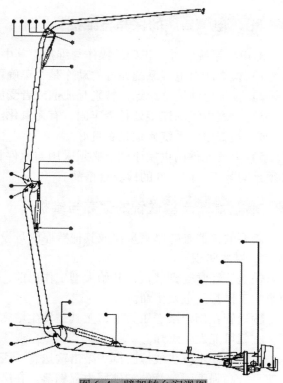

图 6-4　臂架转台润滑图

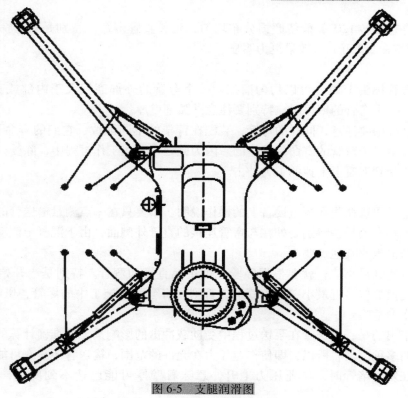

图 6-5　支腿润滑图

263

☞ 七、电气系统的保养与维护

对电气系统要进行正确的操作与维护。其中，我们需要经常性地做好以下项目的检查：

1）检查所有电气系统元件的动作是否正确可靠。

2）保证电线完全绝缘，特别是成捆或者受压的电线，以免造成元件的损坏。

3）检查电线的连接处是否牢固，有无氧化。

4）检查电气系统接地是否良好。

5）电气元件的更换原则上必须采用与原件相同的配件。如需要采用任何替换配件，则必须是同等级、同标准的检验合格品。

☞ 八、混凝土输送管的保养与维护

需要的仪器是壁厚测量仪或其他壁厚测量设备。

1. 基本常识

输送管经常受到磨损，开始大型工作以前，测量壁厚非常重要。否则会因未料到的爆管而影响工作甚至危及生命。

输送管在额定泵送压力下，尤其是发生堵塞，而输送管的壁厚低于最小要求壁厚的情况下，它就可能发生爆炸。

只能用硬木榔头或橡胶榔头敲击输送管。否则可能引起凹痕，导致加速磨损。另外，可能使复合高强度耐磨管的加硬层内部剥落。在磨损度很高时，管壁就会发生破裂。

2. 直管

定期将直管旋转120°，能使磨损分布均匀，延长直管寿命。特别是对寿命较长的输送管（一般认为寿命≥2 万 m³）效果更为明显。

3. 弯管

定期将弯管掉头180°，可以均匀磨损。一个弯管的外部磨损大于内部或直管的磨损。因此，当测量一个弯管的壁厚时，特别要注意外弧部壁厚。

在使用过程中要注意，同样的弯管，装配在臂架的不同部位，它们的寿命是不一样的。通常，在倒数第二个弯管的寿命是最短的。因为此处弯管在工作过程中，除受到一般的摩擦损耗外，还要受到混凝上下掉的重力冲击。

4. 测量

进行测量时要遵循附在测量设备上的操作说明。不要只在一点测量输送管的壁厚，而要绕输送管外径多点测量，特别是处在与弯管连接的直管外侧面，由于混凝土流动速度比内侧面大，此处磨损也比其他点要大。

壁厚一旦达到最小值，就要根据经验立即更换直管和弯管。特别是当开始大型工程以前，一定要更换那些接近最小壁厚的管道，否则，将会引起施工中的爆管，影响工程进度，有时还会有生命危险。

应特别指出的是，输送管在泵送过程中受动载冲击的影响是无法准确计算的，它取决于泵送过程中的多种因素，所以，即使作业压力在允许的范围，输送管还是有可能破裂。

此外，在发生堵管时，作业压力上升，意味着壁厚可能已达不到要求，输送管也会破裂。

为了减少泵送混凝土时的危险和故障，必须采用正确管径和厚度的输送管、正确的管卡以及安全锁。并定期检查管卡是否锁紧，输送管是否过度磨损。

1）为使磨损均匀，让输送管寿命更长，可以定期旋转输送管：每浇注约 $3000m^3$，直管顺时针转 $120°$，弯管旋转 $180°$。

2）必须经常检查输送管的磨损情况。当管子的厚度低于规定的值时，就要更换。可以用锤子敲打的经验方法来检查：即根据听到的声音变化来估计管厚；当然，更科学的方法是用测厚仪来测量。

3）输送管必须是在泵送关闭时无应力的情况下安装。

4）最小壁厚与泵送压力成线性比例关系。

不同泵送施工压力下，应相应选择大于最小壁厚的输送管。

警告：——请不要使用与原厂输送管的壁厚及直径不同的管子。

——当高压泵送混凝土时，要选用相应的输送管。

——离工作人员距离小于 3m 的输送直管和弯管，当壁厚磨损到规定值必须及时更换。

☞ 九、清洗系统的保养与维护

混凝土泵车配置的高压清洗水泵，如在汽车发动机为怠速时，水泵转速低，此时水泵压力小；随发动机转速提高，水泵压力将升高。如需要进行高压清洗，务必将发动机油门开关调至最大设定值。

1）必须使用清洁水。水中杂质在水管内尤其与水箱连接处容易堵塞；且影响水泵的使用寿命。必须定期清洗滤清器、水箱等，以清除污垢。

2）在气温很低的天气里，每天工作结束后，要放尽水路系统中的水，以防水的冻结造成水泵或者其他部件爆裂。

第四节　混凝土泵车性能检测与评估

☞ 一、性能评价指标

1. 一般检验项目指标

结构件焊接质量。

整机装配的正确性。

铸件、焊接件、涂漆的外观质量。

整机油、水、气的密封性。

各润滑部位的润滑状态。

燃油、润滑油、液压油的装机情况。

安全标志、操作标志及警示标志。

车辆几何参数及专用结构几何参数。

整机、随机备件、随机工具及使用说明书等发货的完整性。

2. 安全环保项目指标

污染物及尾气排放。

烟度。

汽车噪声。

3. 重要项目指标

结构件强度和整车抗倾覆稳定性。

臂架运行性能。

液压系统性能。

作业检测。

4. 定期抽检项目指标

进口外购件(指定合格供应商)。

车辆质量参数。

定置试验条件下的噪声测定。

☞ 二、泵车性能检测的方法

1. 试验前准备

(1) 加注液压油　液压油牌号：46#(可能会由于泵车的特殊需要而采用其他牌号液压油)。

加注液压油应用加油车进行加油。

(2) 加注润滑脂　向储油筒内加满锂基润滑脂，夏季用"00"型，冬季用"000"型。

(3) 排气　泵送开机时，拧松同步润滑泵下部的排气阀(蝶形螺母)排除管路上的空气后，有脂流出时拧紧排气阀。

(4) 旋转减速机加注齿轮油　在装配时预加一部分，在调试时补充齿轮油。有两个部位：制动(新式减速机不需要)和减速箱。

1) 拧开减速箱呼吸口防尘罩及油位指示口螺堵，直接从堵头处往里加齿轮油至呼吸口有油流出即可。将减速箱呼吸口的防尘罩、油位指示口螺堵装好。

2) 拧开减速机制动呼吸口防尘罩及油位指示口螺堵，从呼吸口加入齿轮油，直到从油位指示口中流出齿轮油时停止加注。将制动呼吸口的防尘罩、油位指示口螺堵装好。

(5) 蓄能器充氮气　充气压力至 7~7.5MPa。

(6) 汽车准备　向柴油箱内加入柴油。检查发动机中机油的油位。检查变速器中机油的油位。检查发动机水箱的水位。检查传动轴支承旋转轴承润滑脂是否加注到位。检查分动箱油位时直接拆下分动箱加油堵头，有油流出即可。

(7) 电控系统检查　检查电控柜面板各控制按钮应灵敏。电气元件不允许有断线、脱线、触头螺钉松动和短路现象。操纵面板和远控盒上所有开关均应处于"关"的位置。

检查臂架泵、齿轮泵进油球阀是否打开，主油泵吸油自封装置是否处于开启位置；主油泵、臂架泵、恒压泵第一次启动前须松开放气堵头排出系统中的空气，确保主油泵、臂架泵、恒压泵壳体内充满液压油。(关键控制点)。

检查蓄能器卸荷球阀、搅拌马达进油球阀是否处于开启位置，确保双联轮齿泵第一次运行不带负载启动。(关键控制点)。

从水泵加油口向水泵壳体内加入机油，从观察孔望去，约加注到壳体容积的一半位置。

起动泵送前，水箱(洗涤室)必须加满清水，在主阀块至主液压缸有杆腔之间串入滤油车（左右各一台），且接滤油车时只能进行低压泵送。

2. 起动设备

首次开机必须填写《泵车首次开机前检验报告》，由检验员签字认可后方可开机。

按照汽车操作规程起动汽车发动机。

在传动轴静止状态下，打开驾驶室内的控制电源开关，按下"行驶"翘板开关，当里面的指示灯亮时，表示分动箱已处于行驶工作状态；再按下"油泵"翘板开关，当里面的指示灯亮时，表示分动箱已处于泵送工作状态。反复操作三次。

根据不同的车型，按要求挂档。（备注：因汽车底盘供应商保留更换变速器的权利以及使用新的汽车底盘，具体车型的挂档可能会发生变化，故挂档时应按照驾驶室内的挂档警示操作，谨防挂错档。警告：挂错档可能会引起主油泵烧坏！）

发动机转速检查

1）检查发动机怠速。操作文本显示器，查看发动机的设定转速；按正泵按钮，观察文本显示器显示的发动机转速逐渐上升，转速最后应稳定在设定转速的正负 120r/min 范围内，若超过此范围应停机查明原因。

2）起动后的检查。观察机械运转是否正常，有无异常噪声。检查液压油的进、回油是否正常。检查各管接头、结合面、密封处是否有渗漏。检查各润滑点供油是否正常。检查分动箱是否漏油。检查分动箱是否有异常振动。

3. 评价指标的检测方法

参见混凝土泵车出厂最终检验进行，见表6-3。

表6-3 混凝土泵车出厂最终检验的检验项目、检验内容和要求

序号	检验项目	检 验 内 容	检验要求
1		电池充电功能良好	
2	消音器	① 无干涉，不漏气 ② 无异常噪声 ③ 固定装置无松脱	目测
3	排放	烟度（FSN）≤3.5 或目测无烟或黑烟	烟度计/目测
4	机油、冷却剂	① 发动机清澈，油量符合底盘厂家要求 ② 冷却剂处于 MIN 与 MAX 刻度之间	目测 操作
5	传动轴	① 节头处油嘴无缺陷且加注好油脂 ② 万向节销紧/无松动。方向正确 ③ 对准标识清晰 ④ 平衡块无脱落	目测
6	泵送/行驶切换	① 在发动机起动状态下，空档时，泵送/行驶切换按钮才有效 ② 指示灯指示正确 ③ 切换平滑，信号准确。声音正常 ④ 气缸与气管无漏气现象	操作
7	挂档保护	当挂错档位时，发动机不能加速，泵送不能启动，同时文本显示器显示"档位挂错"	操作

（续）

序号	检验项目	检验内容	检验要求
8	电瓶检查	① 电瓶连接电线无损坏、松脱，电极无操作，无油脂 ② 在主接地线的螺纹和最高点无油漆	目测
9	支腿动作	动作平衡无异响；动作方向与标识一致；操作时无串动，且与车体左侧距离符合设计要求	操作
10	每节臂架动作	① 展开、收回动作平稳，无异响 ② 展开时间和收回时间符合设计要求	操作
11	臂架旋转	① 臂架旋转平衡，无异响 ② 正、反旋转到位后均能自动停止，且保证到位均能收放臂架 ③ 旋转一圈时间符合设计要求 ④ 旋转时压力符合设计要求	操作
12	输送管理	① 所有输送直管、弯管外观平整无凹陷 ② 所有管卡紧固到位，U 形螺栓坚固到位	目测
13	油泵组	① 无干涉、损坏、液压泵送管线无扭曲 ② 液压软管和管路部件排放整齐、无泄漏	目测
14	液压油箱	① 进/出口焊拉点及锁紧点无泄漏 ② 可视油位计（透明）无油泄漏（支腿、臂架未展开时,液压油处于上油位计 2/3 处）；液压油清澈透明 ③ 滤清器无泄漏，堵塞指示器指示在绿色区域 ④ 油箱底部工艺孔处无渗漏油现象	目测
15	油冷却器	① 冷却风扇旋转方向正确 ② 管线及软管部件无干涉、损坏、扭曲，无油泄漏	目测
16	料斗及搅拌装置	① 料斗部件装配顺序正确，良好的焊接状态，管线及软管安排整齐 ② 料门关合自然，无干涉现象 ③ 料门处 O 形圈齐备	目测
17	分动箱	① 锁紧螺栓无松动，弹簧垫圈和安装挂架装配正常 ② 输出轴、输入轴处无润滑油渗漏现象	扳手，操作，目测
18	臂架/支腿外伸臂	① 软管、钢管和管道无干涉 ② 所有臂架上的润滑脂嘴无损坏，并加注了润滑脂 ③ 伸缩无异常声响、伸缩灵活无卡带刮伤	目测
19	所有液压缸	① 液压油缸部件无干涉，坚固良好 ② 软管和钢管无油泄漏 ③ 液压缸部件润滑脂嘴无损坏，并加注了润滑脂	目测
20	水平仪	水平仪安装正确，气泡移动灵活	目测
21	警示标记	① 警告、注意标牌、标记清楚 ② 方向及粘贴位置正确	目测
22	噪声	离泵车纵向中心线两侧 8m 处噪声≤80dB（A） 驾驶员耳旁噪声≤95dB（A）	精密脉冲声级计 Hs560A

（续）

序号	检验项目	检验内容	检验要求
23	3C 标志	位于驾驶室内风窗玻璃右上角，显目，清晰，位置正确	目测
24	铭牌	① 标记清楚，与该车型相符 ② 方向及粘贴位置正确 ③ 车架号码及出厂编号正确	目测
25	整车稳定性	稳定性试验时，无论臂架在任何位置，允许一条支腿抬起，但支腿抬起量不得大于 180mm	操作 目测
26	安全防护装置的安装检查	安装稳固牢靠，应符合 GB 11567.1—2001 与 GB 11567.2—2001 国家标准要求	目测
27	泵送	① 操作正、反泵按钮，泵送启动，发动机自动升速，对应泵送指示灯闪烁；发动机速度达到设定速度时，泵送动作。同时泵送指示灯由闪烁变为常亮 ② 泵送时，系统自动调整发动机转速至设定速度 ③ 正泵时，主油缸、摆阀缸动作稳定、协调 ④ 每分钟泵送次数符合设计要求 ⑤ 主液压缸无异响，输送缸无拉伤 ⑥ 停止泵送时，发动机自动降速至急速 ⑦ 反泵优先	操作
28	高低压切换	① 操作切换按钮，高低压应能可靠切换 ② 指示灯指示正确	操作
29	排量调节	① 无论近、遥控调节排量，泵送次数应有相应变化 ② 调节排量时，文本显示器当前行显示排量实际值，操作停止后 1.5s，排量显示从当前行消失	操作
30	风冷	① 油温 55℃时风冷启动 ② 风扇运行平稳，马达及管道无泄漏，马达无异响	操作
31	搅拌装置	① 搅拌叶片、搅拌轴转向正确；卡料有自动反转(用木方卡住试验) ② 遥控操作"搅拌反转"钮子开关，搅拌反转 8s 后，恢复正转 ③ 当搅拌压力超过压力继电器整定压力时，搅拌自动反转 8s 后，恢复正转	操作
32	软管卡夹	收拢臂架时，软管能自动落入软管卡夹中，卡夹可靠	操作
33	臂架支承	臂架收拢后，各支承无虚支、错位现象	操作
34	各臂架、转台	臂架全部展开、收拢、旋转过程中连杆、臂架油缸等无干涉、工作不到位现象	操作
35	水洗	操作按钮，水洗正常工作(限闸板阀泵车)	操作
36	发动机熄火	遥控方式下，操作"熄火"按钮 1~2s，发动机自动熄火	操作
37	紧急停止	① 无论近、遥控，按下任一"紧急停止"按钮，泵送、臂架等所有动作停止，同时发动机自动降速至急速 ② 文本显示器上显示："紧急停止"	操作
38	喇叭	操作操作面板上喇叭按钮，喇叭隔 0.5s 响一次	操作

混凝土泵车常见故障的诊断与排除

　　混凝土泵车的施工往往是实现一定时间内连续浇注、持续时间长，且不可间断。如果出现故障将影响用户的施工进度，给双方的经济效益和社会效益带来负面影响，故必须及时诊断和排除，以避免或减少客户的经济损失及维护双方的企业形象。本章将从混凝土泵车的机械部分、液压系统、电气控制系统三个方面，阐述混凝土泵车的常见故障以及给出相应的排除方法。

第一节　机械部分

1. 臂架异响

可能的原因	处理建议
润滑不好	检查异响处的润滑情况
转台与臂架液压缸座对称度误差太大，造成端面摩擦	检查转台与臂架的接触面，若磨损严重则需要返修或更换
对称度误差造成的连杆与臂架及连杆与液压缸座端面摩擦	检查臂架、连杆、液压缸之间的接触面，若磨损严重则需要返修或更换

2. 前支腿伸缩异响

可能的原因	处理建议
托滚直径不合适	调节托滚直径或返修

3. 前支腿支承地面后，活动臂上翘明显

可能的原因	处理建议
活动臂与固定臂间隙过大	活动臂与固定臂间加垫板或更换

4. 支腿展开不到位

可能的原因	处 理 建 议
前支腿展开液压缸铰轴位置不对	返修或更换

5. 活塞寿命过短

可能的原因	处 理 建 议
混凝土活塞存在偏磨现象	检查活塞是否存在偏磨，若有则需重新调整液压缸与输送缸的同轴度
客户未及时在洗涤室内加清水，使活塞高温水解	在洗涤室内加清水
润滑不足	检查润滑管道，查看各润滑孔是否堵死

6. 堵管

可能的原因	处 理 建 议
混凝土质量不合要求	查看混凝土是否符合泵送要求
眼镜板与切割环间隙过大，造成压力损失过大	查看眼镜板与切割环之间的间隙，若过大则拧紧S管的锁紧螺母
S管内部或输送管内部有结料现象	查看S管内部或输送管内部是否有结料现象
泵车存在换向问题	泵送时，检查发现每次堵管时，并不是在泵车主油缸换向位置，故液压系统的换向系统应无故障
泵车主系统压力或恒功率不够	泵车主系统压力在憋压时，压力表指针迅速上升到21MPa后，再缓慢上升到32MPa。调整主系统压力使其迅速上升到32MPa。试打混凝土有所好转，但在混凝土坍落度比较低时，堵管仍比较频繁。将主油泵恒功率阀拧进半圈左右后，如果泵送恢复正常，说明主油泵功率调节过小，进而影响了主液压泵的压力上升

7. 切割环磨损快

可能的原因	处 理 建 议
切割环本身质量问题	更换切割环
眼镜板磨损较严重	更换眼镜板
切割环装配质量不到位	调整切割环位置
切割环与眼镜板之间存在错位现象	步骤一：若前几项故障现象均不存在，检查切割环与眼镜板之间密合时，S摆管是否能摆到位 步骤二：检查摆臂与S管花键齿之间是否错位 步骤三：检查安装摆缸的下球面轴承座是否严重磨损

8. 手动润滑时，各润滑点不出脂

可能的原因	处理建议
手动锂基脂泵本身存在故障	将润滑脂泵的出脂口钢管拆下来，再摇润滑脂泵，发现润滑脂泵能正常出脂，并能轻松摇动，说明润滑脂泵不存在问题
片式分油器阻塞或损坏	更换
大、小轴承座以及搅拌轴套各润滑点某点或多点堵塞	分别依次拆卸大、小轴承座以及搅拌轴套各润滑点。如发现拆下某润滑点时，再摇润滑脂泵，工作正常，那么则是该润滑点被堵死

9. 分动箱无法切换

可能的原因	处理建议
汽车底盘气压不够	检查汽车底盘气压符合要求
气缸和气动换向阀故障	检查气缸活塞密封无损坏现象，不存在窜气现象
电气故障	将气动换向阀的电器插头取下，进行手动换向，结果正常。证明为电气故障

10. 分动箱抖动大、噪声大

可能的原因	处理建议
传动轴动平衡误差大，径向圆跳动大	将传动轴更换看故障是否排除
齿轮损坏	检查齿轮
轴承损坏	检查轴承
连接盘花键损坏	检查连接盘
减振垫损坏	检查减振垫

11. 整车振动大

可能的原因	处理建议
传动轴动平衡误差大，径向圆跳动大	将传动轴更换看故障是否排除
变速器至分动箱的吊架轴承损坏	检查变速器至分动箱的吊架轴承
万向节损坏	检查万向节

12. 分动箱温度高，气缸密封连续损坏

可能的原因	处理建议
气缸本身质量问题	气缸内表面无任何拉伤，表面非常光滑，故不存在质量问题
气缸受高温烘烤，使气缸密封变形，从而产生窜气现象	手摸分动箱表面，发现分动箱温度过高。再将分动箱内的润滑油放出，发现有30L以上，比规定值多出12L以上，而平时并未添加润滑油。故应为主油泵或臂架泵密封损坏，造成液压油泄漏到分动箱中。经检查为主油泵密封损坏，更换气缸和主油泵密封后泵车工作正常

第二节　液 压 部 分

1. 无泵送

可能的原因	处 理 建 议
泵送控制系统无压力或压力低	步骤一：首先将油门加到最大，观察 M8 点 60 压力表压力是否正常，旋动电动排量旋钮，M8 点压力变化范围一般为：8~22bar，如压力低于 8bar（1bar＝10^5Pa，后同），则没有泵送。 步骤二：如补油泵压力正常，则检查 φ1.2 节流孔是否堵塞。 步骤三：如 φ1.2 节流孔正常，则检查限速锁工作是否正常，检查阀芯是否卡滞，弹簧是否弯曲变形，必要时，可拿掉弹簧进行试验。 步骤四：如拿掉限速锁弹簧，泵送控制压力恢复正常，则应检查散热马达是否内泄，必要时可短接管路进行试验
泵送电磁阀不通电	参考本章节电气部分
泵送电磁阀卡滞	参考本章节电气部分
主泵排量伺服阀卡滞，处于中位	步骤一：如发现电动排量不正常，切换电动 125 至手动 125，即打开电比例阀上的球阀，旋动手动 125，此时压力变化范围为：0~34bar，如手动排量正常，则为电动排量出故障 步骤二：检查电动排量故障点 步骤三：如手动排量状态下，控制压力低或没有压力，检查主泵 　　PS 口压力，最大油门状态下，正常值为 33~36bar，如不正常，则为补油泵故障或冲洗阀故障

2. 泵送不换向或泵送憋压

可能的原因	处 理 建 议
泵送压力不足	出现泵送憋压，首先检查泵送活塞的憋压位置，如不在换向位置则要观察泵送压力，如压力达到 350bar 左右，则考虑堵管可能性，应进行反泵操作，如压力很低，则应检查以下故障点： 步骤一：如单侧压力低，检查梭阀是否损坏或松动 步骤二：如单侧压力低，检查冲洗阀是否内泄 步骤三：如双侧压力低，检查高压溢流阀 步骤四：如双侧压力依然很低，则检查主泵
反泵电磁阀卡滞	参考本章节电气部分
泵送电磁阀阀芯卡滞	参考本章节电气部分
泵送电磁阀未通电	参考本章节电气部分
SN 阀击穿损坏	如单侧压力低，应检查"SN"阀是否内泄或击穿，可通过测量伺服缸压力来判断，如回油压力高，则可能为"SN"阀问题；还可以拆下"SN"阀连接管路，观察有无液压油漏出；还可以左右互换来判断 　　主泵排量 　　伺服阀 　　SN 阀

3. 泵送排量无法调节

可能的原因	处 理 建 议
手动排量无法调节 $\phi1.2$ 节流孔所在位置	步骤一：检查 $\phi1.2$ 节流孔脱落。 步骤二：检查补油电磁阀阀芯卡滞。 步骤三：检查 $\phi2.5$ 节流孔脱落。 步骤四：检查球阀未打开。 步骤五：检查手动125阀损坏
电动排量无法调节	步骤一：启动点调整不当 步骤二：电气故障 步骤三：电比例阀卡滞

4. 摆动无力或二次摆动

可能的原因	处 理 建 议
蓄能器压力无法建立	步骤一：观察压力是否正常，压力是否稳定，开启泵送后压力变化值，正常状态下，每次换向要求压力均能达到规定值，而且还要观察最低值 步骤二：若规定值压力变化正常，应检查机械故障，若规定值压力变化状态下，不正常，不如最低值小，应检查蓄能器充气压力。方法：在停机状态下慢慢释放蓄能器中的压力，让压力慢慢下降，当压力快速降低时的压力，为蓄能器的充气压力按此方法检查蓄能器的充气压力，若压力低应充气。同时检查压力低的原因，是否蓄能器充气口损坏
蓄能器充气压力不够或皮囊破损，充不进去气	更换皮囊

5. 液压油温高

可能的原因	处 理 建 议
补油溢流阀与冲洗阀压力设定问题	首先检查补油溢流阀与冲洗阀压力设定是否正确，将压差控制在6bar左右
散热器风扇及搅拌马达内泄	观察散热风扇的转速是否明显变慢，可拆下搅拌马达和风扇马达的泄漏油管，看一下泄漏量是不是比较大
主泵内泄	如果主液压泵出现大量内泄，在最大排量状态下，泵送次数就会比理论值减少，可以通过泵送次数来验证泵的排量
散热马达不工作，温控电磁阀损坏	检查散热器进出口温差，如温差过大，则应检查旁通阀是否内泄
散热器表面灰尘太多	清理散热器内部过油以及外部风道

6. 活塞自动退回故障

可能的原因	处 理 建 议
活塞自动退回后又自动恢复	主油缸尾部各有一个缓冲用球阀，当需要启动活塞退回功能时，应将球阀关闭。防止高压油窜入液压缸尾部
未启动活塞退回开关，但憋压时活塞自动退回	步骤一：应按顺序检查单向阀、电磁阀、梭阀、主油缸尾部小液压缸活塞的密封性。
启动活塞退回开关，憋压时活塞不退回至水槽	步骤二：若主液压缸尾部小液压缸活塞密封有问题，系统中的高压油会进入无杆腔，造成短行程
打泵时活塞自动退回	

第三节　电　气　部　分

1. 无泵送、憋压、乱换向

可能的原因		处 理 建 议
控制系统故障	控制系统总线故障	步骤一：控制系统总线故障时，其故障显示页面总线图标颜色将变为红色 步骤二：检查控制系统总线接线处，并把有问题的接线重新接好
	控制器程序故障	步骤一：故障显示页面没有故障显示项 步骤二：在做任何动作时，IO监视页面没有任何输出及输入
接近开关故障	接近开关损坏	步骤一：用金属器件感应接近开关，观察接近开关指示灯是否变化，不变化可判定接近开关损坏 步骤二：观察IO监视页面，看有无接近开关输入信号，没有输入信号，可判定接近开关损坏（前提是换向检测线路正常）
	环境温度对接近开关影响	步骤一：把接近开关从水槽中取出，使用冷水对其冷却 步骤二：用金属器件感应接近开关，接近开关指示灯正常，此为水温过高引起，需对水槽中的水重新更换 注意：接近开关常亮有可能是环境温度过高（大于75℃）造成的自身错误输出，其接近开关自身没有损坏。当环境温度降低后，接近开关能够恢复正常工作状态
线路故障	接近开关接头故障	步骤一：找到接近开关接头，查找接近开关接头接线破损处（由于接近开关出线线径为0.25mm²，线径过细容易断），重新接好破损处 步骤二：拆开接近开关接头，擦干接近开关接头内部进水
	接线板接线不牢固	步骤一：按接近开关线号，在接线板上找到接近开关接线处 步骤二：在各个接近开关接线处，用平口螺钉旋具重新紧固接线处的螺钉

（续）

可能的原因		处 理 建 议
线路故障	电磁阀接头松动	步骤一：把电磁阀接头拆下，并拆开电磁阀接头，露出接线处 步骤二：对电磁阀接头接线处，重新进行连接
	换向控制线路损坏	步骤一：检查换向控制线路，使用万用表电阻测量功能，对线路进行短路、断路查找。短路测量值为0；短路测量值为1 步骤二：找到破损处，重新连接或更换整个破损的线路
	电磁阀线圈故障	步骤一：把电磁阀接头拆下，使用万用表最小电阻量程对其测量，其量程将是最大值(1)或最小值(0)，最大值说明电磁阀线圈烧成断路，最小值说明电磁阀线圈烧成短路 步骤二：更换电磁阀线圈
	阀体或液压系统故障	参考本章节液压部分

2. 无排量或排量范围小

可能的原因		处 理 建 议
排量电位计故障	电位计损坏	步骤一：使用万用表电压测量功能，直接对电位计输出电压测量(对于面板排量电位计的测量，还需用万用表检测电位计的电源及接地端子)，正常测量值为0~5VDC 步骤二：更换排量电位计
	电位计接线处松动（主要指面板电位计）	使用螺钉旋具对电位计(主要指面板电位计)接线处重新紧固
调节页面故障	排量调节没有调节好	步骤一：把显示页面调到PWM标定页面 步骤二：在PWM标定页面，根据液压系统的压力要求，重新对排量阀最大电压及最小电压进行调整，使其液压系统的泵送压力能够跟随电位计的旋转变化而逐渐变化 注意：排量调节部分，中间电压数值不需调节
	电位计输入调节没有调整	步骤一：把显示页面调到模拟量标定页面 步骤二：用上下键选择电位计最小值(页面上电位计输入有近/远控两部分，根据调节需求一一对应)，旋转电位计到最小值，按确定最小值输入调节完成。电位计输入最大值调节，与最小值调节相同
排量阀故障	排量阀线圈故障	检查方式与控制阀检测方式相同，但排量的电压测量时，其排量阀插头必须装配在排量阀上，其电压值为变化值(在旋动排量电位计时)
	阀体或液压系统故障	
	排量控制线路故障	检查方式与泵送控制线路故障检测相同。排量阀线路为两芯屏蔽电缆，再更换线路时，必须更换整个屏蔽电缆，同时屏蔽线必须接地

3. 显示屏急停灯常亮

可能的原因		处 理 建 议
急停开关 控制故障	急停开关损坏	步骤一：使用万用表对泵车全车四个急停开关触点进行检查，拆下触点接线，使用万用表的通断功能进行检查 步骤二：对损坏的触点及开关进行更换
	急停继电器故障	步骤一：反复开关急停开关，观察急停继电器吸合情况，并使用万用表对继电器上的各个端子进行查找工作状态，主要为触点通断情况 步骤二：对损坏的继电器进行更换
	急停输入线路故障	检查方式与泵送控制线路故障检测相同，并且急停输入线路为串联电路，在检查时，应按顺序逐个查找
泵车器件及 总线故障	总线故障	步骤一：检查故障显示页面，故障显示页面中总线故障图标会变为红色。步骤二：检查总线线路，并对存在的故障点进行检修
	器件故障	步骤一：检查器件的损坏部分，主要有圆形插头，温度传感器 步骤二：对损坏的器件进行更换

4. 无法挂上取力或取力无法摘掉

可能的原因	处 理 建 议
取力开关故障	步骤一：卸下驾驶室中的取力开关，使用万用表测量取力开关连接线的电压 步骤二：根据检测结果，进行维修故障
取力继电器故障	检测方法同急停继电器检测方法
取力器阀故障	检测方法同泵送电磁阀检测方法
线路故障	检测方法同泵送控制线路检测方法

5. 臂架回转限位故障

可能的原因	处 理 建 议
回转限位开关故障	步骤一：打开回转限位开关上盖，检查回转限位开关触点 步骤二：调整限位开关触点位置或更换回转限位开关
回转电磁阀故障	回转电磁阀检测方法与排量电磁阀检测方式相同，并且回转电磁阀有三个接线处，分别为左右回转驱动及地线
回转线路故障	回转线路检测同泵送控制线路检测

6. 一节臂无法起落

可能的原因	处 理 建 议
臂架限位开关故障	臂架限位开关故障主要为限位开关自身的接触头压坏，必须更换限位开关，在使用过程中应把限位开关检测头调整到合适的位置，并留有一定的余量
臂架下落电磁阀故障	检测方式同臂架回转阀检测方式
臂架限位线路故障	回转线路检测同泵送控制线路检测

7. 喇叭不响

可能的原因	处 理 建 议
喇叭损坏	步骤一：使用万用表测量喇叭电阻值(如果喇叭损坏,其阻值为1或0) 步骤二：更换喇叭
喇叭继电器损坏	采用急停继电器检测方法
喇叭线路故障	线路故障检查方式同泵送控制线路故障检查方式。应特别关注回转底座内的喇叭电缆及接头

8. 遥控器掉信号

可能的原因	处 理 建 议
外界通信信号干扰	解决故障操作方式：重新对信号(重新关开遥控器一关开急停按钮,并在开启遥控器后,按住喇叭按键几秒钟)或使用有线
遥控器智能钥匙松动	解决故障操作方式：重新拧紧松动的智能钥匙
遥控器故障	步骤一：观察接收器上的信号指示灯 步骤二：用万用表检测接收器输出端 步骤三：联系上海 HBC 进行维修或更换

9. 显示屏黑屏、花屏

可能的原因	处 理 建 议
显示屏黑屏或花屏	显示屏黑屏及花屏主要是由于显示屏自身工作环境要求过低造成损坏,及底盘发动机电源电压波动过大引起。如显示屏出现黑屏及花屏现象,需对显示屏进行更换处理